Jürgen Blunck

Götter in Planeten und Monden

Jürgen Blunck

Götter in Planeten und Monden

Verlag
Harri Deutsch

Die Illustrationen zu den mythologischen Erzählungen sind nach antiken Vorlagen angefertigt. Zeichnungen zu den Elfengeschichten (Uranusmonde), ebenso auf Seite 52, 119 und 143 von Käte Fuchs. Die Zeichnungen auf den Seiten 39, 46, 58, 72, 76, 84, 90, 95, 100, 104, 112, 115, 122, 127, 133, 138, 149, 151, 160, 167, 171, 188, 193, 195, 198 und 201 sind mit freundlicher Genehmigung des Verlages P. G. Teubner GmbH in Stuttgart dem *Ausführlichen Lexikon der griechischen und römischen Mythologie* von W. H. Roscher (Bd. 1–6, 1890–1937) entnommen.

CIP-Kurztitelaufnahme der Deutschen Bibliothek

Blunck, Jürgen:
Götter in Planeten und Monden / Jürgen Blunck. –
Frankfurt am Main; Thun: Deutsch, 1987.
ISBN 3-8171-1003-0

Satz und Druck: Fuldaer Verlagsanstalt
Printed in Germany

INHALTSVERZEICHNIS

VORWORT

Nie zuvor haben Menschen in nur drei Jahrzehnten eine solche Fülle neuer Erkenntnisse über die Planetenfamilie gewonnen wie jetzt zu Beginn des Raumfahrtzeitalters. Die Naherkundung der Himmelskörper mit Raumsonden hat einen ganz neuen Wissenschaftszweig begründet, die Planetengeologie. Aber auch die Zahl bloßer Entdeckungen bisher nicht bekannter Trabanten der Planeten ist dank der Raumfahrttechnik erheblich angewachsen. Allein zwischen 1979 und 1986 sind mit den beiden amerikanischen Sonden Voyager 1 und Voyager 2 nicht weniger als 21 Trabanten der äußeren Planeten neu entdeckt und vermessen worden. All diese Himmelskörper, mit Ausnahme der Kleinplaneten oder Asteroiden, werden in dem vorliegenden Buch in Wort und Bild vorgestellt.

Der Schwerpunkt liegt indessen bei den geheimnisvollen, der Mythologie entlehnten Namen der Planeten und Monde, die, wenn sie nicht ganz gedankenlos verwendet werden, immer aufs neue die Phantasie beflügeln. So ist es denn längst fällig, diese Namen einmal geschichtlich und mythologisch zu beleuchten. „Name ist Schall und Rauch", heißt es zwar in Goethes *Faust,* in den Naturwissenschaften aber ist er als unverwechselbares, der Zahl weit überlegenes Unterscheidungsmerkmal eine wertvolle Orientierungshilfe. Das gilt insbesondere dann, wenn die Namengebung durch ihre innere Ordnung Assoziationen hervorruft und Zusammenhänge verdeutlicht. Das Wunderbare an den Planeten- und Mondnamen ist eben, daß ihre Anordnung tatsächlich familiäre und andere Gruppenzusammenhänge widerspiegelt. Je mehr also über die mythologische Herkunft der Namen bekannt ist, desto besser eignen sie sich als Stütze für das Gedächtnis. Die Sagen der Sternbilder sind von alters her gesammelt und nacherzählt worden, und jeder, der sie etwa bei einem Planetariumsvortrag vernommen hat, wird bestätigen können, wie gern man sich später bei der Betrachtung des nächtlichen Himmels daran erinnert. Dementsprechend wird, was immer sich bei den Klassikern verstreut an Motiven über die den Planeten und Monden zugeordneten Götter, Göttinnen oder Elfen findet, hier erstmals in zusammenhängenden Erzählungen wiedergegeben und mit Abbildungen nach künstlerischen Darstellungen des Altertums illustriert.

Dieses Buch, das sich an den Sternfreund, den Sagenfreund und den naturwissenschaftlich ausgerichteten Geschichtsfreund gleichermaßen wendet, besteht aus drei Teilen. Zunächst wird die z. T. erstaunlich weit zurückreichende Geschichte der Benennung der Planeten und ihrer Trabanten erzählt und dargelegt, in welcher Weise auch deren Oberflächenstrukturen benannt worden sind. Dann folgen, beginnend mit der Sonne und endend mit dem Plutomond Charon, jeweils eine Beschreibung des Himmelskörpers und die mit seinem Namen verbundene mythologische Erzählung. In einem Anhang sind Planetennamen aus aller Welt und die physikalischen Daten der Himmelskörper tabellarisch zusammengefaßt.

Möge der von den mythenumrankten Wundern des Himmels ausgehende Zauber einer Generation erhalten bleiben, die sich anschickt, nach den Sternen zu greifen!

WIE PLANETEN UND MONDE ZU IHREN NAMEN KAMEN

DIE ALTBEKANNTEN PLANETEN

DIE PLANETENWOCHE

Beim Anblick der funkelnden Sterne am nächtlichen Himmelsgewölbe haben sich seit jeher die Herzen geweitet. Und da des Menschen Sinn nun einmal aufs Gliedern und Ordnen gerichtet ist, wird er schon in grauer Vorzeit die Sterne in Gruppen eingeteilt und ihnen bildhafte Namen gegeben haben. So wie für ein Kleinkind ein Ding erst durch den Namen wirklich wird, so hat der Mensch durch die Namengebung für Sternbilder vom Himmel Besitz ergriffen. Mit ihrer Hilfe lernte er auf Land- und Seereisen den rechten Weg zu finden.

Mehr noch als die fest am Himmel verankerten Sterne haben immer schon der bleiche Mond in allen Phasen und die sich nach eigenen Gesetzen entlang der Ekliptik bewegenden Planeten Bewunderung und Erstaunen hervorgerufen. Der Stand einer Kultur spiegelt sich nicht zuletzt darin, wie viele der sichtbaren Planeten jeweils bekannt und mit Namen versehen sind. Sprachforscher wissen, daß entsprechend ihres hellen Glanzes stets zuerst der Morgen- und Abendstern, dann Jupiter und Mars und schließlich Saturn und Merkur als Wandelsterne erkannt und benannt worden sind.

In der Blütezeit des Altertums zählte man sieben oder fünf Wandelsterne, je nachdem, ob Sonne und Mond dazu gerechnet wurden oder nicht. Die Siebenzahl hat sich in den Namen der Wochentage der meisten europäischen Völker bis heute erhalten, sei es in Namen, die aus dem Lateinischen abgeleitet sind, oder in Namen aus westgermanischen und altnordischen Lehnsübertragungen:

Lateinisch	Französisch Italienisch Rumänisch Spanisch	Englisch Nieder-ländisch	Altnordisch	Deutsch	Dänisch Englisch Nieder-ländisch Norwegisch Schwedisch	Finnisch
dies Solis			sunnudagr	x	x	x
dies Lunae	x		mânadagr	x	x	x
dies Martis	x		týsdagr	x	x	x
dies Mercurii	x		odinsdagr		x	
dies Jovis	x		thórsdagr*	x	x	x
dies Veneris	x		frjádagr	x	x	
dies Saturni		x				

* westgermanisch thonares dag

Die Benennung der Wochentage nach Planeten ist, wie Dio Cassius in seiner *Geschichte Roms* (36,18) berichtet, in Ägypten aufgekommen und hat sich durch die Astrologen nach dem Abendland verbreitet. Die Reihenfolge der Gestirne ergibt sich aus ihrer Regentschaft an den einzelnen Tagen in der jeweils ersten Stunde nach Mitternacht. Die astrologische Woche ist auf griechischem Boden nur in beschränktem Umfang und wohl erst vom zweiten Jahrhundert n. Chr. ab angewendet worden. In Italien ist sie dagegen schon unter Augustus verbreitet gewesen, um dann im dritten Jahrhundert im Römischen Reich vorzuherrschen. Das war die Zeit, wo durch den Mithraskult dem Gestirnsgott Sol Invictus, also der Sonne, höchste Verehrung gezollt wurde. Daher galt sein Tag, und später der der wahren Sonne, des auferstandenen Christus, als erster Tag der Woche und blieb es bis 1975, als er von der UNO auf den letzten Platz verwiesen wurde.

Die Germanen übernahmen die römischen Wochentage, wie die obige Tabelle zeigt, in Lehnübersetzung. Das geschah im dritten oder vierten Jahrhundert, also noch vor der Annahme des Christentums. Die Übersetzung von Mars durch Ziu (althochdeutsch), Tiw (altenglisch) bzw. Tyr (altnordisch) bezieht sich auf einen Gott mit ähnlichen Eigenschaften, bedeutet aber nicht, daß so auch der Planet bezeichnet wurde. Daß die Planeten indessen eigene Namen hatten, ist gewiß, konnten die Germanen doch seinerzeit bereits auf eine lange Tradition eigenständiger Beobachtung der Planeten, zu denen nach O. S. Reuter auch der selten sichtbare Merkur gehörte, zurückblicken. Von den Goten weiß der lateinisch schreibende Gote Jordanes in Anlehnung an ein nicht mehr erhaltenes Geschichtswerk von Cassiodor im sechsten Jahrhundert zu berichten, daß sie schon im zweiten und ersten Jahrhundert v. Chr. genaue Kenntnis über den Lauf der Planeten hatten und Namen für nicht weniger als 344 Sterne vergeben waren.

Aus gotischer Zeit ist kein einziger Planetenname überliefert. Wir müssen uns mit spärlichen Angaben in althochdeutschen Texten begnügen, in denen sich die bildhafte Bezeichnung Tagstern (tacastern, dakastern) für Venus findet oder unverändert römische Namen vorkommen, etwa „mars" und „veneris stérnen" bei Notker Labeo († 1022), wie es später auch in mittelhochdeutschen Texten der Minnesänger üblich ist („Mars, Saturnus, Jovis, Venus, die planeten").

Die germanischen Wochentagsgötter als Planetennamen finden sich in einer isländischen Hanschrift des ausgehenden 12. Jahrhunderts, in der die gebräuchlichen Namen aufgelistet und erläutert werden:

Stilbon	(Mercurius, Odinn)	= mals stiarna	(Beredsamkeitsstern)
Hesperus	(Venus, Freyio)	= blodh stiarna	(Blutstern)
Fispena	(Mars, Ty)	= threk stiarna	(Kraftstern)
Fenon	(Jovis, Thor)	= megen stiarna	(Machtstern)
Feton	(Saturnus)	= gnokleiks stiarna)	(Überflußstern)

Auf die griechisch-lateinischen bildhaften Namen der ersten Spalte wird weiter unten noch näher eingegangen, mit Ausnahme der sonst nicht überlieferten Bezeichnung Fispena. Dieser offenkundig aus Amphisbena verkürzte Name bedeutet hin- und herwandeln, weist also treffend auf die Schleifenbewegung des Mars hin. Feton und Fenon (für Phaeton und Phaenon) sind hier wohl versehentlich vertauscht worden.

Die altnordischen Namen der zweiten Spalte sind – was bei den westgermanischen Wochentagsnamen nicht ohne weiteres angenommen werden kann – in diesem Falle wirklich Planetennamen. Die Gleichstellung des Planeten Venus mit Frigga-Freyja ist auch in den altnordischen Erzählungen von den Aposteln, den *Postula Sögur* (um 1200) bezeugt, wo er Friggjarstjarna heißt.

Wie fruchtbar der wissenschaftliche Austausch im Mittelalter gewesen ist, mag die Planetenreihe in Wolfram von Eschenbachs vor 1210 geschriebenen Epos *Parzival* (782,6) zeigen, die aus dem Arabischen entlehnt ist:

Merkur	Alkitêr	(Quecksilber)
Venus	Aligafir	(Pech)
Mars	Almaret	(Wunderstein)
Jupiter	Almustri	(Der schnelle Planet)
Saturn	Zval	(Der höchste Planet)

Schließlich ist auch eine überwiegend auf die Eigenschaften der Götter bezogene Planetenreihe überliefert, und zwar in der *Deutschen Sphäre* (55,5) von Konrad von Megenberg (1309–1374):

Merkur	Sprechherr
Venus	Morgenstern
Mars	Streitgott
Jupiter	Helfvater
Saturn	Satjâr (Lebensfeind)

Die Bezeichnung „Morgenstern" (statt des althochdeutschen Tagstern) ist im Mittelhochdeutschen auch anderweitig überliefert. Satjâr (sattes Jahr) ist ein Euphemismus für Hungerjahr und soll den lebenswidrigen Einfluß des Planeten bekunden.

Zusammenfassend läßt sich sagen, daß im christlichen germanisch-deutschen Kulturraum des Mittelalters der Gebrauch römischer Götternamen für die Planeten überwog und daß – allerdings nur vor der Renaissance – auch auf diese Namen bezogene Lehnübertragungen geläufig waren.

BABYLONISCH-ASSYRISCHE PLANETENNAMEN

Daß die den olympischen Göttern zugeordneten Planetennamen die christliche Umwälzung in Europa überdauert, sich gegen andere Namen durchgesetzt und schließlich weltweite Verwendung gefunden haben, ist ein Phänomen. Die Größe dieses Phänomens ist erst dann richtig zu ermessen, wenn wir die Entstehung dieser Namen bis zu ihrem Ursprung zurückverfolgen. Da die römische Kultur ohne den befruchtenden Einfluß der griechischen nicht denkbar ist, da ferner der Einfluß morgenländischer Kultur auf das Abendland unübersehbar ist und weil schließlich durch die Entwicklung von Orts- zu Universalgottheiten und zur Gestirnsverehrung religionsgeschichtlich eine Verwandtschaft zwischen Ägypten und Mesopotamien besteht, wird sich die Suche nach dem Ursprung unserer Planetennamen auf alle diese Kulturkreise erstrecken.

Der Zugang zu den Planetennamen der ältesten Sprachen in Mesopotamien ist im Gegensatz zu denen der viel jüngeren gotischen nicht verschlossen, weil glückhafte Umstände zur Entdeckung und Entzifferung keilschriftlicher Texte auf Tontafelscherben geführt haben. Auf den Tontafeln der Bibliothek von Nineveh, die der assyrische Großkönig Assurbanipal um 650 v. Chr. angelegt hatte, fanden sich gleich mehrere Planetenreihen. Sie entstammten verschiedenen Kulturen und wurden je nach Belieben nebeneinander verwendet.

Sehr gebräuchlich war die folgende Reihe bildhafter babylonisch-assyrischer Planetennamen:

Merkur	Gud. ud. (d. i. der Springende)
Venus	Dilbat (d. i. die Verkünderin)
Mars	Sal. bat. â. nu
Jupiter	Šul. pa. ud. du (d. i. der Aufstrahlende)
Saturn	Kaimânu (d. i. der Beständige)

Der schwierig zu übertragende Begriff für den roten Planeten besagt nach Kuglers Deutung: „Der andauernd Verderben schauen läßt." Für Jupiter gab es noch weitere Bezeichnungen, u. a. je eine für drei verschiedene Stellungen zwischen Horizont und Zenit am Fixsternhimmel. Nebenbei sei bemerkt, daß die Namen für Mars, Jupiter und Saturn ab etwa 400 v. Chr., letzterer schon ab etwa 600 v. Chr., zu Anu, Te. ut und Gin verkürzt bzw. abgeändert wurden.

Eine zweite in Nineveh überlieferte Reihe bildhafter Planetenreihen entstammt der längst verdrängten, aber im kultischen Bereich weiterhin gepflegten sumerischen Sprache, muß also in den Beginn des dritten Jahrtausends v. Chr. datiert werden und ist damit die älteste überhaupt:

Merkur	Bi. ibbu	(d. i. Schaf)
Venus	Zib	(d. i. Abend)
Mars	Simutu	(d. i. Tiefroter)
Jupiter	Dapinu	(d. i. Erschrecker)
Saturn	Lulim	(d. i. Widder)

Aus dem Vergleich des innersten Planeten mit einem Schaf, das sich auf der Weide (des gestirnten Himmels) frei bewegt, entstand im Akkadischen die Gesamtbezeichnung der Planeten als Lubat, ein Begriff, der auch in Verbindung mit Einzelplaneten, insbesondere dem Planeten Gud. ud verwendet wurde. Vom sechsten Jahrhundert ab wurde den einzelnen Planeten statt des Wortes Lubat das Bildzeichen für Gott, nämlich An, vorangestellt.

Dieser Brauch brachte sinnfällig zum Ausdruck, daß die Planeten, zu denen in der Regel auch Sonne und Mond zählten, für göttliche Wesen gehalten wurden. Als solche waren sie schon in einem frühen Stadium der babylonisch-assyrischen Geschichte mit einzelnen Hauptgöttern, die dem Aussehen und der Bewegung der Planeten entsprechende Eigenschaften hatten, gleichgesetzt worden. Ihrer Herkunft nach handelte es sich dabei um die sumerischen Stadtgötter, denen unter ihren alten Namen auch überörtliche Verehrung zuteil wurde, nachdem die Akkader die Städte unter ihrer Herrschaft vereinigt hatten. So stieg mit der Erhebung Babylons zur Hauptstadt (um 2000 v. Chr.) deren Stadtgott Marduk zum höchsten Gott des Landes auf, der dann als Weltschöpfer auch den ersten Platz im Pantheon einnahm. Für die fünf Planeten ergaben sich folgende mythologische Zuordnungen:

Merkur	Nabu	(Sohn des Göttervaters, Gott der Kunst und Gelehrsamkeit, Erfinder der Schrift)
Venus	Ištar	(als Abendstern Göttin der Liebe, als Morgenstern Gott des Krieges)

Mars	Nergal	(Gott des Krieges, Dämonen- und Pestgott, Gott der Unterwelt)
Jupiter	Marduk	(Weltschöpfer und oberster Gott des Pantheons)
Saturn	Ninib	(Gewitter- und Kriegsgott)

Diese dritte auf den Tontafeln von Nineveh überlieferte Planetenreihe war für die Sterndeutung sehr wichtig, glaubte man doch aus der Bewegung der Planetengötter durch die Tierkreise die Zukunft ablesen zu können. Die mythologischen Planetennamen gewannen also an Bedeutung, als das in der Sterndeutung hochbegabte Volk der Chaldäer im Jahre 626 v. Chr. in dem von Assyrien abgetrennten Babylonien die Herrschaft übernahm. Aus astrologischer Sicht galten – ihren Eigenschaften entsprechend – Nabo (hebräisch Nebo), Ištar (hebräisch Aschoreth) und Marduk (hebräisch Merodoch) als günstige Vorzeichen, Nergal und Ninib hingegen als verderbliche Zeichen.

Aus der Gegenüberstellung dieser mythologischen Namen mit den römischen Planetengöttern ergeben sich schon auf den ersten Blick so erstaunliche Übereinstimmungen, daß an der Herkunft der heutigen Planetennamen aus dem Zweistromland kein Zweifel mehr bestehen kann. Nabu ist wesensgleich mit Hermes/Merkur, Marduk mit Zeus/Jupiter. Aphrodite/Venus hat zwar keine zweite Natur als Kriegsgöttin, ist aber immerhin Geliebte des Kriegsgottes. Lediglich die beiden verderbenbringenden Götter Nergal und Ninib würden dann besser mit Ares/Mars und Kronos/Saturn übereinstimmen, wenn sie vertauscht würden.

Hat es jemals in Babylonien einen solchen Rollenwechsel gegeben? Hat etwa irgendwann Nergal als Kriegsgott an Gewicht gewonnen, um dann den Platz des roten Planeten einzunehmen? Von den verschiedenen Theorien einer Planetenvertauschung in Babylonien, die um die Jahrhundertwende erörtert wurden, ist als einzige die der Vertauschung von Nergal und Ninib bis heute nicht widerlegt worden. Denn es wiegt schwer, was Hommel für diese Theorie ins Feld geführt hat: Erstens werden auf Inschriften babylonischer Grenzsteine, die bis in die Mitte des 14. Jahrhunderts v. Chr. zurückreichen, die Götter den Tierkreiszeichen und Planeten in der Weise zugeordnet, daß Nergal dem Saturn entspricht. Zweitens gibt es eine Textstelle, in der die alten sieben je einem Planetengott geweihten Städte des Zweistromlandes in einer Reihe aufgeführt werden, bei der Ninib dem Mars und Nergal dem Saturn entspricht (Fritz Hommel, *Aufs. u. Abh.*, S. 236 ff. u. *Ethnographie und Geographie des alten Orients*, S. 247, Anm. 5).

Diese Überlegungen machen es wahrscheinlich, daß die mythologischen Planetennamen zu einer Zeit ins Griechische übertragen worden sind, als die ältere Planetenreihe noch geläufig war. Die Schwierigkeit liegt nur darin, daß das, wie noch gezeigt werden wird, nicht vor dem fünften Jahrhundert gewesen sein kann. Jedenfalls erfolgte die Übertragung unter chaldäischer Federführung. Die Genauigkeit der Astrologen aber läßt vermuten, daß ganz bewußt der Unterweltgott Nergal mit dem Unterweltgott Kronos gleichgesetzt worden ist. Zu klären bleibt nur noch, wann und wie die mythologischen Planetennamen ins Abendland gelangt sind. Werfen wir also zunächst einen Blick auf das mit Babylonien kulturell immer eng verbundene Land am Nil.

ALTÄGYPTISCHE PLANETENNAMEN

In Ägypten sind die Planeten, wie sich aus einer Sarkophaginschrift ergibt, schon im dritten Jahrtausend v. Chr. als vergöttlicht angesehen worden. Spätestens in der Anfangszeit des Neuen Reiches, also um 1500 v. Chr., waren alle fünf Planeten bekannt. Vor der Eroberung des Landes durch Alexander den Großen waren in erster Linie die folgenden unter chaldäischem Einfluß entstandenen Planetennamen im Gebrauch:

Merkur	Sobku (d. i. umherschweifender Stern)
Venus	Isis
Mars	Hurdoshr (d. i. roter Horus)
Jupiter	Osiris des Streitschlichters
Saturn	Horus des Stiers

Die Bezeichnung Isis für Venus – ursprünglich „Gott des Morgens“ und „Horus der Dämmerung“ genannt – tauchte erst spät auf, war aber folgerichtig, da mit diesem Sinnbild der Naturkraft, der Schwester und Gemahlin des Osiris und Mutter des Horus, die ägyptische Götterfamilie am Planetenhimmel vervollständigt wurde. Horus, der Sohn der Isis und des Vegetations- und Totengottes Osiris, war als allgemeiner Himmelsgott dann nur noch zweifacher Namenspate.

Im Zeitalter des Hellenismus wurde der Orient von der griechischen Kultur durchdrungen und diese zugleich in umgekehrter Richtung befruchtet. Der Planetenhimmel des von den Ptolemäern regierten Ägypten vereinigte griechische und alte ägyptische Gottheiten:

Merkur	Apollonos aster
Venus	Isis
Mars	Herakleous aster
Jupiter	Osirides aster
Saturn	Nemeseos aster

Den Platz des bisher zweimal am Planetenhimmel vertretenen Horus nahmen nunmehr Herakles und die Rachegöttin Nemesis ein. Mit solchen Krieg und Verderben kündenden Gottheiten erfolgte immerhin eine gewisse Angleichung an die chaldäische Planetenreihe. Das gilt auch für Apoll, der als Gott der Künste noch einiges mit Nabu/Hermes gemeinsam hat. Bei diesen Namen handelte es sich um eine nur vorübergehend gebräuchliche ägyptisch-griechische Sonderform, für die es in der übrigen hellenistischen Welt keine Parallele gab. Das bedeutet nicht, daß die babylonischen mythologischen Planetennamen auf keinen Fall über Ägypten nach Griechenland gelangt sein können.

GRIECHISCHE PLANETENNAMEN

Der verschiedene Stand der Entwicklung einzelner Kulturen wird deutlich, wenn wir uns in die Zeit von Homer und Hesiod versetzen, also ins achte Jahrhundert v. Chr. Während sich damals die Menschen zwischen Euphrat und Tigris und am Nil bereits seit tausend Jahren mit den Planeten befaßten, hatten die Griechen überhaupt erst einem einzigen von ihnen, den am hellsten strahlenden Morgen- und Abendstern, Namen verliehen und wahrscheinlich noch nicht einmal erkannt, daß es sich um ein und denselben Planeten handelt.

Da heißt es bei Hesiod in seiner *Theogonie* (381): „Nachher gebar sie, die Tochter der Frühe, Heōsphoros (Bezwinger der Morgenröte)." Auch Homer nennt in der *Ilias* (23, 226) den Morgenstern Heōsphoros und unterscheidet davon den Abendstern, wenn er in der *Ilias* (22, 317 f.) schreibt: „Hell wie der Stern hinwandelt zur Nachtzeit unter den Sternen, Hesperos (Abend), der als das schönste Gestirn am Himmel heraufsteigt."

Sehr spät erst gelangte die Kunde von allen fünf Planeten zu den Hellenen, und mit ihr kam die aus dem Babylonischen entlehnte mythologische Namenreihe zu ihnen, nämlich Hermes, Aphrodite, Ares, Zeus, Kronos. Daß es sich nicht um eigene Entdeckungen handelte, erklären die Griechen mit ihrem gemäßigten Klima, der geringeren Anzahl sternklarer Nächte (*Epinomis* 988).

Einer reibungslosen Einführung der genannten Namen dürfte die Tatsache entgegengestanden haben, daß die olympischen Götter nicht ohne weiteres als verstirnt angesehen werden konnten. Wenngleich den Griechen der Glaube an die Göttlichkeit der Gestirne, zu dem sich z. B. der Arzt Alkmaion um 530 v. Chr. bekannte, keineswegs fremd war, so wurden doch die Planeten als einem wichtigen Gott zugehörig und nicht als dessen Verkörperung betrachtet wie in Babylonien. Auch wurde die alte Bezeichnung für Venus zunächst beibehalten. In dem Anfang des vierten Jahrhunderts v. Chr. von Platon verfaßten *Timaios* (p. 38 d) heißt es daher in ein und demselben Satz, „daß die Sonne und der Stern des Hermes und der Heōsphoros einander überholen und voneinander überholt werden".

Wenn Platon auch einer der ersten Autoren ist, von dem die neuen Planetennamen überliefert sind, so hat er sie doch gewiß nicht als erster verwendet. Schon Philolaos, der Überwinder des geozentrischen Weltbildes, könnte sich ihrer Ende des fünften Jahrhunderts bedient haben, da er an die Göttlichkeit der Planeten geglaubt haben soll. Größere Verbreitung dürften die Namen erstmals durch die Schule des großen Astronomen Eudoxos von Knidos († 355 v. Chr. in Athen) gefunden haben. Wie dem auch sei, die Quelle der mythologischen Planetennamen befand sich aus den oben genannten Gründen mit Sicherheit nicht in Griechenland. Sie ist bei den allgemein als Chaldäer bezeichneten Astrologen des Orients zu suchen. In deren Kreisen können auch jene guten Kenntnisse in der vergleichenden Mythologie vorausgesetzt werden, die den Übertragungen anzumerken ist.

Umstritten ist lediglich, ob die Namen unmittelbar aus dem mesopotamisch-syrischen Kulturkreis oder aus dem unter mesopotamischen Kultureinfluß stehenden Ägypten nach Griechenland gelangt sind. Für letzteres spricht die bekannte Verbindung griechischer Philosophen zu diesem Land und das genannte Beispiel der – allerdings sehr viel späteren – Übernahme der mythologischen Planetenwoche aus Ägypten.

Auf die Herkunft der Namen unmittelbar aus dem mesopotamisch-syrischen Kulturkreis deutet eine Stelle im Nachtrag zu den *Gesetzen* Platons, der *Epinomis*. Die *Gesetze* sind posthum von Platons Sekretär Philippos von Opus herausgegeben worden; bei der *Epinomis* weiß man nicht, ob er der Verfasser oder ebenfalls nur der Herausgeber ist. In der *Epinomis* (p. 987 B-C) heißt es: „Die Planeten haben noch keine bestimmten Namen bekommen... wohl aber Bezeichnungen, durch die sie bestimmten Göttern zugehörig sind: so heißt Heōspheros-Hesperos Stern der Aphrodite, ein passender Name, der mit voller Berechtigung von dem syrischen Gesetzgeber (Namengeber) vergeben ist. Der Planet, der eben diesen in seiner Umlaufbahn um die Sonne begleitet, heißt gewöhnlich ‚der des Hermes'... Es bleiben jetzt noch drei Planeten übrig, von denen sich einer von allen anderen durch seine langsame Fortbewegung unterscheidet, nämlich der des Kronos; den weniger langsamen hat man als den des Zeus und den dann folgenden, der von allen der röteste ist, als den des Ares bezeichnet."

Wir sehen also, daß sich der Verfasser der *Epinomis* trotz der einschränkenden Bemerkung zu Beginn des Zitats bereits mit Bezeichnungen wie „der des Hermes" begnügte, wenn der Zusatz Stern (aster) irgendwo vorher schon einmal aufgetaucht war. Ebenso hielt es Philipps Zeitgenosse Aristoteles in seiner *Metaphysik* (12,8). Damit wurde der Gedanke einer Gleichsetzung von Planeten und Göttern mittelbar gefördert.

BABYLONISCHE SPRACHVERWIRRUNG

Von der Benutzung der chaldäischen mythologischen Planetennamen durch Platon bis zu ihrer allgemeinen Anerkennung im Abendland war es noch ein weiter Weg. In der Zeit des Hellenismus war im griechisch beeinflußten Orient die Ausbreitung dieser Namen einerseits begünstigt, andererseits im Zuge der Verschmelzung verschiedener Religionen, des Synkretismus, eher gefährdet, wie schon die Entwicklung in Ägypten gelehrt hat. Folgenschwer war die Einbeziehung der syrischen Religion, die zu einem Austausch der griechischen Planetengötter führte. Durch die Verbindung mit der syrischen Göttin Baltis, der Gattin des mächtigen Gottes Bel-Baal, wurde Ištar-Astarte zur Himmelskönigin, der im griechischen Pantheon eher Hera entsprach, nach der dann der „Stern der Aphrodite" benannt wurde. Für den Saturn bürgerte sich der Name „Stern des Helios" ein, da er als schwach, aber gleichmäßig leuchtender Planet gern als Vertreter der Sonne bei Nacht angesehen wurde.

Diese mythologische Namenvielfalt war dazu angetan, in der griechisch sprechenden Welt Verwirrung zu stiften. Astronomen und Astrologen begannen daher gleichermaßen neutrale, bildhafte Namen zu bevorzugen, die vereinzelt schon in Platons *Staat* bzw. im Pseudo-Aristoteles vorkommen:

Merkur	Stilbōn	(d. i. Funkelnder)
Venus (Morgen- und Abendstern)	Phōsphoros	(d. i. Lichtträger)
Mars	Pyrhoeis	(d. i. Roter)
Jupiter	Phaethōn	(d. i. Strahlender)
Saturn	Phainōn	(d. i. Leuchtender)

Cumont (p. 24) vermutet, daß Epigenes, ein Schüler chaldäischer Astronomen, in der ersten Hälfte des dritten Jahrhunderts v. Chr. sehr zur Verbreitung dieser Namen beigetragen hat. Von seltenen Abweichungen abgesehen – Malalas (p. 25 Bonn) verwendet Kallistos statt Phōsphoros und Lampōn statt Phainōn – handelt es sich um Namen, die sich im Orient lange gehalten haben, und zwar bis ins zweite Jahrhundert n. Chr. In Island waren sie, wie erwähnt, sogar im Hochmittelalter noch Bestandteile einer Planetenreihe.

RÖMISCHE PLANETENNAMEN

Im westlichen Mittelmeerraum hatten dagegen die alten Bezeichnungen der Reihe „Stern des Hermes" bis „Stern des Kronos" bald wieder die Oberhand gewonnen und sich dann durchgesetzt. Wenn schließlich im zweiten Jahrhundert n. Chr. die Planeten in der verkürzten Form Hermes, Aphrodite, Ares, Zeus und Kronos bezeichnet wurden, so möglicherweise deswegen, weil mittlerweile unter orientalischem Einfluß olympische Götter auch als Gestirne vorstellbar waren und weil sich entsprechende Kurzformen bei den Römern schon im ersten Jahrhundert v. Chr. eingebürgert hatten.

Die Entwicklung bei den Römern läßt sich am besten an einem Zitat von Cicero, der von 100 bis 43 v. Chr. lebte, ablesen: „Denn der sog. Saturni stella, den die Griechen Phainōn nennen und der von der Erde am weitesten entfernt ist... Unterhalb von ihm und der Erde näher kreist Iovis stella, der Phaetōn heißt... Den nächstfolgenden niedrigeren Kreis nimmt der Pyroeis oder der sog. Stella Martis ein... Unterhalb von ihm befindet sich der Stella Mercurii – von den Griechen wird er Stilbōn genannt... Der unterste und der Erde zunächst liegende der fünf Planeten ist der Stella Veneris, der im Griechischen Phōsphoros heißt, auf lateinisch Lucifer, wenn er der Sonne vorausgeht, dagegen Hesperos, wenn er ihr nachfolgt." (*De natura deorum* 2, 20, 52–53.)

Hinsichtlich der Planeten macht der Text die enge Anknüpfung der Römer an das griechische Vorbild deutlich. Die Stelle der griechischen Götter Hermes, Aphrodite, Ares, Zeus und Kronos nehmen die entsprechenden römischen Götter Mercurius, Venus, Mars, Iuppiter und Saturnus ein. Die zusätzlich angeführten neueren bildhaften Namensformen der Reihe Stilbōn bis Phainōn werden als fremde Bezeichnungen in griechischer Schreibweise wiedergegeben, im Unterschied zu anderen zeitgenössischen Schriftstellern, die Stilbon, Phosphorus/Hesperus, Pyrois, Phaeton und Phaenon als Lehnwörter verwenden. Beachtenswerterweise wird der ursprünglich als Gesamtbezeichnung für den Morgen- und Abendstern eingeführte Name Phosphorus, der Lichtträger oder Lichtbringer bedeuten kann, auf den Morgenstern eingeengt. Für den Abendstern werden von anderen Autoren z. B. Vesper (Vergil), Vesperugo (Plautus) und Noctifer (Catull) gebraucht.

Die schillernde Vielfalt der Planetennamen der damaligen Zeit erhellt das zitierte Buch Ciceros (2, 46, 110) auch dadurch, daß bereits der Begriff Mars als Kurzform auftritt. In der Generation nach Cicero sind die Kurzformen schon gebräuchlicher, etwa Saturnus bei Horaz (*Oden* 2, 17, 23) und Venus bei Manilius (*Astronomicon* 1,807). Plinius der Ältere, der 79 n. Chr. beim Ausbruch des Vesuvs ums Leben kam, bedient sich im 2. Buch seiner *Naturgeschichte* für alle Planeten sowohl der mit stella oder sidus zusammengesetzten Form wie auch ausgiebig der Kurzform.

In dieser Form waren die Namen dann bald im ganzen Abendland geläufig. Christliche Umbenennungen, etwa die Verwendung des hebräischen Beinamens Gottes, Sabaoth, für Mars durch Celsus (Origenes, *Contra Celsum* 6, 31–32) oder Johannis astrum für Venus durch Julius Schiller in dessen Sternatlas von 1627, blieben ohne weitere Beachtung.

DIE NEUENTDECKTEN PLANETEN

URANUS

Hatten sich auch mythologische Namen der alten Planeten durchgesetzt, so konnte dieses Schema indessen nicht ohne weiteres als ein vorgegebener Rahmen für die Benennung von Neuentdeckungen betrachtet werden. Das stellte sich heraus, als William Herschel am 13. März 1781 in dem südenglischen Ort Bath einem transsaturnischen Planeten auf die Spur kam. Zwar wurden für ihn noch im Jahr der Auffindung mythologische Bezeichnungen verwendet, aber nicht vom Entdecker, dem das Vorrecht für die Namengebung zustand.

Der Berliner Astronom Jean Bernouilli schlug den Namen Hypercronius („über Saturn") vor, sein Kollege J. E. Bode den Namen Uranus. In seinem 1782 erschienenen *Astronomischen Jahrbuch* für 1785, S. 191, erläutert Bode den Vorschlag mit dem Hinweis, daß in der Mythologie Uranus der Vater Saturns sei, der wiederum Vater Jupiters sei, und fährt fort: „Ich beobachte mit Genugtuung, daß verschiedene Astronomen diesen Namen billigen, u. a. Professor Lichtenberg, der mir vor einiger Zeit schrieb: ‚Ich bin der Ansicht, daß der Name Uranus treffend gewählt ist.'" Der Physiker Lichtenberg hatte ursprünglich für den Namen Astraea plädiert, den Vorschlag aber zurückgenommen, als er erfuhr, diese Gestalt sei bereits als Sternbild Jungfrau an den Himmel versetzt worden.

Der Entdecker ließ sich mit der Taufe Zeit und schlug erst 1782 einen Namen vor, und zwar Georgium Sidus. In einem Brief an den Präsidenten der Royal Society meinte er, in alten Zeiten seien den Planeten die Namen Merkur, Venus, Mars, Jupiter und Saturn nach den größten Helden und Göttern gegeben worden. In der gegenwärtigen mehr philosophischen Zeit wäre es kaum statthaft, zu dieser Methode Zuflucht zu nehmen. Wenn man in Zukunft einmal frage, wann der Planet entdeckt worden sei, so müsse die Antwort lauten: „In der Regierungszeit König Georgs III." Mit einem Lob auf den König als Förderer der Wissenschaft und Künste bekräftigte Herschel seine Namenswahl.

Dieser Name fand freilich im Ausland keinen Anklang. In Frankreich war allgemein von „Herschels Planet" die Rede, im übrigen Ausland setzte sich Bodes Vorschlag mehr und mehr durch und wurde dann in England und Frankreich als Zusatzbezeichnung verwendet, bis er nach der Entdeckung des Planeten Neptun alleinige Gültigkeit erlangte.

NEPTUN

Obwohl für die fünf seit 1800/01 entdeckten Kleinplaneten – wie noch gezeigt wird – mythologische Namen gang und gäbe waren, stellten sich nach der Entdeckung eines transuranischen Hauptplaneten am 23. September 1846 erneute grundsätzliche Taufprobleme ein. J. G. Galle, der den Planeten in Berlin auf Grund von Berechnungen U. V. Le Verriers entdeckt hatte, schlug diesem in einem Brief vom 25. September 1846 für den Planeten den Namen des römischen Gottes Janus vor, da diesem Gott allen Anfangs ein noch höheres Alter als Uranus zukomme. In seinem Antwortschreiben vom 1. Oktober zeigte sich Le Verrier mit diesem Namen nicht einverstanden und teilte knapp mit, daß sich das Pariser Längenbüro für den Namen Neptun entschieden habe: „Der Name Janus würde unterstellen, daß dies der letzte Planet des Sonnensystems wäre, eine Annahme, zu der wir keineswegs berechtigt sind."

In dem Kieler internationalen Fachorgan *Astronomische Nachrichten* füllten später noch eine Reihe von Stellungnahmen für den Namen Janus die Spalten – vergeblich. Inzwischen war die Diskussion auf einer ganz anderen Ebene gelandet, da Le Verrier bereits Anfang Oktober 1846 den neuen Entschluß gefaßt hatte, den Planeten nach sich selbst zu benennen. Für den Gedanken gewann er den Direktor der Pariser Sternwarte, D. F. J. Arago, der sich eigentlich schon auf den Namen Neptun festgelegt hatte. In der Sitzung der Pariser Akademie der Wissenschaften am 5. Oktober 1846 schlug Arago den Namen Le Verrier als Planetennamen vor, machte aber gleichzeitig zur Bedingung, daß der Name Uranus durch den Namen Herschel ersetzt würde: „In meinen künftigen Forschungsarbeiten werde ich es mir strikt zur Pflicht machen, den Namen Uranus vollkommen zu tilgen und den Planeten nur noch mit dem Namen Herschel zu bezeichnen." Er setzte sich sogar dafür ein, die Kleinplaneten nur nach ihren Entdeckern zu benennen, und sagte in bezug auf die Neuentdeckung: „Ich verpflichte mich, den neuen Planeten nur Le Verriers Planet zu nennen. Damit glaube ich einen unwiderlegbaren Beweis meiner Liebe zur Wissenschaft zu erbringen und den Eingebungen eines legitimen Patriotismus zu folgen."

In den *Astronomischen Nachrichten* wurde nun von manchen Koryphäen der Astronomie ein Feldzug für den Namen Neptun geführt, ein Name, der breits 1787 von Außenseitern für Uranus vorgeschlagen worden war. Arago hat wahrscheinlich bis zu seinem Tode 1853 an dem Namen Le Verrier festgehalten. Dann hatte sich „Neptun" allgemein durchgesetzt. Sonstige Vorschläge aus der Mythologie können übergangen werden, da sie mittlerweile großenteils Eingang in die Kataloge der Kleinplaneten gefunden hatten.

PLUTO

Ehe darauf eingegangen wird, sei noch auf die Namensverleihung für den vorläufig als letzten aufgefundenen Planeten im Sonnensystem eingegangen, den am 21. Januar 1930 von C. W. Tombaugh am Lowell-Observatorium in Flaggstaff, USA, entdeckten Pluto. Wieder waren Berechnungen des Standortes der eigentlichen Entdeckung vorausgegangen. In Würdigung der Verdienste Percival Lowells um die Berechnung des Standortes des Planeten X erhielt der 14 Jahre nach seinem Tode an seiner Sternwarte entdeckte Planet als Symbol die Anfangsbuchstaben seines Namens PL.

In dem *Observation Circular* des Lowell-Observatoriums vom 1. Mai 1930 teilt dessen Direktor V. M. Slipher zur Namenfrage folgendes mit: „Es scheint nun an der Zeit zu sein, diesem Körper einen eigenen Namen zu geben. Viele Namen sind vorgeschlagen worden, von denen sich Minerva und Pluto großer Beliebtheit erfreuen. Da aber Minerva seit langem (seit 1902, der Verf.) als Name für einen Asteroiden verwendet wird, ist er für dies Objekt nicht verwendbar. Pluto scheint jedoch sehr geeignet zu sein, und wir schlagen der American Astronomical Society und der Royal Astronomical Society vor, daß ihm dieser Name gegeben wird. Soweit uns bekannt ist, wurde Pluto zuerst von Miss Venetia Burney, 11 Jahre, aus Oxford, England, vorgeschlagen (laut Mitteilung von Prof. H. H. Turner)."

Die große Fülle mythologischer Namen, die inzwischen für die Kleinplaneten vergeben worden war, machte in der Tat die Suche nach geeigneten, noch nicht verwendeten Namen für neuentdeckte Himmelsobjekte immer schwieriger. Den ersten und größten der hauptsächlich zwischen Mars und Jupiter angeordneten Planetoiden hatte G. Piazzi in der Neujahrsnacht 1800/01 aufgefunden und ursprünglich zu Ehren seines Königs „Ceres Ferdinandea" nennen wollen. Dieser Doppelname wurde schon bald auf den mythologischen Bestandteil reduziert, ein Vorschlag J. J. Lalandes, den Planeten nach seinem Entdecker zu benennen, verworfen. Bei den nachfolgenden Planetoiden-Entdeckungen von 1802 (Pallas), 1804 (Juno), 1807 (Vesta) und 1845 (Astraea) wurde es dann zur festen Tradition, die Kleinplaneten nach weiblichen Gestalten der griechisch-römischen Mythologie zu benennen, womit zugleich ein Gegengewicht gegen die bei den Hauptplaneten überrepräsentierten männlichen Namensträgern geschaffen wurde.

Außerdem wurde es Brauch, dem Namen eine Zahl voranzustellen, die die Reihenfolge der Entdeckung ausdrückte, z. B. 1 Ceres bzw. (1) Ceres. Der Name war angesichts der Vielzahl der Entdeckungen als alleiniges Unterscheidungsmerkmal nicht mehr geeignet. 1857 waren die Bahnen von 50 Planetoiden bekannt, 1868 von 100 Planetoiden, 1885 von 250 Planetoiden. 1903 stieg die Zahl auf 500, 1923 auf 1000, 1938 auf 1500, 1977 auf 2000 und 1984 auf 3000. Die Daten werden im Kleinplanetenzentrum des Cincinnati-Observatoriums gesammelt. Es werden zunächst provisorisch aus Jahreszahlen und Buchstaben zusammengesetzte Bezeichnungen vergeben, nach Beobachtungen bei mindestens drei verschiedenen Oppositionen Nummern und schließlich Namen. Wenn also im Jahre 1984 die Zahl 3000 vergeben wurde, so ist die Zahl der vage bekannten Planetoiden weit höher; sie dürfte derzeitig bei etwa 9000 liegen. Die Zahl der aus dem klassischen Altertum überlieferten Namen wäre zwar groß genug, um alle diese Planetoiden zu benennen. Doch welcher Entdecker benutzt schon gern entsprechende Handbücher!

Für das Namenrepertoire auch eines humanistisch geschulten Forschers war die Anzahl der Planetoiden schon Mitte des 19. Jahrhunderts zu groß. So verfiel man immer mehr auf Namen anderer Herkunft. Beliebt waren geographische Bezeichnungen, wenn etwa der Pariser Astronom Arago den 21. Planetoiden mit dem lateinischen Namen von Paris, Lutetia, bezeichnete, oder weibliche Namen auch anderer Kulturen (76 Freia) und vor allem biblischer Herkunft (102 Miriam). Schließlich ging man doch dazu über, Astronomen zu ehren, indem deren Vor- oder Nachnamen eine weibliche Form gegeben wurde (etwa 107 Camilla für Camille Flammarion). Die Entdecker der ersten Planetoiden wurden durch die Jubiläumsplanetoiden 1000 (Piazzia), 1001 (Gaussia) und 1002 (Olbersia) nachträglich geehrt. Als 1978 die Jubiläumsplanetoiden 1996 (Adams) bis 2005 (Hencke) nach Wissenschaftlern benannt wurden, die entscheidend zur Vermehrung der Kenntnisse über das Sonnensystem beigetragen hatten, war das Prinzip, den Namen eine weibliche Form zu geben, längst fallengelassen worden. Nachdem die Namenvergabe z. B. mit dem Rückgriff auf Hundenamen zusehends satirische Formen angenommen hatte, wurde es schließlich seit dem Zweiten Weltkrieg üblich, Entdeckernamen in unveränderter Form zu vergeben.

Ein einheitliches System in der Planetoidenbenennung gibt es damit nicht mehr. Die

Planetoiden selbst lassen sich ja ohnehin nicht in ein Schema einordnen, etwa als Himmelskörper zwischen Mars und Jupiter. Die Skala ihrer Umlaufszeiten um die Sonne reicht heute von weniger als einem Jahr bis zu 50,7 Jahren. Mit letzterer Umlaufzeit ist der 1977 von C. T. Kowal entdeckte Planetoid 2060 Chiron gemeint, dessen langgestreckte Bahn sich zwischen Saturn- und Uranusorbit erstreckt. Er ist nach dem weisen Kentaur, dem Erzieher Achills und anderer Helden, benannt worden. Männliche Namen des klassischen Altertums tragen auch die sog. Trojaner, das sind 14 Planetoiden, die in der Umlaufbahn von Jupiter diesem um 60° vorausgehen oder nachfolgen, z. B. 588 Achilles.

Inzwischen wird es immer mehr zur Gewißheit, daß eine ganze Reihe von Planetoiden Trabanten haben, auch mehrere. Vom Planetoiden 532 Herculina weiß man sicher, daß er einen Begleiter hat, vielleicht hat er sogar fünf. Werden auch sie einst benannt werden? – Andere Planetoiden sind vor Zeiten selbst zu Satelliten geworden und tragen heute Namen, die einen Bezug zu dem Planeten haben, von dem sie eingefangen worden sind.

DIE SATELLITEN DER PLANETEN

DIE VIER GROSSEN JUPITERMONDE

Der Gedanke, das System römisch-mythologischer Namen auch für neu entdeckte Himmelskörper beizubehalten, ist wesentlich älter als die sich an die Entdeckung des ersten transsaturnischen Planeten anschließenden Erörterungen. Er geht auf die Zeit bald nach der Erfindung des Fernrohres zurück, als gerade die vier großen Jupitermonde entdeckt worden waren.

Zur Priorität dieser Entdeckung sei allerdings erwähnt, daß schon der chinesische Astronom Gan De nach eigenen Angaben einen Jupitertrabanten – und das kann nur der größte von allen gewesen sein – mit bloßem Auge gesehen haben will (Xi Zezong, 1980). Das war rund 2000 Jahre vor der Erfindung des Fernrohres und der etwa gleichzeitigen Entdeckung der Monde durch einen italienischen und einen deutschen Gelehrten. Galilei hatte die Monde zuerst am 7. Januar 1610 erkannt und darüber noch im gleichen Jahr in seinem *Sidereus Nuncius* berichtet, während Marius die vier Trabanten bereits Ende Dezember 1609 gesehen, aber erst 1614 darüber eine Schrift mit dem Titel *Mundus Jovialis* veröffentlicht hatte.

Bemerkenswert sind in diesem Zusammenhang beider Ausführungen zur Benennenung der Entdeckungen. Galilei schlug vor, die Satelliten nach den Kindern des Großherzogs Cosmo de' Medici II. von Toscana zu benennen, unter dessen Schirmherrschaft die Auffindung erfolgte, und als entsprechende Gesamtbezeichnung „Medicea sidera" zu verwenden. Mit demselben Recht könne er – so meint Simon Marius in einem eigens der Namenvergabe gewidmeten Kapitel seines „Mundus Jovialis" – die Jupitersatelliten als „Sidera Brandenburgica" bezeichnen, verzichtet aber darauf mit der Zielsetzung, allgemeingültige Namen zu finden. Willkommen waren ihm unter diesem Gesichtspunkt die Gesamtbezeichnungen „Circulatores Joviales" bzw. „Joviales", die die Astronomen J. Kepler und D. Fabricius in Briefen an ihn verwendet hatten.

Wichtiger aber waren Individualbezeichnungen, wie sie von den Astronomen damals dringend gefordert wurden. Als einfachste Lösung käme in Betracht, so führt Marius aus, jene Gesamtbezeichnung mit einem Planetennamen zu vereinigen; man käme dann, wenn Mars übergangen würde, sogar zu vergleichbaren Farb- und Größenverhältnissen, also 1. Mercurius Jovialis, 2. Venus Jovialis, 3. Jupiter Jovialis, 4. Saturnus Jovialis. In dem Bewußtsein, daß dieses Schema nicht ohne Einwände bleiben würde, führt Marius als seine eigentlichen, seiner Meinung nach jedermann befriedigenden Vorschläge mythologische Namen an, die er freilich „nur frei von jeglichem Aberglauben und mit der Genehmigung der Theologen" gemacht wissen wolle.

Von den Schriftstellern werde Jupiter, so erläutert Marius, ja hauptsächlich seiner unerlaubten Liebschaften wegen bezichtigt. Die bekanntesten Jungfrauen, die Jupiter heimlich begehrt und erobert habe, seien Io, die Tochter des Flusses Inachus, Kallisto, die Tochter Lykaons, und schließlich Europa, die Tochter des Agenor, gewesen. Mehr als alle anderen aber habe er den schönen Knaben Ganymed, den Sohn des Königs Tros, geliebt. Jupiters Liebe sei sogar so groß gewesen, daß er, wie von den Dichtern erzählt werde, sich in Adlergestalt auf seine Schultern gesetzt und ihn in den Himmel hinaufgebracht habe. Marius beruft sich in diesem Zusammenhang ausdrücklich auf Ovids *Metamorphosen*, X, 143–161, und fährt fort: „Daher meine ich, nicht schlecht daran getan zu haben, den ersten Io zu nennen, den zweiten Europa, den dritten wegen der Stärke seines Glanzes Ganymed und den vierten schließlich Kallisto. Diese Namen werden durch folgenden Distichon veranschaulicht:

Io, Europa, Ganimedes puer, atque Calisto,
Lascivo nimium perplacuere Jovi.
(Io, Europa, Ganymed, der Knabe, und die Kallisto
haben dem lüsternen Jupiter sehr gefallen.)

Marius gibt dann noch einige wichtige Hinweise auf die Entstehung der Namen: „Der Kaiserliche Mathematiker Kepler gab mir die Gelegenheit, mit ihm diese Erdichtung und Vergabe geeigneter Namen zu erörtern, als wir im Oktober 1613 auf dem Reichstag zu Regensburg zusammentrafen. Auf der Grundlage dieser Plauderei und unserer damals begründeten Freundschaft werde ich nicht schlecht daran tun, ihn den Taufpaten dieser vier Gestirne zu nennen." Zum Schluß macht Marius noch eine bescheidene Geste: „Ebenso wie alle diese Namen von mir frei erdacht worden sind, wird es auch jedermann freistehen, diese abzulehnen oder zu akzeptieren."

Diese Namen sind, so zögernd sie auch jahrhundertelang verwendet wurden, auf die Dauer unangefochten die einzigen geblieben. Erst als Anfang dieses Jahrhunderts der von Galilei gegen Marius erhobene Vorwurf des Plagiats durch die Forschungen von Oudemans und Bosscha zusammenbrach, fanden jene Namen zunehmend Verwendung in der wissenschaftlichen Literatur.

Anders verhielt es sich mit den zeitlich nächstfolgend entdeckten Saturnmonden. Der erste von ihnen wurde schon 1655 von C. Huygens aufgefunden, weitere vier 1671, 1672 und 1684 von G. D. Cassini am Observatorium von Paris. Cassini legte ihnen – im Anklang an Galileis „Medicea" die vom „Sonnenkönig" abgeleitete Gesamtbezeichnung „Sydera Lodovicea" zu und numerierte sie nach der Entfernung, von innen beginnend. Das Schema genügte nicht mehr, als 1789 William Herschel zwei weitere Satelliten innerhalb der Umlaufbahn des bisher ersten entdeckte und sie in umgekehrter Reihenfolge mit VI und VII numerierte. Jahrzehntelang herrschte ein unbefriedigender Zustand in der Saturnnomenklatur, bis 1847 John F. W. Herschel „die Verwirrung durch eine mythologische Nomenklatur zu beseitigen" suchte. Dem Beispiel von Marius entsprechend, sollte diese mit dem Namen des Primärplaneten in Einklang stehen. Seine Überlegungen dazu hat er in den 1847 erschienenen *Results of Astronomical Observations made... at the Cape of Good Hope* (S. 415) dargelegt. Da Saturn seine Kinder verschlungen habe, so lesen wir dort, könne seine Familie nicht um ihn herum versammelt werden. Die Wahl sei daher auf seine Brüder und Schwestern gefallen, die Titanen und Titaninnen: „Der Name Japetus gibt einen Hinweis auf die Dunkelheit und Entlegenheit dieses äußersten Satelliten, Titan läßt auf die überragende Größe dieses Huygenianers schließen, während weibliche Namen (Rhea, Dione und Tethys) die Gruppe der drei dazwischen befindlichen Cassinischen Satelliten bilden. Um die winzigen innersten Satelliten passend zu bezeichnen, ist wieder auf männliche Namen (Enceladus und Mimas) zurückgegriffen worden, Namen von Angehörigen eines jüngeren und untergeordneten (aber immer noch über den Menschen stehenden) Geschlechtes."

Als Gedächtnisstütze für die Reihenfolge dieser den Trabanten zugewiesenen Namen von Titanen und Giganten bot er den Lesern seiner *Outlines of Astronomy* von 1849 (S. 336 f.) genau wie Marius einen Vers an, und zwar einen Pentameter mit Hemiepes:

Iapetus, Titan, Rhea, Dione, Tethys
Enceladus, Mimas ________.

Die Schreibweise Enceladus zeigt, daß Herschel sich an den überkommenen Brauch hielt, die jeweils römische Bezeichnung zu wählen. Im Falle Rheas aber wählte er statt Ops die griechische Form, vielleicht des besseren Klanges wegen.

Der Vorschlag wurde von den Himmelsbeobachtern wohlwollend angenommen. William Lassell zumal bediente sich sogleich jener neuen Namen. Als Lassell und Bond unabhängig voneinander 1848 einen achten Saturnmond entdeckten, einigten sich nach einem Vorstoß des ersteren beide noch im gleichen Jahre auf den Namen Hyperion. Auch Herschel, der diese Bezeichnung zuvor vergeblich für den dann Neptun genannten Planeten vorgeschlagen hatte, war damit einverstanden und erweiterte in einer Neuausgabe der *Outlines* seinen Merkvers entsprechend zu einem Distichon mit Hemiepes:

Japetus cunctos supra rotat, hunce sequuntur
(Japetus kreiset über allen, diesem dann folgen)
Hyperion, Titan, Rhea, Dione, Tethis,
Encedadus, Mimas ________.

Eigentlich war dieser achte Mond der siebte, denn gleich nach seiner Entdeckung wurde eine neue Zählung der Saturnmonde, ganz von innen beginnend, eingeführt. Eben diese doppelte Art der Zählung machte es fortan geradezu zur Pflicht, in allen Veröffentlichungen zumindest zusätzlich den mythologischen Namen zu verwenden. Die neue Zählung bedurfte 1899 nach der Auffindung des neunten, äußersten Mondes durch W. H. Pickering keiner Änderung; benannt wurde er auf Vorschlag des Entdeckers nach der Titanin Phoebe. Im englischen Sprachraum merkte man sich dann die Anfangsbuchstaben der neuen Saturnmonde von innen nach außen wie folgt: *Met Dr. Thip.*

DIE VIER GROSSEN URANUSMONDE

Wie schon erwähnt, machte die Angleichung der Satellitennamen an das Marius-Schema dessen Namen für das Jupitersystem kaum populärer. John Herschel schrieb dazu in der genannten Fußnote von 1849: „Die Wiederbelebung dieser Namen würde wie eine Begünstigung des Anspruchs von Marius aussehen [die Satelliten noch vor Galilei entdeckt zu haben]... Auch gibt es im Falle der Jupitersatelliten keine Unordnung zu beheben. Sie werden unverändert in jedem Almanach unter ihrer numerischen Bezeichnung nachgewiesen."

Überdies legte John Herschel das Marius-Schema keineswegs systematisch für die Satellitennamen zugrunde. Das zeigt die ebenfalls auf ihn zurückgehende Benennung der Uranusmonde. Sein Vater hatte 1787 die ersten beiden Monde entdeckt und der ebenfalls britische Astronom William Lassell 1851 zwei weitere. Lassell überließ die Benennung John Herschel. Da die beiden ersten bisher nur numerische Bezeichnungen hatten, wählte er 1852 gleich für alle vier Monde Namen. Statt mythologischer Gestalten aus der Umgebung des Uranos aber nahm er diesmal Personen aus Shakespeares *Sommernachtstraum* und *Sturm* sowie Popes *Lockenraub* und schrieb dazu in seinen *Outlines of Astronomy* von 1887: „Für die Beobachtung der Uranussatelliten sind sehr mächtige und erstklassige Teleskope erforderlich. Mit Bestimmtheit weiß man, daß es vier gibt, denen (in der Reihenfolge von außen nach innen) die Namen Oberon, Titania, Umbriel und Ariel, also von Elfen, Sylphen und Gnomen bei Shakespeare und Pope, zugewiesen worden sind."

Demnach sind also die beiden großen Uranustrabanten nach einem Elfenkönigspaar, die kleineren aber nach einem düsteren, üblen Gnomen und einem lichten Sylphen benannt. Die beiden letzten Gestalten sind deswegen gewählt worden, weil die Satelliten schwer zu beobachten sind und weil der eine merklich dunkler als der andere ist. Diese Einzelheit hatte die Tochter des Entdeckers, Jane Lassell, 1899 der Zeitschrift *The Journal of the British Astronomical Association* (vol. 10, S. 73) anvertraut.

DIE BEIDEN MARSMONDE

Als bei der günstigen Marsopposition von 1877 am Marine-Observatorium in Washington die beiden kleinen Marssatelliten entdeckt wurden, stellte sich erneut die Namenfrage. Der Entdecker, Asaph Hall, schreibt dazu in seinen *Observations and Orbits of the Satellites of Mars* (1878): „Von den verschiedenen Namen, die für diese Satelliten vorgeschlagen wurden, habe ich den von Mr. Madan aus Eton, England, ausgewählt, nämlich Deimos für den äußeren Satelliten; Phobos für den inneren Satelliten. Das sind gewöhnlicherweise die Namen der vor den Streitwagen des Mars gespannten Rosse; in den diesbezüglichen Zeilen aber sind sie von Homer personifiziert und bedeuten die Gehilfen oder Söhne des Mars. An jener Stelle der *Ilias* (15, 119) bereitet sich Ares gerade darauf vor, auf die Erde herabzusteigen, um den Tod seines Sohnes zu rächen: ‚So sprach der Gott, er rief Furcht und Schrecken, ließ sie die Rosse schirren und legte sich seine ruhmreiche Rüstung dann selbst an.'"

Zu dieser geglückten Namenwahl ist noch zu erwähnen, daß Hall die Namen Phobos und Deimos – bei Homer und Hesiod übrigens stets die Söhne des Ares – in seiner Erstankündigung in den *Astronomischen Nachrichten* mit der latinisierten Endung -us angegeben hatte. Hätte man römische Bezeichnungen verwenden wollen, so wären die – freilich weniger bekannten – Namen Pavor und Pallor (bzw. Terror) richtig gewesen. So sind denn Rhea, Phobos und Deimos die drei griechischen Ausnahmen in der Nomenklatur des Sonnensystems geblieben.

DIE NAMENLOSEN JUPITERMONDE

Die Entdeckung eines neuen Jupitermondes durch E. E. Barnard auf dem Lick-Observatorium, Kalifornien, im Jahre 1892 rief wieder eine Flut von Namensvorschlägen hervor, da in der offiziellen Mitteilung nur die Bezeichnung „The Fifth Satellite" verwendet wurde. Vorgeschlagen wurden etwa Namen mit einer Beziehung zum Jubiläumsjahr (Columbia) oder Land (Eureka = Motto des Staates Kalifornien), in denen der Mond entdeckt worden war, oder symbolische Namen, wie Fulmen/Keraunos (Donnerkeil), und verschiedene mythologische Personennamen.

Den passendsten Vorschlag machte Camille Flammarion, der bereits für den 1846 von W. Lassell entdeckten und lange Zeit namenlosen Neptunmond den Namen Triton vorgeschlagen hatte und damit allerseits auf Zustimmung gestoßen war. In seiner Zeitschrift *L'Astronomie* (Jg. 12, 1893, S. 92–94) empfahl er zunächst, den alten Streit um die Priorität bei der Entdeckung der vier Jupitermonde auszuklammern und unabhängig davon die von Marius eingeführten mythologischen Namen allgemein zu verwenden, um dann fortzufahren: „Als Kind wurde Jupiter auf der Insel Kreta am Berg Ida versteckt, wo er seitens der Nymphen Ida und Adrastea mit der Milch der Ziege Amalthea genährt wurde. Wir unterbreiten denn Herrn Barnard den folgenden Gedanken: Warum sollte man nicht den Namen dieser recht bedeutenden Amme wählen? Amalthea wäre gar nicht übel. Man könnte auch an die Nymphe Ida denken. Aber so heißt zugleich der Berg."

Flammarion suchte dann noch Bedenken zu zerstreuen, es könne wegen der inzwischen Io, Europa und Amalthea getaufen Asteroiden zu Namensverwechslungen kommen. Auch den Namen Dione gebe es ohne Verwechslungsgefahr zweimal, im Saturnsystem und unter den Kleinplaneten. Schließlich schlug er noch eine Neunumerierung der Jupitermonde vor.

Die Antwort des Adressaten findet sich in *Popular Astronomy* vom Oktober 1893, Seite 81 f. Barnard scheint mit dem Vorschlag nicht zufrieden gewesen zu sein, wenn er schreibt, daß die geringe Größe des Satelliten den Namen unpassend erscheinen lasse. Er war auch gegen eine neue (mit dem innersten Mond beginnende) Numerierung und wollte die Bezeichnung Jupiter V beibehalten wissen. Sollte dennoch Verwirrung entstehen, so schreibt er, würde auch er den Rückgriff auf einen Namen aus der Mythologie empfehlen.

Abgesehen davon, daß nach der erwähnten Rehabilitierung des Marius im Jahre 1903 dessen Namen für die vier großen Monde gebräuchlicher wurden und daß am Namen Amalthea in populärastronomischen Kreisen zäh festgehalten wurde, sollten die kleinen Jupitermonde bis über 1974 hinaus, als ein achter dieser Art entdeckt worden war, als einzige unbenannt bleiben.

KUIPERS ENTDECKUNGEN

Daß alle anderen neuen Satelliten Namen erhielten, war hingegen grundsätzlich geklärt, hing aber weiter von der Initiative der Entdecker ab. Die beiden 1948 und 1949 am McDonald-Observatorium in Texas aufgefundenen Monde, ein fünfter des Uranus und ein zweiter des Neptun, erhielten von ihrem Entdecker, G. P. Kuiper, verhältnismäßig schnell einen geeigneten Namen. Zur Benennung des Uranusmondes Miranda schrieb Kuiper in den *Publications of the Astronomical Society of the Pacific,* Juni 1949: „Sir John Herschel benannte die vier großen Satelliten Ariel, Umbriel, Titania und Oberon. Oberon und Titania sind der König und die Königin der Elfen in Shakespeares *Sommernachtstraum;* Ariel und Umbriel kommen in Popes *Lockenraub* vor, Ariel findet sich auch in Shakespeares *Sturm.*" Im *Sturm* ist Ariel ‚ein schelmischer Luftgeist, der die Gestalt nach Belieben wechselt, um Prospero, seinem Meister, zu dienen', Miranda aber laut Prospero ‚ein Cherubim, der mich erhält.'"

So wie die Nachbarmonde Ariel und Umbriel in Beziehung zueinander stehen, so auch Miranda und Ariel. Andererseits ist Miranda der erste Uranusmond, der nicht nach einem Geistwesen benannt worden ist. Insofern darf man Kuipers Wahl des Namen für den zweiten Neptunmond, Nereide, als noch geglückter bezeichnen. Denn die von Nereus gezeugten Meernymphen bilden ja wie die Tritonen das Gefolge Neptuns und seiner Gattin Amphitrite, und als Einzelwesen sind sie durch Arnold Böcklins Gemälde *Triton und Nereide* miteinander assoziiert.

JUPITERMONDE – DOCH NOCH GETAUFT

Mit Beginn der Naherforschung der äußeren Planeten durch Weltraumsonden schien es schließlich angebracht zu sein, den noch immer namenlosen Jupitertrabanten als Gedächtnisstütze Namen beizulegen. Dies um so mehr, als mittlerweile die Benennung von Oberflächenstrukturen auf Planeten und Monden große Fortschritte gemacht hatte. Die Institution, über die derartige Bezeichnungen international verbindlich festgelegt wurden, ist seit den zwanziger Jahren die Internationale Astronomische Union (IAU). Das ist auch so geblieben, als die „Expertengruppe für geographische Namen" bei den Vereinten Nationen eine Arbeitsgruppe für die Benennung extraterrestrischer topographischer Strukturen ins Leben gerufen hatte. Sie hat in dem Prozeß der Namengebung nur beratende Funktion.

Dieser Prozeß war insofern schwerfällig, als in der Zeit zwischen den Generalversammlungen der IAU, die nur alle drei Jahre abgehalten werden, keine Entscheidungen getroffen werden konnten. Das Verfahren wurde durch Beschluß der Generalversammlung 1973 in

Sydney vereinfacht. Mit der Basisarbeit der Zusammenstellung von Namenlisten wurden fünf Spezialarbeitsgruppen beauftragt, denen u. a. auch die Leiter der jeweiligen planetenkartographischen Projekte angehören. Als Dachorganisation wurde eine Arbeitsgruppe für Planeten- und Satellitennomenklatur geschaffen, die auf jährlichen Tagungen die Berichte der Leiter der Spezialarbeitsgruppen anhört und erörtert. Die vorgeschlagenen Namen, die der Prüfung standgehalten haben, legt die Arbeitsgruppe dann dem Exekutivkomitee der IAU vor. Das Exekutivkomitee setzt sich aus dem Präsidenten, den sechs oder sieben Vizepräsidenten sowie dem Generalsekretär und dessen Stellvertreter zusammen. Haben die Namen auch diese Hürde genommen, so gelten sie als „provisorisch" und können in wissenschaftlichen Veröffentlichungen verwendet werden. Die Ratifizierung, die offizielle Billigung der Namen durch die nächstfolgende Generalversammlung der IAU, ist dann kaum mehr als ein formaler Vorgang.

Die siebenköpfige Arbeitsgruppe für die Nomenklatur des äußeren Sonnensystems unter Vorsitz des amerikanischen Astronomen Tobias Owen, die sich als erstes mit dem Jupitersystem zu befassen hatte, stellte klar, daß das Recht zur Benennung neuentdeckter Familienmitglieder im Sonnensystem nach wie vor dem Entdecker zukäme, setzte aber 1975 folgende Richtlinien für künftige Satellitennamen fest:

1. Die Namen neuer Satelliten sollen sich in den Rahmen bereits vorhandener, nach einem vorgegebenen System vergebener Satellitennamen einfügen.

2. Innerhalb dieser Richtlinien steht es dem Entdecker eines neuen Satelliten frei, einen Namen für seine Entdeckung zu wählen.

3. Hinsichtlich des Jupiter sprechen jetzt viele Gründe dafür, jenen Satelliten, die gegenwärtig lediglich numeriert sind, Namen zu geben.

Zum Zeitpunkt dieser Beschlüsse hatte die wissenschaftliche Welt gerade Kenntnis von einem weiteren Mitglied der Jupiterfamilie erhalten. Nach Fotoplatten vom 500-cm-Reflektor auf Mount Palomar hatte Charles T. Kowal 1974 zwischen Callisto und Jupiter VI einen 13. Satelliten entdeckt. Wie seine seinerzeit bereits verstorbenen Vorgänger E. E. Barnard, C. D. Perrine, P. Melotte und S. B. Nicholson wehrte auch er sich gegen eine Benennung: „Es ist doch eine interessante Feststellung", schrieb er in der Zeitschrift *Icarus* (Band 29, S. 513), „daß seit der Zeit Barnards niemand, der selbst Jupitersatelliten entdeckt hatte, es wünschte, daß diese Satelliten Namen tragen sollten. Ich schließe mich der Meinung an, daß die Satelliten nicht benannt werden sollten, weil ich der Ansicht bin, daß Namen nutzlos, überflüssig, möglicherweise sogar verwirrend sein würden." Ironisch fügte er hinzu: „Würde etwa irgend jemand auf den Gedanken kommen, jedem Tag des Jahres einen Namen zu geben?"

Die Internationale Astronomische Union war indessen entschlossen, die im Sonnensystem einmalige Namenlosigkeit der Jupitersatelliten zu beenden und sich als Gedächtnisstütze eignende Namen – die sich möglichst nicht mit Planetoidennamen überschneiden – einzuführen. Für den inneren Satelliten Jupiter V war der Name Amalthea inoffiziell sehr geläufig. Er wurde übernommen, obwohl es – wie übrigens auch jeweils für die galileischen Jupitermonde – einen gleichnamigen Planetoiden gab. Für die äußeren, die sog. irregulären Satelliten konnte man auf Namen zurückgreifen, die noch nicht vergeben waren und dem Schema des Marius gerecht wurden, also Liebschaften Jupiters darstellten. Die kursierenden inoffiziellen Namenlisten von Marsden (1955), Nesterovich (1962) und

Karpenko (1973) entsprachen diesen Gesichtspunkten nur zu einem kleinen Teil und wiesen u. a. die Namen von Jupiters Ammen aus, die eher für (seinerzeit noch unbekannte) Monde in der Nachbarschaft des Amalthea-Orbits in Frage kamen.

Glücklicherweise ist die Zahl göttlicher und menschlicher Geliebter Jupiters sehr groß, wie entsprechende Aufzählungen bei Homer, Hesiod, Ovid, Hyginus, Nonnos und Rufinus verdeutlichen. Die zuständige Arbeitsgruppe wählte sieben noch nicht für Planetoiden vergebene Namen für die Jupitersatelliten VI bis XII, und zwar aus mnemotechnischen Gründen auf -a endende Namen für die gegen den Uhrzeigersinn rotierenden Satelliten und auf -e endende Namen für die rückläufig rotierenden: VI Himalia, X Lysithea, VII Elara, XII Ananke, XI Carme, VIII Pasiphae, IX Sinope.

Für den von ihm entdeckten (gegen den Uhrzeigersinn rotierenden) 13. Satelliten machte C. T. Kowal, da nun einmal ein Name erforderlich war, einen eigenen Vorschlag: Leda. Wenn es auch einen gleichnamigen Planetoiden gab, so war das doch kein Hinderungsgrund dafür, daß dieser Vorschlag allgemein sehr begrüßt wurde. Die damit für die Satelliten V bis XIII festgelegten Namen wurden von der Generalversammlung der Internationalen Astronomischen Union 1976 in Grenoble sanktioniert.

Drei neue innere Jupitermonde wurden beim Vorbeiflug der Sonde Voyager 2 am Jupiter von 1979 auf elektronisch kontrastverstärkten Aufnahmen aufgefunden. Der Namenausschuß entschied, daß die innerhalb des Amalthea-Orbits entdeckten oder zu entdeckenden Trabanten nach den Ammen Jupiters, den Kureten als Schützern des Jupiterkindes oder nach der Jugendliebe Jupiters, Metis, benannt werden sollten. Alle Satelliten außerhalb des Amalthea-Orbits sollten nach Liebschaften Jupiters benannt werden. Die Jupitermonde XV und XVI erhielten daher die Namen Adrastea und Metis, der Jupitermond XIV den Namen Thebe.

PLUTOS BEGLEITER

Den ersten drei mit Hilfe der Raumfahrttechnik entdeckten Trabanten gesellten sich beim Vorbeiflug der Voyager-Sonden am Saturn und Uranus viele weitere hinzu. So wurden in nur acht Jahren im Umfeld dreier Planeten genauso viele Monde entdeckt wie in den vergangenen zweihundert Jahren im ganzen Sonnensystem. Trotz dieser Erfolge hat jedoch die erdgebundene Planetenforschung mit ihrer immer weiter verfeinerten Technik beileibe nicht ausgedient. Das zeigte die Aufsehen erregende Auffindung des Plutobegleiters, die 1978, im Jahr des Starts der so erfolgreichen Sonde Voyager 2, geradezu den Auftakt zu der spektakulären Erweiterung unserer Kenntnisse vom äußeren Sonnensystem bildete.

J. W. Christy, der den vorerst fernsten Trabanten auf Aufnahmen des US-Marine-Observatoriums in Flagstaff, Arizona, entdeckt hatte, schlug vor, ihn Charon zu nennen, nach jenem Fährmann der Mythologie, der die Seelen zum Totenreich Plutos übersetzt. Offiziell festgelegt wurde der Name freilich erst 1986, nachdem die Bahn des Begleiters einwandfrei vermessen worden war.

HIRTEN, TROJANER UND ANDERE KLEINSTMONDE SATURNS

Nach optischen Beobachtungen während der günstigen Saturnphase 1979/80 und bestätigenden Aufnahmen der Sonde Voyager 1 von 1980 sowie zusätzlichen Entdeckungen auf Aufnahmen dieser Sonde wurde die Zahl der bekannten Saturnmonde mehr als verdoppelt. Konnte an die Tradition angeknüpft werden, die Monde nach den Geschwistern Saturns, innen nach den Giganten und außen nach den Titanen, zu benennen? Hinsichtlich aufgefundener Monde mit eigenständiger Umlaufbahn außerhalb von Mimas soll weiterhin so verfahren werden.

Der beim Voyager-1-Vorbeiflug aufgefundene innerste Kranz von fünf bis sieben Kleinstmonden bedurfte einer neuen Kategorie von Namen. Zuvor war nur der im Dezember 1966 erstmals fotografierte zehnte Mond Janus bekannt, dessen Benennung der Entdecker Audouin Dollfus 1967 mit der – wenn auch nicht verwandtschaftlichen – „Beziehung dieses Nebengottes zu Saturn" begründet hatte. In Fachkreisen war seit 1977 noch von einem weiteren Mond die Rede, den die Astronomen Fountain und Larson in benachbarter Bahn ausgemacht hatten. Beide Monde konnten 1980 auf den Voyager-Fotos bestätigt werden, wobei die Bahndaten für Janus erheblich korrigiert werden mußten.

In der Mythologie hat Janus keine Geschwister, so daß passende Namen für die inneren Kleinstmonde nicht ohne weiteres feststanden. Die Arbeitsgruppe Owen entschied sich für den Kreis um den Titanensohn Prometheus und seine drei Brüder. Dieser Richtlinie folgend, wählte D. Cruikshank für den von ihm entdeckten Zwilling von Janus den Namen Epimetheus. Die Nachbarn im Orbit tragen damit die Namen von Göttern, über deren Töchter Canens und Pyrrha Römer und Griechen ihre göttliche Abkunft hergeleitet haben.

Für den vorläufig innersten Mond, der den Saturnring A von außen flankiert, fand der Entdecker das Bild des das Himmelsgewölbe tragenden Gottes Atlas sehr passend und wählte daher diesen Namen.

Den Schäfersatelliten des Saturnringes F wurden erst sechs Jahre nach ihrer Entdeckung Namen zuteil: Prometheus und Pandora. Anders als die Götter waren die Astronomen 1986 in Neu-Delhi auf Distanz zwischen Pandora und Epimetheus bedacht, wohl um der Welt weitere Übel zu ersparen.

Die Voyagersonden brachten noch Kunde von anderen Kleinstmonden, den Begleitmonden in den Umlaufbahnen von Tethys, Dione und wohl auch Mimas. Diese nach Art der erwähnten Trojaner rotierenden Trabanten erhalten Namen, die zum jeweiligen Hauptmond in Beziehung stehen. Als erste haben 1982 die Begleiter von Tethys die Namen zweier der Töchter der Titanin Tethys erhalten, Calypso (Kalypso) und Telesto.

Mit großer Verspätung wird auch der Dione-Begleitmond 1980 S 6, für den sich seit 1980 die Bezeichnung Dione B eingebürgert hat, einen eigenen Namen bekommen. Der für die Dioneschwester ausersehene Name lautet Helena, ist aber noch nicht gebilligt worden. Die endgültige Entscheidung steht 1988 ins Haus.

Gegen eine allzu rasche Vergabe von Namen sind nämlich neue Hürden errichtet worden. Noch ehe die bis dahin provisorisch eingeführten Namen auf der Generalversammlung der IAU in Patras 1982 genehmigt wurden, kam es nach einer Reihe von Einsprüchen zu der Neuregelung, daß fortan auch andere Gremien der IAU im Vorfeld der Entscheidung über die Vergabe neuer Namen konsultiert werden sollten: die Kommission Astronomische Telegramme und das Zentralbüro für astronomische Telegramme sowie die mit den Ephemeriden des Sonnensystems befaßte Kommission.

STREIT UM DIE KLEINEN URANUSMONDE

Daß es noch andere Gründe für eine Verzögerung bei Benennungen geben kann, zeigt sich am Beispiel der zehn Monde, die der Vorbeiflug der Voyagersonde am Uranus Ende 1985 und Anfang 1986 zutage gefördert hatte. Eigentlich war man bestens vorbereitet, da schon im voraus über die Namen der erwarteten Entdeckungen befunden worden war. Götter waren von vornherein ausgeschlossen worden. In Frage kamen Namen von Geistwesen der internationalen Literatur, wie sie John Herschel den vier größten Monden zuerkannt hatte, oder die von menschlichen Wesen aus Shakespeares Dramen nach dem Vorbild von Kuipers Miranda, und man hatte sich für letztere entschieden. Da die Bahndaten der neuen Monde gesichert waren, hätte der Taufprozedur nichts im Wege gestanden. Dem Voyager-Triumph folgte jedoch auf dem Fuß die Challenger-Katastrophe. In dem dadurch ausgelösten Überschwang der Emotionen machte der amerikanische Kongreßabgeordnete und Ex-Weltraumfahrer Bill Nelson den Vorschlag, mit den Namen von sieben der Monde die verunglückten Besatzungsmitglieder der Raumfähre zu ehren. Der Vorschlag stieß auf Widerhall in der Öffentlichkeit, nicht aber bei den internationalen Gremien, die sich nach den Erfahrungen der Geschichte nur vom Tagesgeschehen unbeeinflußte Namen wünschten und zwei Dutzend weibliche Gestalten aus Shakespeares Dramen in die engere Wahl zogen. Angesichts dieser Auseinandersetzung ist es noch offen, ob Mitte 1987 provisorische Namen gewählt werden, über deren Billigung die Generalversammlung der IAU 1988 in Baltimore zu befinden haben würde. Bis dahin werden sich die Wissenschaftler weiter mit dem Spitznamen Puck für den größten der zehn neuen Monde behelfen, Shakespeares Diener des Elfenkönigs.

OBERFLÄCHENBEZEICHNUNGEN DER PLANETEN UND SATELLITEN

MONDNOMENKLATUR

Die Frage, wie Planeten und Monde zu ihren Namen gekommen sind, wäre nicht vollständig beantwortet, wenn nicht auch ein Seitenblick auf die Namenvielfalt im Fernrohr oder auf Raumsondenfotos entdeckter Oberflächenformationen geworfen würde. Die Entstehung auch dieser Namen war von einer sich über große Zeiträume erstreckenden Auseinandersetzung um neutrale klassische Namen und Namen, durch die Einzelpersonen geehrt werden sollten, begleitet.

Es begann mit der Benennung der Mondgebiete. Die erste mit Namen ausgestattete Mondkarte wurde 1645 von Langrenus veröffentlicht, einem flämischen Astronomen am

Hof König Philipps IV. von Spanien, der Namen aus dem Hause Habsburg verwendete. Unabhängig davon veröffentlichte Johannes Hevelius 1647 in Danzig eine erheblich ausführlichere Karte. Für die hellen und dunklen Gebiete unterschiedlicher Albedo verwendete er Namen der alten Geographie. Die dunklen Gebiete wurden nach Meeren, die hellen nach Ländern benannt, die Krater nach Inseln bzw. in hellen Gebieten nach Bergen. Das heute noch gültige Nomenklaturschema für den Mond geht auf eine jüngere Karte zurück, die der Bologneser Astronom Giovanni Battista Riccioli 1651 herausgegeben hat.

Ricciolis Nomenklatur stellt ein gemischtes System aus symbolischen und Personennamen dar. Wie Hevelius teilte er die Oberfläche in Terrae und Maria ein, gab ihnen aber symbolische Namen. Die östliche Mondhälfte, also den abnehmenden Mond, versah er mit Namen ungünstiger Naturerscheinungen wie Nebel, Regen, Stürme und Wolken für die Maria und Trockenheit und Kälte für die Terrae. Die andere Mondhälfte erhielt angenehm klingende Namen, wie Heiterkeit, Ruhe, Fruchtbarkeit und Honig für die Maria sowie Leben und Gesundheit für die Terrae. Die Krater benannte er nach Astronomen und anderen bekannten Personen, die streng systematisch nach ihrer Zusammengehörigkeit plaziert wurden, Personen des Altertums, aber auch Copernicus und Kepler auf der Nordhalbkugel, Personen des Mittelalters und geozentrische Denker der Neuzeit auf der Südhalbkugel, wobei er nicht vergaß, auch sich selbst zu verewigen.

Spätere Selenographen haben die Nomenklatur stark ausgebaut. Dabei wurde auf die Namen für die hellen Albedogebiete (z. B. Terra Sanitatis) verzichtet; einzelne Namen von Hevelius für Gebirge und Vorgebirge, z. B. Montes Apenninus, wurden übernommen. Der regionale Zusammenhang bei der Anordnung der Personennamen wurde nicht mehr beachtet, doch wurden kleine Krater mit den Namen der benachbarten großen und einem hinzugefügten Buchstaben bezeichnet.

Abweichungen und Überschneidungen in der Nomenklatur konnten nicht ausbleiben. Zum Zweck der Vereinheitlichung der Mondnomenklatur wurde 1907 in Wien von den vereinigten Akademien ein internationales Komitee eingesetzt. Es prüfte die Anregungen, die Namen durch Kombinationen von Buchstaben und Zahlen zu ersetzen, und verwarf sie, kam aber bei der Reform der bisherigen Namen über Vorarbeiten nicht hinaus, wie die Herstellung eines 1913 erschienenen Registers zu den wichtigsten Mondkarten. Bei der Gründung der Internationalen Astronomischen Union wurde daher 1922 eine eigene Kommission für die Mondnomenklatur eingesetzt. Nach dreizehnjähriger Arbeit wurde eine 672 Namen umfassende international verbindliche Nomenklatur festgelegt.

Nach einer längeren Pause – in der nur noch ein einziger Kratername zusätzlich eingeführt worden war – wurden 1961 von der IAU die ersten Formationsbezeichnungen für die erdabgewandte Seite des Mondes angenommen, die von der sowjetischen Sonde Luna 3 fotografiert worden war. Auf Grund von Vorschlägen nationaler Akademien wurden für die inzwischen fotografisch genauer ausgekundschaftete Mondrückseite 1970 513 neue Bezeichnungen eingeführt. 1973 wurden darüber hinaus auch für die Vorderseite etliche neue Namen beschlossen, großenteils durch Umbenennung der mit Buchstaben gekennzeichneten kleinen Krater, weil das für das Kartierungsprogramm im Maßstab 1:250 000 als unumgänglich angesehen wurde.

Eine ähnliche Entwicklung erlebte die Nomenklatur für das zweite große Fernrohrobjekt, den Mars. Die ersten ernstzunehmenden Oberflächenbezeichnungen führte der römische Astronom Angelo Secchi ein. 1859 verwendete er symbolische Namen wie Atlantic, Scorpion und Isthmus, 1863 die Namen von Seefahrern wie Cabot, Columbus, Cook, Franklin und Marco Polo. Der englische Astronom Proctor teilte dann 1869 die Marsoberfläche nach ihren Albedounterschieden in Kontinente und Meere ein und benannte beide nach zumeist zeitgenössischen Astronomen. Diese Namen, von denen Proctor 1888 in den USA durch Verwendung eines neuen Systems symbolischer Namen selbst abgerückt war, haben noch bis um die Jahrhundertwende die Marsforscher in Zwietracht leben lassen.

Sie begann im Jahre 1878, als der Mailänder Astronom Giovanni Schiaparelli ein der alten Geographie und der mit ihr im Zusammenhang gesehenen Mythologie entlehntes Nomenklaturschema für eine in erheblich kleinere Gebiete als bisher unterteilte Marsoberfläche einführte. Ausgehend von einer markanten Struktur, die er Solis Lacus (Sonnensee) nannte, ließ Schiaparelli den Wagen des Sonnengottes entlang der äquatorialen Scheidelinie zwischen hellen Nord- und dunklen Südgebieten des Mars – der Mythologie entsprechend – vom Indischen Ozean über Arabien und das Mittelmeer bis in den fernen Westen ziehen und dort wieder in den Sonnensee eintauchen. Ergänzend wurden auch die Irrfahrten des Odysseus auf der Südhalbkugel des Mars angesiedelt, die Unterweltmythologie im nordwestlichen Quadranten sowie weitere Namen nach einem fein ausgeklügelten System vergeben.

Dies System fand auf dem europäischen Kontinent fast ungeteilt große Zustimmung, setzte sich im angelsächsischen Bereich endgültig aber erst dann durch, als Percival Lowell (1855–1916) für seine Kartierung der Marskanäle Schiaparellis Namenschema zugrunde legte. Auch der französische Astronom Eugène Michael Antoniadi (1870–1944) trug durch seine hervorragenden Marskarten, für die er Schiaparellis Namen benutzte, dazu bei, daß eine auf 128 Namen beschränkte Auswahl dieser Art schließlich 1958 von der IAU als international verbindlich eingeführt wurde.

Die Naherkundung des Planeten mit Raumsonden führte ab 1967 zu einer Kombination der Merkmale ehemaliger Nomenklaturschemata mit dem von Schiaparelli. Für die Krater wurden zunächst Namen von Seefahrern und Entdeckern vergeben, später auch von Astronomen, Physikern, Biologen und Autoren von Marsromanen. Die großen gewundenen Trockentäler wurden nach dem Namen des Mars in verschiedenen Sprachen der Welt bezeichnet, z. B. Kasei Vallis nach dem japanischen Namen für Mars. Die kleineren Täler wurden z. T. mit heutigen irdischen Flußnamen gekennzeichnet, kleine Krater mit Ortsnamen. Alle übrigen topographischen Strukturen aber erhielten lateinische Namen, die sich aus dem Gattungsnamen und dem Namen einer nahegelegenen von Schiaparelli bzw. Antoniadi so bezeichneten Albedostruktur zusammensetzen, z. B. Solis Planum für eine Ebene nahe dem Solis Lacus.

Mit dieser letzteren Kategorie topographischer Bezeichnungen ist also ein großer Teil der der Mythologie und alten Geographie entlehnten Albedobezeichnungen in die Zeit der Naherkundung des Planeten und damit in das kommende Zeitalter der bemannten Raumfahrt hinübergerettet worden. Daß es sich dabei um einprägsame und keineswegs nur dem gebildeten Philologen vertraute Namen handelt, hat Arthur C. Clarke in seinem utopischen Roman *The Sands of Mars* sehr schön zum Ausdruck gebracht, wenn er einen Mars-Astronauten sprechen läßt: „Wie poetisch waren doch die alten Kartenzeichner, als sie sich der Mythologie bedienten! Schon die Betrachtung der auf der Karte stehenden Namen ließ das Blut in den Adern pochen – Deucalion, Elysium, Eumenides, Arcadia, Atlantis, Utopia, Eos . . ."

MERKUR- UND VENUSNOMENKLATUR

Einzelne Elemente dieser Benennungspraxis haben dann auch für andere Himmelskörper Pate gestanden. Für die Albedogebiete Merkurs gab es eine auf die Hermes-Mythologie bezogene Nomenklatur, die Antoniadi für seine Karte von 1934 ausgearbeitet und der Pariser Astronom Audouin Dollfus für seine exakte Karte der gesamten Merkuroberfläche von 1972 großenteils übernommen hatte. Diese Bezeichnungen sind von der IAU gebilligt worden. Für die mit der Sonde Mariner 10 1974/75 erforschten topographischen Strukturen wurde indessen ein anderes Schema zugrunde gelegt. Z. B. erhielten die Ebenen mit einem Namen des Gottes Merkur in verschiedenen Sprachen und dem Gattungsnamen Planitia zusammengesetzte Bezeichnungen, die Böschungen (Rupes) und Täler (Valles) Namen von Forschungsschiffen und Radioteleskopen. Die Krater aber wurden nach Schriftstellern, Malern und Musikern benannt.

Entsprechend wurden die durch Radarabtastung ermittelten topographischen Großstrukturen der Venusoberfläche 1980 vorwiegend nach weiblichen Gestalten der Mythologie bezeichnet (z. B. Diana Chasma, Freyja Montes, Niobe Planitia, Lakshmi Planum, Metis Regio, Aphrodite Terra), Kratergebilde nach sonstigen berühmten Frauen, z. B. Eve (Eva), Lise Meitner, Sappho und seit dem Challenger-Unglück von 1986 auch McAuliffe und Resnik. Entlehnungen von historischen Venuskarten gibt es in dieser Nomenklatur nicht. Immerhin hatte schon 1728 E. Bianchini eine Karte angeblicher heller und dunkler Gebiete vorgelegt, die vorwiegend nach Seefahrern und portugiesischen Herrschern benannt waren, während P. Lowell auf seiner Venuskarte von 1896 Namen der Venus-Mythologie, z. B. Aphrodite Regio, verwendet hatte.

NOMENKLATUR DER MARS- UND JUPITERMONDE

Die Nomenklatur der Satelliten läßt ein einheitliches Grundschema missen. Die von der IAU gebilligten Namen für die von den Sonden Mariner 9 bzw. Voyager 1 und 2 fotografierten Strukturen zeigen schillernde Vielfältigkeit. Einige Krater auf dem Marsmond Phobos sind 1973 nach verstorbenen Entdeckern und Erforschern der Marssatelliten benannt, z. B. Hall, Krater auf Deimos dagegen nach Schriftstellern, die über die Marsmonde schon vor deren Entdeckung geschrieben haben, z. B. Swift.

Namen für die Oberfläche der Jupitersatelliten sind 1979 eingeführt worden. Die Bezeichnungen der Krater und hellen Flecken auf Amalthea entstammen dem Geburtsmythos von Zeus (Ida, Lyctos, Gaea) oder dem Amalthea-Mythos (Pan). Die Namen der Berge, Hügel, Hochebenen und Regionen auf Io entstammen dem Io-Mythos, z. B. Lerna Regio; aktive Vulkane und Krater vulkanischer Herkunft sind nach Feuer- und Sonnengöttern verschiedener Kulturen benannt worden. Die Bruchstrukturen auf Europa sind allesamt nach Personen und Orten des Europa-Mythos bezeichnet worden, z. B. Cadmus Linea. Auf Ganymed sind die Namen der Furchen auf der dem Jupiter zugewandten Seite dem Ganymed-Mythos entlehnt worden, z. B. Phrygia Sulcus; die Namen der Furchen der anderen Hemisphäre und sämtlicher Krater entstammen der Mythologie Assyriens, Babyloniens, Kanaans und Ägyptens; die großen Regionen sind nach Entdeckern von Jupitersatelliten benannt worden, z. B. Barnard Regio. Namen für die Oberflächenstrukturen auf Callisto – das sind fast ausschließlich Krater – sind den Märchen und Mythen nordischer und Eskimo-Kulturen entnommen worden.

NOMENKLATUR DER SATURN- UND URANUSMONDE

1980 und 1981 sind schließlich eine Fülle von Oberflächeneinzelheiten der Saturnmonde bekanntgeworden, vor allem Krater und Cañons. Auch für sie sind schon bald eigene Schemata der Benennung eingeführt worden. Die Namen der Krater auf Epimetheus, dem Zwillingsmond des Janus, entstammen dem Mythos von Kastor und Pollux.

Cañons auf dem Trabanten des Giganten Mimas sind nach den Gebirgen der Gigantomachie (Oeta, Ossa, Pelion und Pangea Chasma) benannt worden, der Hauptkrater nach dem Entdecker des Trabanten, dem britischen Astronomen Herschel, und alle anderen Krater nach Gestalten des britannischen Artus-Sagenkreises (z. B. Launcelot, Gnynevere, Arthur) und der später integrierten Tristan-Sage (Tristan, Iseult, Mark).

Der benachbarte Satellit Enceladus hat die ungewöhnlichste Oberfläche im Saturnsystem. Da hat es sich angeboten, ihre Einzelheiten nach den bizarren Märchengestalten aus Tausendundeiner Nacht zu bezeichnen, einschließlich Sharazad, Sharyar und Samarkand Sulcus (das Mädchen Scheherezade hatte dem König Schahrirar von Samarkand die vielen Geschichten erzählt).

Die wohl auffallendste Struktur der kartierten Saturnmonde, ein ausgedehntes Kluftsystem auf der dem Saturn zugekehrten Hemisphäre des Satelliten Tethys heißt nunmehr Ithaca Chasma. Auch die Namen benachbarter Krater auf diesem der Gattin des Okeanos gewidmeten Trabanten entstammen der Odyssee: Eumaeus, Mentor, Circe, Laertes, Nestor.

Oberflächenstrukturen auf Dione, einem von dem italienischen Astronomen Cassini entdeckten Trabanten, sind nach Orts- und Personennamen aus der Aeneis benannt worden (Latium Chasma, Palatine Linea, Cassandra, Anchises, Aeneas, Romulus, Remus usw.).

Kraternamen auf Rhea spiegeln die Schöpfungsmythen verschiedener Kulturen. Da finden sich u. a. die Inkagottheit des Südwindes, Con, der afrikanische Gott Bumba, der samojedische Gewittergott Num, der chinesische Himmelssohn Pan Ku, das japanische Götterpaar Izanagi und Izanami, der melanesische Menschenschöpfer Qat und der polynesische Schöpfergott Taaroa.

Die enge Verknüpfung des Mythos von Hyperion mit dem des Helios hat den Gedanken geboren, die Oberfläche des Mondes Hyperion nach Sonnen- und Mondgottheiten verschiedener Kulturen zu benennen, z. B. nach Jaribo, einen slawischen Sonnengott. Eine 300 km lange Böschung heißt nach den Entdeckern des Mondes Bond Lassell Dorsum.

Die vom Saturn am weitesten entfernte Mondoberfläche, von der bisher topographische Einzelheiten bekannt sind, der des Japetus, ist den Legenden um Karl den Großen und dem Rolandslied gewidmet, weil dieser Mond in Frankreich entdeckt worden ist. An den Entdecker, Cassini, erinnert diesmal der Name der dunklen Hemisphäre des Himmelskörpers.

Auf diese Weise sind mittlerweile 3481 topographische Strukturen auf zwanzig Himmelskörpern benannt worden, ohne daß damit ein Abschluß erkennbar wäre. Schon ist man dabei, die Strukturen der im Januar 1986 mit Voyager 2 fotographierten Oberflächen der sechs größten Uranusmonde zu bezeichnen. Das Schema dafür ist z. T. schon vor der Ankunft der Sonde festgelegt worden: Strukturen auf Ariel werden nach guten Geistern, Feen und Nymphen verschiedener Kulturen benannt, Strukturen auf Umbriel nach bösen Geistern, Gnomen und Zwergen, Strukturen auf Miranda nach Heroinnen aller Zeiten und Länder. Doch genug der Einzelheiten! Wenden wir uns nun den Mythen der einzelnen Himmelskörper des Sonnensystems selbst zu!

ZITIERTE UND WEITERFÜHRENDE LITERATUR

Zu: Die altbekannten Planeten

(ohne im Text zitierte antike Schriftsteller)

Cumont, Franz: Les noms des planètes chez les Grecs. In: L'Antiquité Classique, année 4 (1935) S. 5–43.

Gundel, Wilhelm und Hans Georg: Planeten. In: Paulys Real-Encyclopädie der Classischen Altertumswissenschaft, Bd. 40 (1950).

Hommel, Fritz: Aufsätze und Abhandlungen, Bd. 2. München 1900.

Hommel, Fritz: Ethnographie und Geographie des alten Orients. München 1926. = Handbuch der Altertumswissenschaft, Abt. 3, Teil 1, Bd. 1.

Kugler, Franz Xaver: Entwicklung der Babylonischen Planetenkunde. Münster 1907. = Sternkunde und Sterndienst in Babel, Bd. 1.

Reuter, Otto Sigfrid: Germanische Himmelskunde. München 1934.

Roscher, Wilhelm Heinrich: Planeten. In: Roscher, Ausführliches Lexikon der griechischen und römischen Mythologie, Bd. 3,2 (1909).

Scherer Anton: Gestirnnamen bei den indogermanischen Völkern. Heidelberg 1953.

Zu: Die neuentdeckten Planeten

Alexander, Arthur Francis O'Donel: The Planet Uranus. London 1965, S. 51–54.

Bode, Johann Elert: Astronomisches Jahrbuch für das Jahr 1785. Berlin 1782.

Grosser, Morton: The Discovery of Neptune. Cambridge, Mass. 1962, S. 119–129.

Moore, Patrick: The Naming of Pluto. In: Sky and Telescope, Nov. 1984, S. 400–401.

Observation Circular. Lowell Observatory, Flagstaff, Arizona, May 1, 1930.

Paluzíe-Borrell, Antonio: The Names of the Minor Planets and their Meanings. Kessel-Lo, Belgien, 1963, 120 S., 13 Bl. Addenda.

Wattenberg, Dietrich: Die Namen der Planeten und ihrer Satelliten. Berlin 1964. = Archenhold-Sternwarte, Vorträge und Schriften, Nr. 18.

Zu: Die Satelliten der Planeten
Barnard, Edward Emerson: Jupiter's Fifth Satellite. In: Popular Astronomy, vol. 1 (1893), S. 81–82.
Barton, Samuel Goodwin: The Names of the Satellites. In: Popular Astronomy, vol. 54 (1946), S. 122–131.
Dollfus, Audouin: The Discovery of Janus, Saturn's Tenth Satellite. In: Sky and Telescope, Sept. 1967, S. 136–137.
Flammarion, Camille: Le nouveau satellite de Jupiter. In: L'Astronomie, année 12 (1893), S. 92–94.
Hall, Asaph: Brief vom 7. Februar 1878. In: Astronomische Nachrichten, Bd. 92 (1878), Nr. 2187.
Hall, Asaph: Observations and Orbits of the Satellites of Mars. Washington 1878.
Herschel, John Frederick William: Outlines of Astronomy. (1st ed.) London 1849 [und] new (18th) ed. London 1887.
Herschel, John Frederick William: Results of Astronomical Observations made during the years 1834–8 at the Cape of Good Hope. London 1847.
Kowal, Charles T.: The Case against Names. In: Icarus, vol. 29 (1976), S. 513.
Marius, Simon: Mundus Jovialis anno 1609 detectus. (Nürnberg) 1614.
Millman, Peter M.: Topographic Nomenclature on Planetary Bodies. In: Icarus, vol. 29 (1976), S. 155–157.
Oudemans, Jean Abraham Chrétien, J. Bosscha: Galilée et Marius. In: Archives Néerlandaises des Sciences Exactes Naturelles, Ser. 2, t. 8 (1903), S. 115–189.
Owen, Tobias: Jovian Satellite Nomenclature. In: Icarus, vol. 29 (1976), S. 159–163.
What's in a Name? In: Sky and Telescope, July 1983, S. 16.
Xi Zezong: Entdecker des Jupiter-Satelliten. Zusammenfassung in: Beijing Rundschau, 1980, Nr. 15, S. 28.

Zu: Oberflächenbezeichnungen
Millman, Peter M.: Names on Other Worlds. In: Sky and Telescope, Jan. 1984, S. 23–27.
Merkurnomenklatur:
Davies, Merton E., S. E. Dwornik, D. E. Gault, R. G. Strom: Atlas of Mercury. Washington 1978 (NASA SP-423), S. 14–16 u. 124–125. – Biographische Daten in: Transactions of the International Astronomical Union, vol. 17 B (1979), S. 291–292.
Venusnomenklatur:
Transactions of the International Astronomical Union, vol. 17 B (1979), S. 293.
Mondnomenklatur:
Evershed, John: Who's Who in the Moon. Edinburgh 1938. = Memoirs of the British Astronomical Association, vol. 34 part 1. – Ergänzungen dazu in den Transactions of the International Astronomical Union, vol. 15 B (1973), S. 207–213; vol. 16 B (1976), S. 338–355 u. 363–369; vol. 17 B (1979), S. 286–290.
Mondnomenklatur:
Evershed, John: Who's Who in the Moon. Edinburgh 1938. = Memoirs of the British Astronomical Association, vol. 34,
Nomenklatur der Jupitersatelliten:
Satellites of Jupiter, ed. by David Morrison. Tucson, Ariz. 1982, S. 914–925.
Nomenklatur der Saturnsatelliten:
Transactions of the International Astronomical Union, vol. 18 B (1982).

1.
SONNE

Im äußeren Spiralbereich der Milchstraße bewegt sich das Zentralgestirn unseres Sonnensystems in 200 Millionen Jahren einmal um das etwa 33 000 Lichtjahre entfernte galaktische Zentrum. Mit einem Durchmesser von 1 392 000 km gehört die Sonne zwar zu den Zwergsternen, umfaßt aber das 1 301 000fache des Erdvolumens und selbst als Gasball 332 270 Erdmassen. In Abständen von 160 Minuten vergrößert und verkleinert die Sonne ihren Durchmesser um 5 bis 10 km. Das Pulsieren der Sonne ist mit Schwankungen der Helligkeit verbunden. Temperatur und Dichte des heiß glühenden Sonnengases nehmen nach dem Innern immer mehr zu und steigen bis auf 15 Millionen °C und 134 g/cm^3. In jeder Sekunde werden dort durch Kernverschmelzung etwa 700 Millionen Tonnen Wasserstoff in Helium verwandelt. Auf der gleißend hellen Sonnenoberfläche, der etwa 400 km dicken Photosphäre, gibt es dunkle Flecken und in deren Nachbarschaft besonders helle Gebiete, in denen Sonnenfackeln aufleuchten. Die Temperaturen, die im Innern der Photosphäre 9000 °C betragen, nehmen nach außen hin ab und sind in den Flecken mit 4300°C am niedrigsten, liegen in den Sonnenfackeln aber über dem Durchschnitt. Fleckengruppen treten in einem Rhythmus von elf Jahren mit besonderer Intensität auf; es handelt sich um Gebiete, in denen der Energiestrom nach außen durch starke Magnetfelder gestört wird. Aus der Wanderung der Sonnenflecken läßt sich die siderische Rotationsperiode der Sonne berechnen, die am Äquator 25 Tage beträgt und sich zu den Polen hin bis auf über 30 Tage verlangsamt. Über der Photosphäre lagert die Chromosphäre, durch die glühende Gaswolken, die Protuberanzen, emporschießen und z. T. wieder herabfallen. Zuweilen reichen sie bis über den Rand der breiten zarten Strahlenkrone der Sonne, der Korona, hinaus. Die bei totaler Sonnenfinsternis sichtbare Korona ist im Fleckenmaximum in etwa kreissymmetrisch und im Fleckenminimum stark abgeplattet. Vielfältig ist der Einfluß der Sonne auf ihre Planeten, vor allem in Form der Wellenstrahlung (Licht- und Wärmestrahlen, Röntgen-, UV- und Radiostrahlen) und der für magnetische Stürme, Polarlichter und die Schweifbildung der Kometen verantwortlichen Korpuskularstrahlung (Sonnenwind). Die solare Strahlung ist 1973–74 von den Skylab-Astronauten in mehreren Spektralbereichen systematisch erforscht worden.

Abbildungen auf der nachfolgenden Seite:

Oben: **Sonnenkorona**
(in der Periode des Fleckenmaximums) Aufnahme während der totalen Sonnenfinsternis am 7. 3. 1970 in Miahuatian, Mexiko.
Unten: **Sonne mit Protuberanzen**
(Die hauptsächliche sog. aufsteigende Protuberanz erstreckt sich bis zu 588 000 km Höhe über der Sonnenoberfläche) Aufnahme mit dem UV-Spektroheliographen vom 19. 12. 1973 an Bord von Skylab 4.

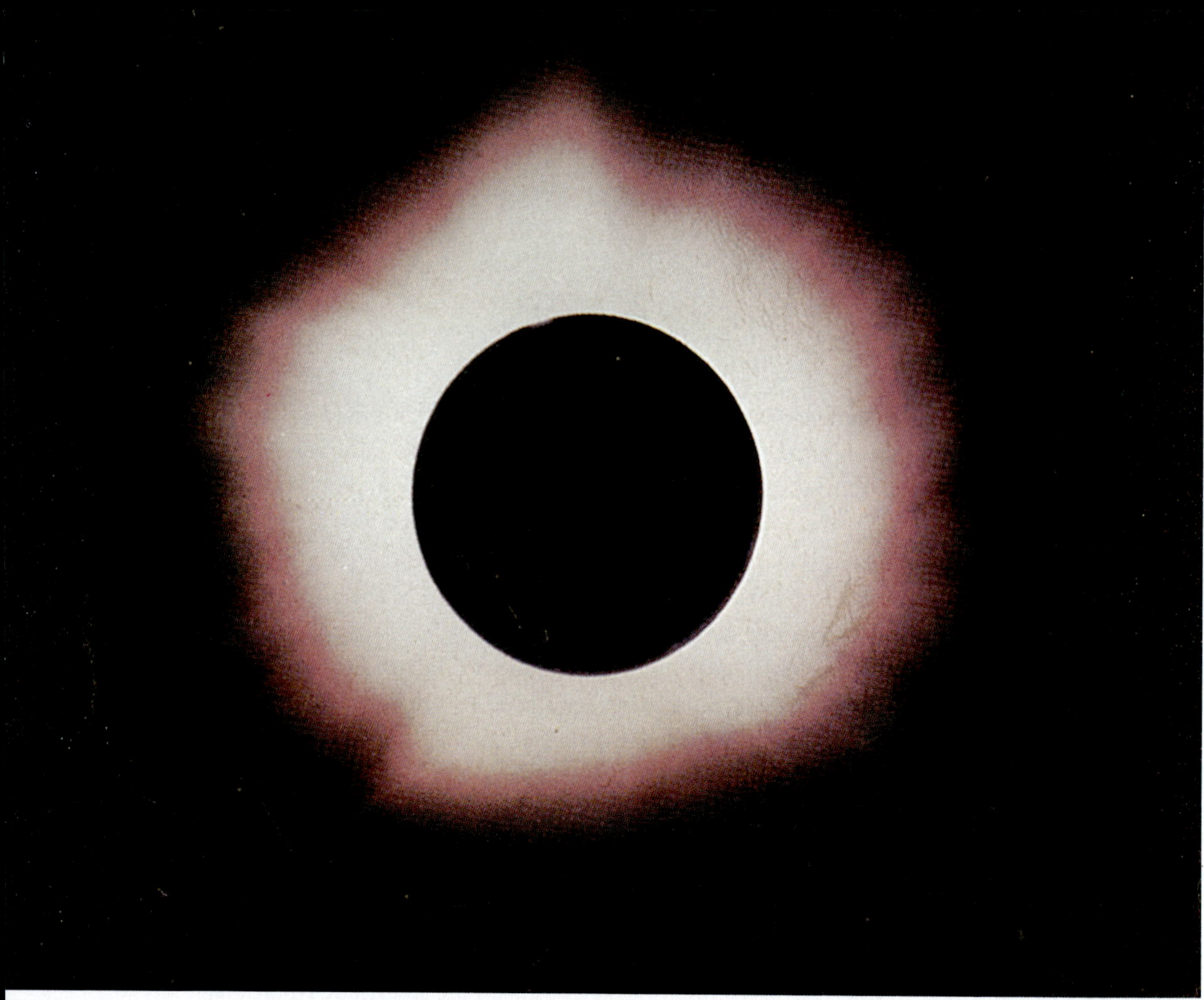

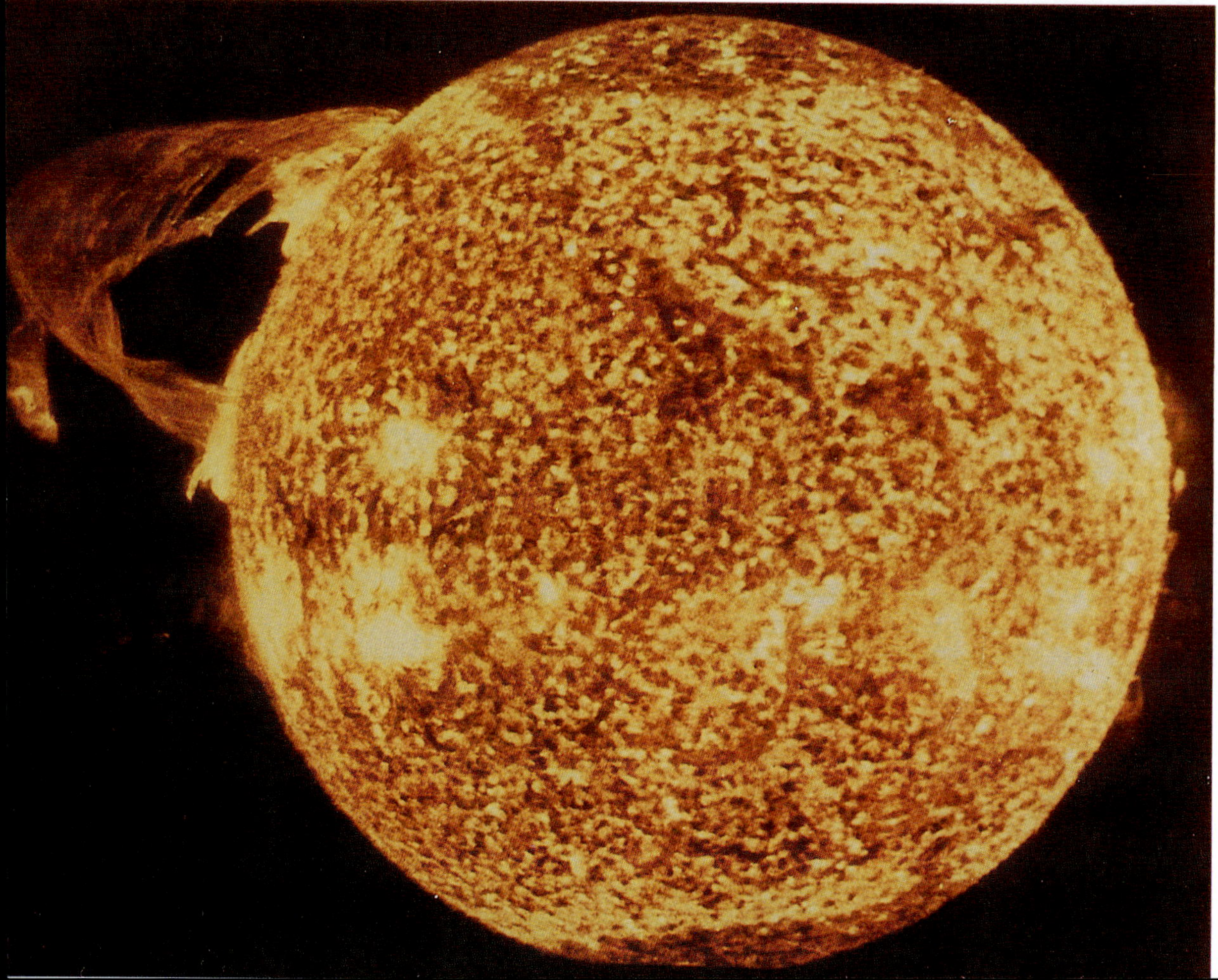

Sonne – Sol – Helios

Strahlend, in unvergänglicher Jugendblüte tritt Helios, auch Sol genannt, aus den Wolken hervor. Licht und Wärme breitet er über Wandelsterne und Monde, über Götter und Menschen, über Tiere und Pflanzen. Ohne ihn gäbe es weder Leben noch Nahrung. Die Titanen Hyperion und Theia sind seine Eltern, die Morgenröte und Mondgöttin, Eos und Selene, seine Geschwister. Er hat einen feurig-stechenden Blick, langes goldgelocktes Haar und trägt einen goldstrahlenden Helm, ein wallendes und wie Feuer glänzendes Gewand, einen weißen Gürtel und purpurfarbene Sandalen.

Am fernen weltumspannenden Okeanos, da wo West und Ost zusammenfallen, hat er sein nächtliches Lager. Die am Rand der Welt wohnenden Äthiopen berichten von einer anmutigen Meerenge, an deren Ausgang sie die warmen, sanft bewegten Fluten eines wie blankes Erz glitzernden Sees erblickt haben wollen. An dessen Ufer soll der von Säulen getragene Palast des Helios aufragen, dessen goldene, kupferfarbene und silberne Farbenpracht sich im See spiegelt.

Nicht weit entfernt nächtigen auch des Sonnengottes rosenfingrige und gelbgewandete Schwester Eos, ihr Sohn Phosphoros und seine eigenen, von Selene geborenen Kinder, die Horen, Göttinnen des jahreszeitlichen Wechsels. An jedem Morgen führen die Horen, sobald sich Eos vom Lager erhoben hat, die vier feuersprühenden beflügelten Rosse von der Weide, Pyroeis, das Rotschimmernde, Eoos, das Glänzende, Aithon, das Sengende, und Phlegon, das Brennende. Phosphoros spannt sie klirrend vor den einachsigen, von Hephaistos geschmiedeten Wagen. Dann betritt Helios dies goldglänzende Kunstwerk seines Neffen, nimmt die Zügel fest in die Hand und steigt, Eos und Phosphoros folgend, aus den Wellen der herrlichen See zum Himmel auf, derweil die Sterne verscheucht werden und als badende Knaben ins Meer tauchen.

Jählings breitet sich ein tausendfaches Glitzern über das auf Purpurgrund ruhende Erythräische Meer und läßt die östlichsten Inseln aufglänzen, das Goldland Chryse und das Silberland Argyre. Und weiter zieht der Herr des Tages über die Perlenküste Indiens, die Gestade Arabiens, den Hellespont, die Syrten, das Adriatische und Tyrrhenische Meer und taucht Libyen, Asien und Europa in gleißendes Licht, das noch die fernsten Landstriche der Kimmerier und Hyperborärer streift. Sobald Helios jenseits der Säulen des Herakles die Inseln der Seligen und die Gärten der Hesperiden gewahr wird, lenkt er seinen Wagen behutsam wieder in den Okeanos. Dort harren bereits Phosphoros und die Horen ihrer Aufgabe, Helios die Zügel und die Strahlenkrone abzunehmen, die Rosse auszuschirren und sie nach erfrischendem Bade auf eine Weide zu führen, wo Ambrosia-Gras wächst.

Die Tage verlaufen für Helios keineswegs gleichförmig. Auf Erden entgeht seinem wachsamen Auge weder Gutes noch Böses. Das Schlimmste meldet er, damit es seine Strafe finde, Zeus oder anderen Göttern. Und am Himmel begeistert er sich an der Pracht der mannigfaltigen Wolken. Die Sterblichen erinnern sich auch an so manches Herzeleid von Helios.

Als Abbild seiner himmlichen Herden besaß er einst auf seiner Insel Thrinakia oder Sizilien Herden von 350 milchweißen Rindern und ebensovielen Schafen. Sie waren unantastbares göttliches Eigentum. Der schwere Frevel der Gefährten des Odysseus, einige dieser Rinder zu schlachten, wurde offenbar, als ihr zerteiltes Fleisch gar noch am Spieße brüllte. Die Täter mußten es mit dem Tode büßen.

Auch auf Kreta war dem Sonnengott eine Rinderherde und im Süden des Peloponnes eine Schafherde heilig. Und sein Sohn von Naupidame, der König Augias von Elis, hütete zusammen mit einer gewaltigen eigenen Viehherde auch einige schwanenweiße Stiere seines Vaters. Erwähnt sei noch, daß auf der Insel Erytheia fern im Westen einst im Schatten rötlicher Abendwolken eine Herde purpurroter Rinder weidete, die dem dreiköpfigen König Geryon gehörte. Als Herakles auszog, um sie zu entführen, bewunderte Helios seinen Mut und half ihm schließlich dadurch, daß er ihm seinen goldenen becherförmigen Kahn für die Fahrt über den Okeanos auslieh. Leider wurden die Rinder dann in Mykene der Gemahlin des Zeus geopfert.

Den Verlust der roten Rinder im fernen Westen konnte Helios verschmerzen, weil es ihn nach des Tages langer Fahrt mehr nach einem kühlenden Bad dürstete und vor allem nach Liebe. Seine Schwester und Gattin Selene, die ihn mit ihrem rindergezogenen Wagen am Firmament ablöste, teilte nur zur Neumondzeit mit ihm das Lager. Helios hatte aber in seinem Herzen noch viel Platz und öffnete es – wie übrigens auch Selene – zuweilen anderen Liebschaften, darunter drei Töchtern des Okeanos. Die erste hieß Perseis oder Perse. Auf der Ozeaninsel Aia zeugte er mit ihr Kirke, die Zauberin auf der Insel ähnlichen Namens, Aiaia, sodann Aietes, den König von Kolchis, und zuletzt Pasiphae, die Gemahlin des kretischen Königs Minos. Dann verliebte er sich in Neaira, die ihm die schönlockigen Nymphen Phaetusa und Lampetie gebar. Diese Töchter hüteten, als sie aufgewachsen waren, die Viehherden des Vaters auf Thrinakia, erstere die Schafe, letztere die Rinder. Eines Tages aber sollte die beiden das Schicksal ihres geliebten Halbbruders Phaethon aus dieser Arbeit reißen.

Phaethon war der Sohn Klymenes, der dritten Okeanide, zu der Helios in Liebe entbrannt war. Er wurde gezeugt, noch ehe Klymene den äthiopischen König Merops ehelichte, als dessen Sohn er dann aufwuchs. Mutter und Pflegevater verheimlichten Phaethon seine himmliche Abkunft nicht, gaben ihn sogar lange Zeit in die Obhut der Hirtinnen Phaetusa und Lampetie und beabsichtigten dann, ihm eine Göttin zur Gemahlin zu geben.

Doch wer auf Erden würde ihn wirklich als Sohn des Helios anerkennen? „Geh doch zu deinem Vater und fordere etwas, das dich als seinen Sohn zu erkennen gibt", riet Klymene, „ich habe bei ihm noch einen Wunsch offen." Phaethon hatte ja immer schon so sein wollen wie der Vater. Hatte er nicht einst dessen Wagen als Holzspielzeug nachgebildet und von vier Lämmern ziehen lassen, wobei er den Morgenstern als blütenbestecktes Rad voranlaufen ließ? Und hatte er sich nicht, um seinem Vorbild zu gleichen, feuerglänzende Fackeln ins Haar gesteckt?

So stieg denn Phaethon ungestüm zur Sonnenburg hinauf und durchschritt die silbernen Torflügel. Kaum vermochte er den Glanz zu ertragen, der von seinem Vater ausging. Der saß in einem Purpurgewand auf prächtigem Throne und fragte: „Mein Sohn, du kommst zu mir in meine Burg? Was führt dich zu mir?" „Vater, ich erbitte von dir ein Unterpfand, das mich allen sichtbar als deinen Sohn ausweist", sagte Phaethon ohne Umschweife, „das wäre auch die Erfüllung eines Wunsches, den du meiner Mutter schuldest!"

Helios legte seine Strahlenkrone ab, hieß seinen Sohn nähertreten und umarmte ihn. „Hast du dir einen Wunsch ausgedacht, so erfülle ich ihn dir – das schwör ich", sagte er freudig. „So vertraue mir für den nächsten Tag dein Gefährt und die ätherischen Rosse an!" platzte es aus dem Jungen heraus.

Helios fehlten zuerst vor Entsetzen die Worte, dann wehrte er ab: „Wie kannst du als Sterblicher das verlangen? Dir fehlt doch alle Erfahrung zu diesem Werk. Selbst ich habe ja meine liebe Not bei der Lenkung des Wagens. Steil ist der Weg zu Beginn und stellt hohe Anforderungen an die Rosse, schwindelerregend hoch über Ländern und Meeren verläuft die Bahn am Mittag, und jäh ist der Abstieg in den Okeanos. Noch kannst du deinen Wunsch ändern!" Phaethon hätte hinter der beschwörend vorgetragenen Besorgnis die Liebe eines Vaters um das Wohl seines Sohnes erkennen müssen, beharrte aber blind auf dem Wunsch: „Du gabst mir dein Wort!"

Es blieb dem an den Eid gebundenen Vater nichts anderes übrig, als sich in das Unvermeidliche zu fügen. Denn schon mahnte ein erstes rötliches Aufleuchten der Eos zum Aufbruch. Horen und Heosphoros legten, wie gewohnt, den feuerschnaubenden Rossen das helle Geschirr an. Der Vater selbst setzte Phaethon den Strahlenhelm auf und belehrte ihn: „Denk daran, die Zügel kräftig zu gebrauchen, die Peitsche jedoch nur maßvoll! Steigst du zu hoch auf, so verbrennst du die Häuser des gewölbten Tierkreises, sinkst du zu tief, so fängt die Erde Feuer!"

Der Himmelsstürmer bestieg den vierspännigen Wagen, ergriff die schimmernden Zügel, zog sie an und wurde aus dem Meer gen Himmel getragen. Die wiehernden Rosse zerteilten mit ihren geflügelten Hufen die vor ihnen schwebenden Nebel, Heosphoros schwand aus den Blicken, unendlich dehnte sich das All. Jubelnd aus Liebe verharrte Klymene, von Ahnungen geplagt der leibliche Vater. Dann machte die lässige Hand an den Zügeln die Rosse scheu, sie sprangen auf und ließen den Wagen schaukeln; vergeblich suchte Phaethon die Tiere mit der Peitsche in geordnete Bahnen zu lenken. Kurvend sah er mit schlotternden Knien die Länder unter sich kleiner werden. ‚Hätte ich doch nie diesen Wagen betreten', durchfuhr es ihn reuig. Dann blickte er nach oben und hatte das Zeichen des Skorpions so schrecklich glühend vor sich, daß ihm die Zügel vollends entglitten.

Da gingen die Rosse durch. In wildem Flug führten sie den Wagen nahe an die Sterne des Hermes, Ares, Zeus und Kronos heran, ließen sich dann endlos tief fallen, durchstießen die Wolken, setzten glühend und feuersprühend erst die Gebirge vom Kaukasus bis zu den Apenninen in Flammen und versenkten schließlich den Boden Libyens sowie die Hautfarbe seiner Bewohner. Laut jammerten Horen und Quellnymphen. Da wollte Zeus das Leid auf Erden nicht länger ertragen und schmetterte den glücklosen Wagenlenker mit einem Blitz nieder.

Die Rosse lösten sich aus dem Joch, der Wagen schlug zerberstend auf dem Boden auf, Phaethon aber stürzte leblos und mit versengtem Antlitz in den Nordstrom Eridanos. Seine Schwestern Phaetusa und Lampetie fanden sich weinend an dessen Gestade ein, schlugen Wurzeln und wurden zu Pappeln, während ihre Tränen den Fluß mit Bernstein füllten. Helios hatte vor Gram die Erde einen Tag lang nur im Licht ihrer schwelenden Brände belassen, dann aber, von Zeus ermahnt, die versprengten Rosse gesammelt, seinen Wagen ausbessern lassen und der Erde mit sanften Strahlen Lebensmut und Lebenskraft zurückgegeben.

Tod und Verderben, wo Helios unglücklich verstrickt wird, Wachstum und Gedeihen, wo es ihm wohlergeht. Glückliche Zeiten folgten für die Erde, als Helios sich auf seiner ihm von Zeus zugesprochenen Insel Rhodos verliebte. Sein Herz glühte für eine Nymphe, die den Namen der Insel trug, und zeugte in ihren Umarmungen sieben Söhne. Als Helios die Nymphe verließ, plagte Poseidon, ihr Vater, die Insel mit Erdbeben und ließ später auch das gewaltige Standbild des Helios am Hafen zusammenbrechen, das die Bewohner in Erinnerung an glückliche Zeiten errichtet hatten. Geschah es aus Groll?

Einen Groll gegen Helios hegte zumindest die Mutter der Rhodos, Aphrodite, allerdings weniger, weil er ihre Tochter verschmähte, sondern weil er von ihren eigenen heimlichen Liebschaften zu viel wußte und auch verriet. Aus Rache verstrickte sie ihn in eine unglückliche Liebe. Nicht nur, daß er blind für die alte Sehnsucht der Klymene und Rhodos wurde, nein, er verleugnete auf einmal auch die Nymphe Klytie, die in verzehrender Glut seine Umarmung ersehnte, nachdem er ihr gerade erst heiße Liebe geschworen. Sein ganzes Sinnen und Trachten galt einer anderen, auch dem Wasser entstammenden Jungfrau, einer Tochter des Perserkönigs Orchamos und der Meergöttin Eurynome. Sie hieß Leukothoe. Um sie zu betrachten, erhob er sich dann und wann zu früh aus dem Wasser oder blieb abends zu lange zurück. Nie seit Phaethons Brand hatten die Horen so sehr zu klagen.

Eines Abends übermannte ihn seine Leidenschaft. Sobald seine Rosse auf der Weide grasten, begab er sich in der Gestalt der Eurynome in das Zimmer seiner Geliebten, die mit ihren zwölf Dienerinnen noch immer emsig spann. Er küßte sie und wies in der Stimme ihrer Mutter die Mägde an: „Geht, laßt uns allein, wir haben etwas im Vertrauen zu besprechen!"

Als sie zu zweit waren, begann Helios mit fester Stimme: „Laß dich durch meine Gestalt nicht täuschen. Ich bin's, der Gott, der Licht und Wärme in die Welt bringt und alles sieht." Dann nahm er seine wahre Gestalt an und beteuerte: „Ich liebe dich!" Leukothoe ließ vor Schreck die Spindel fallen und war von dem Glanz so überwältigt, daß sie sich dem Gotte hingab.

Die Liebesnacht konnte indessen nicht ganz verborgen bleiben. Klytie war voll Eifersucht den Spuren ihres Geliebten gefolgt und meldete aus Neid das Geschehene dem Vater ihrer Nebenbuhlerin. Da half Leukothoe weder Flehen noch Rechtfertigung. Orchamos zögerte nicht, seine entehrte Tochter unter einem schweren Sandhügel lebendig zu begraben. Helios öffnete zwar bald mit seinen Strahlen den Grabhügel, doch zu spät; seine Geliebte war schon gestorben.

Voller Trübsal besprengte er ihren Leib mit wohlriechendem Nektar und sprach: „Du sollst nicht vergehen – verbleibe im Äther!“ Und siehe, der Leib sank zerfließend ins Erdreich zurück und ließ aus dem Grabhügel die Weihrauchstaude sprießen.

Klytie aber hatte durch ihren Verrat den Geliebten nicht zurückgewinnen können. Schaudernd übersah er sie, als sie sich in ihrer Verzweiflung an den Wegesrand setzte und immer nur zu ihm aufschaute. Nur noch Tau und eigene Tränen nahm ihr Mund auf. Dann, nach neun Tagen und Nächten ohne Speise und Trank schlug sie Wurzeln und wandelte sich in eine Wegwarte, eine Staude mit hellblauen Zungenblüten, die sich stets der Sonne zukehren.

Aischylos, Der befreite Prometheus, Frgm. 34; Homer, Odyssee 3, 1–3 und 12, 127–141 und 12, 259–419; Apollodoros, Bibliothek 1,9,1 und 2,5,5 und 2,5,10; Euripides, Phaethon; Nonnos, Dionysiaca 12, 1–20 und 38, 83–434; Ovid, Metamorphosen 2, 1–408 und 4, 190–270; Pindar, Olympische Oden 7, 13–14 und 55–76. – Zeichnung: Helios (auf einer apulischen Vase, Britisches Museum: Sammlung Blacas).

2.
MERKUR

Mit einem Durchmesser von 4878 km ist der Merkur größenmäßig zwischen Mond und Mars angeordnet, hat aber eine sehr hohe Dichte (5,44 g/cm³) und daher eine Schwerebeschleunigung an der Oberfläche, die der des Mars gleichkommt. Der wohl aus Eisen und Nickel bestehende Kern unter der Silikatschicht dürfte damit etwa 70 % des Volumens ausmachen. Auf einen so schweren Kern deutet auch das starke Magnetfeld des Merkur hin. Auf diesem sonnennächsten Planeten, dessen siderische Umlaufszeit 87,97 Tage beträgt, ist die Sonneneinstrahlung elfmal stärker als auf der Erde. Da er nur eine dünne Atmosphäre aus den beim Zerfall des Gesteins frei werdenden Edelgasen Helium, Argon und Neon sowie aus Natrium besitzt, variieren die Oberflächentemperaturen wie sonst nirgends im Sonnensystem, nämlich zwischen −170° C und 430° C, also um 600° C. Fernrohrbeobachter haben seit hundert Jahren helle und dunkle Gebiete auf dem Planeten unterschieden, diese jedoch erst dann exakt zu kartographieren vermocht, als die Rotationszeit mit Radar ermittelt worden war; sie beträgt aus himmelsmechanischen Gründen genau zwei Drittel des Merkurjahres. Infolge dieser Rotation auf der sehr exzentrischen Umlaufbahn ist im Perihel abwechselnd einer der beiden an den Längengraden 0 und 180 fixierten und als Hitzepole bezeichneten Punkte subsolar, während im Aphel Punkte an den Längengraden 90 und 270 abwechselnd die subsolaren sog. Wärmepole bilden. Diese Rotation ist aller Wahrscheinlichkeit nach durch einen in der Nähe des 180. Längengrades eingestürzten etwa 50 bis 180 km großen Himmelskörper bewirkt worden. Das wird aus der Wucht des Aufpralls geschlossen, der nicht nur ein mit flüssigem vulkanischen Material gefülltes großes Becken hinterlassen hat, sondern durch die von hier ausgehenden Schockwellen auch eine abweichende Oberflächengestaltung im antipodischen Gebiet. Seit den drei Vorbeiflügen der Sonde Mariner 10 am Merkur in den Jahren 1974–75 wissen wir, daß die Oberfläche auffallend der des Mondes ähnelt. In einem Meer aus Einschlagkratern finden sich auch mit Geröll gefüllte Krater, die auf lokalen Vulkanismus deuten, und Krater mit einem hellen radialen Strahlensystem aus feinkörnigem Auswurfmaterial. Beim Abkühlen des Kerns hat die Merkurkruste einen Schrumpfungsprozeß durchgemacht, bei dem durch Überschiebung mächtige Bergkämme und breite rillenförmige Brüche entstanden sind.

Merkur
◀ *Mariner-10-Aufnahme vom 29. 3. 1974 aus 952 600 km Entfernung (NASA).*

Merkur – Hermes

Ein seliges Lächeln überflog das Antlitz der lieblichen Nymphe Maia. Auf ihrer Lagerstatt im Winkel einer Grotte versuchte sie sich ein wenig aufzurichten, als ihre Gefährtinnen ihr das schreiende, soeben geborene Knäblein entgegenhielten, die Frucht ihrer Liebesnächte mit dem Göttervater. Heimliche Zusammenkünfte waren es gewesen, sollte es doch der eifersüchtigen Gemahlin Hera verborgen bleiben, daß sich Zeus Nacht für Nacht vom Olymp in diese Grotte des Kyllenegebirges an der Nordgrenze Arkadiens begab. „Mein Sohn, dein Vater und ich wünschen sich, daß du mit gewandter Rede immer einen Weg findest, drum will ich dir den Namen Hermes geben!"

Kaum hatte Maia das in feierlicher Weise ausgesprochen, zogen die Bergnymphen auch schon mit dem Knäblein ab. Denn weil es kein Wasser in der Grotte gab, mußten sie zu dem nahegelegenen Bergausläufer Trikrena eilen, wo, wie der Name sagt, drei Quellen nebeneinander herabsprudelten. Tausendfach glitzerten die Wasser in der frühen Morgensonne, als Hermes sein erstes Bad erhielt.

Wieder daheim lag er in einer Wiege vor der Grotte und griff, da sich einige Halme bewegten, in das tiefe Gras. Er hob eine Schildkröte auf und spielte – nur wenige Stunden nach seiner Geburt – in kindlicher Freude mit ihr. Und es dauerte nicht lange, da hatte er bereits eine solche geistige und körperliche Kraft entfaltet, daß er sich vor lauter Übermut davonschlich. Verspürte er den unbändigen Drang zu erfahren, wo und wie sein Vater lebte? Es schien so, weil er schnurstracks nach dem Nordosten zog. Aber nach der Ankunft in Pierien verguckte er sich in die Herde edler Kühe des Phoibos Apollon, die vor dem Hintergrund des mächtig aufragenden Olymps weidete. Wie ein erfahrener Dieb nutzte Hermes die Gunst der Stunde des Sonnenunterganges, als sich der Stier zusammen mit den Hunden ein wenig von den Kühen entfernt hatte. Ohne zu blöken ließen sich die Kühe – fünfzig an der Zahl – von der Weide führen. Um seine Verfolger zu täuschen, befestigte er Reisig an seinen Sandalen und trieb die Kühe in rückwärtigem Lauf vorbei an den Weinbergen Böotiens bis zum Peloponnes.

Bei Pylos – entweder der Stadt in Messenien oder, wie andere sagen, einem gleichnamigen Dorf am Alpheios – glaubte Hermes in einer geräumigen Tropfsteinhöhle ein sicheres Versteck für die Kühe gefunden zu haben. Der weite Marsch hatte den rasch heranwachsenden Knaben indessen so hungrig gemacht, daß er sogleich zwei der Kühe schlachtete und zerlegte. Er briet die Fleischstücke in einer fachgerecht angelegten Feuerstelle und hängte, was er nicht verzehren konnte, an der Decke der Höhle auf. Hermes verbrannte

Köpfe, Füße und Innereien, spannte die Haut zum Trocknen auf und schlich mit einigen kleinen Stücken der Haut und des Darmes zurück in die heimische Grotte.

Seiner göttlichen Mutter konnte das nicht entgehen, und sie schalt: „Was treibst du dich räubernd durch die Wälder? Mir machst du Kummer. Und was wird erst dein Vater sagen, wenn er davon erfährt!" Hermes entrüstete sich: „Du sprichst mit mir wie mit einem kleinen Menschenkind. Überleg doch einmal, wie gut wir beide leben könnten, wenn ich mich darauf verlegen würde, Rinder zu hüten oder, wenn mir das verwehrt wird, dann eben zu rauben. Ja, ich könnte dir Schätze und Kleider bringen, soviel du gebrauchen kannst, und wir brauchten bald nicht mehr im Dämmerlicht einer Grotte zu hocken!"

Die Mutter schüttelte den Kopf, aber Hermes prahlte weiter: „Und von Kunst verstehe ich auch etwas!" Dann holte er seine Schildkröte aus dem Versteck, tötete sie, legte den Rückenpanzer mit einem Meißel frei und bohrte ein Schalloch. Über das Innere des Panzers spannte er auf einem Rost von Rohrstäben als Schalldecke die mitgebrachte Rinderhaut. Dann befestigte er zwei Arme am Panzer, verband sie durch einen Querstab und zog sieben Saiten aus Darm darüber. Nun stimmte er die Saiten aufeinander ab und ließ sie mit der linken Hand aufklingen. Er sang ein fröhliches Lied dazu und führte gleichzeitig mit einem in der Rechten gehaltenen Holzstäbchen, dem Plektron, Zwischenspiele aus. Maia lächelte wieder. Denn der wunderbare Klang der Leier und des zarten Gesanges ihres Sohnes hallte in den Schluchten der Kyllene wider.

Inzwischen nahte schon die Mitte des Tages nach dem Rinderraub, und Apoll suchte noch immer fieberhaft nach seinen Kühen. Angesichts der verwirrenden Spuren vermochte ihm niemand Auskunft zu geben, bis er zu den Weinbergen Böotiens gelangte. Hier wandte sich der einzige Sterbliche, der die Herde beobachtet und Hermes mit einem heiligen Eid Verschwiegenheit gelobt hatte, eilfertig an Apoll: „Vielleicht hilft dir dieser Hinweis, Freund: Bei Sonnenuntergang zogen hier prächtig gehörnte Rinder vorüber. Ich hätte sie wohl nicht weiter beachtet, wenn sie nicht zu meiner Verblüffung von einem Knaben rückwärts getrieben worden wären." ‚Das kann doch nur der jüngste Sprößling meines Vaters gewesen sein!' überlegte Apoll und machte sich in die bewaldeten Höhen der Kyllene auf. Ambrosischer Duft wies ihm den Weg zur Grotte der Nymphe.

Maia machte mit ihren prächtigen Zöpfen und ihrem purpurnen Gewand Apoll für einen Augenblick verlegen. „Tochter des Atlas, ich möchte doch gern einmal meinen kleinen Halbbruder sehen", stammelte er und blickte sich, während die Göttin ihn durch ihre Grotte geleitete, prüfend um, fand indessen nur Nektar und Ambrosia, Gold und Silber sowie kostbare Gewänder vor. Und der Knabe? Der war mit angewinkelten Beinen in seine Wiege geschlüpft und stellte sich schlafend. Dennoch rüttelte Apoll ihn am Arm und polterte: „Verrate mir schleunigst, wo du die Rinder versteckt hast, sonst werf ich dich in den Tartaros!" Hermes gähnte: „Rinder, was für Rinder überhaupt, ich habe von nichts eine Ahnung!" Mit unschuldiger Miene pfiff er ruhig vor sich hin. Apoll hätte beinahe lachen müssen, doch ihn übermannte rasch wieder die Wut. Er zerrte Hermes mit den Worten aus der Wiege: „Ich laß dich nicht mehr los, bis du mich zu den Rindern geführt hast!" Hermes ließ ungerührt einen Darmwind entweichen und nieste gleichzeitig so schrill, daß Apoll ihn erschreckt fallen ließ. Beide einigten sich dann, die Angelegenheit dem Richterspruch des Zeus zu überantworten.

Zeus schmunzelte heimlich beim Anblick seines Sohnes, der mit Windeln in den Händen erschienen war und sich so geschickt zu verteidigen verstand. Er beschloß, ihm die Oberaufsicht über alle Tauschgeschäfte der Menschen zu geben, mahnte jedoch: „Geht beide einträchtig zurück", und strafte den Frevler mit einem Blick, der keine Widerrede duldete: „Und du, Hermes, wirst deinen Bruder ohne Ränke und Umwege zu dem Versteck der Rinder führen!" Hermes gehorchte und trieb bei Pylos die verbliebenen 48 Rinder aus der Höhle. Und er griff, gerade als Apoll den Verlust zweier Tiere beklagen wollte, zu seiner Leier, stimmte mit dem Plektron die Saiten an und sang dazu mit lieblicher Stimme ein Preislied auf die Götter.

Das verfehlte seine Wirkung nicht. Zutiefst ergriffen rief der Lichtgott: „Nie zuvor haben Klänge mein Gemüt mit solchem Sehnen zu erfüllen vermocht, göttlicher Bruder. Das entschädigt mich für alles, was geschehen ist. Gern überlaß ich dir die Rinder, wenn du mich dieses herrliche Spiel selbst ausüben läßt." „Du bist edel, stark und von unserem Vater mit schöpferischen Gaben gesegnet", gab Hermes zurück, „du würdest es wahrlich verstehen, mit den Klängen meines Saitenspiels den Verstand durch Anmut zu bezaubern. Nimm also meine Leier hin, die ich bei dir in guten Händen weiß!" Glücklich griff Apoll zu und reichte Hermes als Gegengabe eine glänzende Geißel, das Zeichen der Macht über die Rinder. Dann trieben beide die Herde auf die heilige Wiese am Fuß des schneebedeckten Olymp zurück. Immer wieder ließ Apoll unterwegs die Leier erklingen, und immer fester wurde zwischen den Halbbrüdern das Band der Liebe und Freundschaft geknüpft.

Hermes sollte freilich die Begehrlichkeit Apolls bald aufs neue wecken. Denn kaum war er darangegangen, auf der heiligen Wiese die hellstrahlend gehörnten Rinder zu hüten, hatte er den Einfall, sich aus einem Zweig eine Hirtenflöte zu schnitzen. Die klang weithin so lieblich, daß Apoll dem Erfinder abermals einen Tausch antrug: „Bruder, nimm für deine Flöte diesen goldenen Stab hier, der Reichtum und Wohlstand mehrt und immerdar vor Unheil schützt." „Oh, ich finde ihn ganz gut!" entgegnete Hermes untertreibend, „aber meine Syrinx scheint mir etwas mehr wert zu sein." Er beneidete nämlich Apoll um die Gabe, als einziger unter den Göttern die Ratschlüsse des Zeus zu kennen und erkühnte sich dreist: „Wenn du mich auch noch das Sehen lehrst, dann soll sie dir gehören!" „Geschäftemacher", entfuhr es Apoll mit einem gequälten Lachen, „zu Recht hast du von Zeus die Ehre bekommen, die Geschäfte des Tauschens zu regeln. Aber wisse: die Sehergabe kommt dir nicht zu. Was Zeus denkt und plant, das darf außer mir niemand, wirklich niemand wissen. Ein heiliges Treuwort hab' ich unserem Vater darauf gegeben!"

Hermes schwenkte den Kopf, als sei er zum Handeln nicht mehr bereit. Da lenkte sein Bruder ein: „Anders verhält es sich mit dem Geschick der Sterblichen, das ich zu ihrem Nutzen und Nachteil zu wenden vermag. Wenn du, Sohn Maias, diesen durchs Wahrsagen Glück bringen willst, so will ich es dir gern beibringen!" Hermes horchte auf, und sein Bruder fuhr fort: „So geb' ich dir denn zu den Rindern noch die drei Bienen in der tiefen Schlucht des Parnassos, die du am Mehl auf dem Haupt erkennst. Sie künden nur dann die Wahrheit, wenn sie sich trunken vom Honig nahe den Waben aufhalten. Sind sie ihnen fern, dann schwirren sie nur herum und lügen. Verfolge ihren Flug, wenn die Menschen deine Stimme erlauschen oder in deinem Namen Lose ziehen und Würfel werfen, ihr Glück zu erzielen."

Und er fügte hinzu: „Der Sterblichen Sinn trachtet nun einmal nach dem Glück, dem Glück, das so flüchtig ist wie der Wind, und der ist ohnehin dein eigen. Von deinen

Eltern, die über den Äther und die Wolken gebieten, hast eben du ja die Macht über die Winde in die Wiege mitbekommen. Jeder Handelsreisende, jeder Seefahrer weiß, was er dir verdankt. Desgleichen der Bauer und Hirt, hängen doch vom wachstumsfördernden Wind die Größe der Herden und damit des Reichtums ab!"

„Wenn ich so viel mit Wind und Wetter zu tun habe, brauche ich ja Flügelschuhe und einen besonderen, vor Sonne und Regen schützenden Filzhut!" warf Hermes ein. „So soll es sein", nickte Apoll, „aber vergiß nicht als drittes Zeichen den Stab mit dem achtförmig verschlungenen Ende, den ich dir soeben verliehen habe. Mit diesem Heroldsstab wirst du als flinker Bote alle Aufträge des Zeus gewandt und listig ausführen können. Mit dem Stab vermagst du auch Schlaf und Träume zu bringen und die Schatten der Verstorbenen in die Unterwelt zu geleiten. Der Stab wird den Menschen, zumal den Unterhändlern als Zeichen dienen, weil Kaufleute und Kriegsparteien ganz auf deinen schlauen Beistand angewiesen sind."

Hermes gefiel es, die Menschen so ganz auf seinen Beistand angewiesen zu sehen. Und er war auch bestrebt, ihnen auf seinem ureigenen Gebiet der Kunst und des Wissens ein Gott des glücklichen Findens und Erfindens zu sein: in der Sprache und Schrift, der Mathematik und Astronomie und nicht zuletzt in der Musik...

Schon bald, nachdem er den Handel mit seinem Bruder geschlossen hatte, fühlte Hermes sich indessen alles andere als glücklich. Er war sichtlich unzufrieden. Der Mangel an Muße, der sich andere Götter hinzugeben pflegten, verdroß ihn arg. Es blieb ihm nicht einmal die Zeit für eine Ehe. Wohl hatte er hier und da eine Liebschaft; einmal lag er gar Aphrodite in den Armen. Für eine dauerhafte Bindung aber fehlte ihm die Muße. Da begab er sich zu seiner Mutter und klagte laut: „Keiner der Götter ist so unglücklich wie ich. Tag und Nacht bin ich auf den Beinen, so daß ich mich meiner Tonkunst kaum noch widmen kann. Tagsüber habe ich Botschaften zu überbringen und im übrigen an der olympischen Tafel Ambrosia aufzutragen. Auf der Erde habe ich Redner zu unterweisen und Geschäftsabschlüsse zu überwachen. Kommt die Nacht, so habe ich, statt zu schlafen, Hades unaufhörlich Seelen zuzuleiten." „Mein Sohn, so blühend jung und kräftig, wie du aussiehst, schaffst du das doch spielend", versuchte Maia zu trösten, „es ist für dich überaus wichtig, daß du den Göttern unentbehrlich bist. Hast du erst einmal Rang und Ansehen, so kannst du immer noch einige Pflichten an deine Söhne abtreten." „Das ist leicht gesagt, Mutter, wenn ich an meinen bocksbeinigen Sohn Pan hier in Arkadien denke oder an den schönwüchsigen Daphnis in Sizilien, so haben sie doch nur meine musische Begabung geerbt und sind Rinderhirten. Pan spielt die Hirtenflöte, und Daphnis singt Hirtenweisen. Ach, niemand wird mir beistehen!"

Der bedauernswerte Hermes oder Mercurius – so sein römischer Name – hat halt weiter rastlos eilen müssen. Und wir wissen, warum der schnellste Planet den Namen des Götterboten trägt.

Pausanias 8, 16, 1; Homer, Hymnen: An Hermes; Apollodoros, Bibliothek 3,10,2; Diodorus Siculus, Geschichtsbibliothek 4,84 und 5,75; Lukian, Göttergespräche 22 und 24.

Wolkenhülle der Venus
Aufnahme im UV-Licht an Bord der Sonde Pioneer Venus Orbiter (NASA).

Oberfläche der Venus
Gezeichnet nach den Radarmessungen der Sonde Pioneer Venus Orbiter (NASA).

3. VENUS

Mit einem Äquatorialdurchmesser von 12 103 km ist die Venus fast ebenso groß wie die Erde; die Oberfläche ist nur um zwei Prozent kleiner. Der Planet steht auf seiner Umlaufbahn in einem besonderen himmelsmechanischen Verhältnis zur Erde, der er sich bis auf 41 Millionen km nähern kann. Das Venusjahr entspricht 224,7 Erdtagen, die Tagesdauer bei einer der Umlaufbahn um die Sonne entgegengesetzten Rotation 116,8 Erdtagen. Von einer unteren Konjunktion zur anderen vergehen stets 584 Erdtage oder fünf Venustage, so daß die Venus der Erde immer dann, wenn sie zwischen ihr und der Sonne steht, dieselbe Hemisphäre zukehrt. Die 65 km hohe atmosphärische Hülle der Venus gibt nirgends einen Blick auf die Oberfläche frei, auf der ein Druck von 90 Atm. lastet. Die Zusammensetzung der Atmosphäre aus etwa 97 % Kohlendioxid sowie Stickstoff, Edelgasen, Sauerstoff und Spuren von Wasserdampf bewirkt einen „Treibhauseffekt", eine Speicherung der eindringenden Sonnenwärme. Die bodennahen Temperaturen von durchschnittlich 470° C variieren je nach dem Niveau, schwanken aber um nicht mehr als 1° C zwischen Tag und Nacht. In den oberen Atmosphäreschichten treten heftige Gewitter auf. Starke Ost-West-Winde treiben die Dunstschicht – je höher, desto schneller – um den Planeten. Fotografien im UV-Bereich haben ergeben, daß aus der tropischen Zone vordringende Strömungen in der oberen Wolkenschicht markante, dauerhafte Streifenstrukturen bilden, die in vier Tagen einmal zirkulieren. Von 15 seit 1967 an verschiedenen Stellen abgesetzten sowjetischen und amerikanischen Landekapseln sind Meßergebnisse zur Erde gefunkt worden. Durch Radarabtastungen von der Erde aus und an Bord der Orbitalsonde Pioneer Venus 1 ist die Venusoberfläche mit Ausnahme der Polgegenden kartiert worden. 16 Prozent der Oberfläche liegen unter dem mittleren Niveau, u. a. ein langgestrecktes, verzweigtes Kluftsystem, 60 Prozent stellen eine hügelige, mit Kratern durchsetzte Ebene dar, während 24 Prozent auf drei kontinentähnliche Hochplateaus entfallen und eine höchste Erhebung von 10,8 km und zwei 5 km hohe Schildvulkane aufweisen. Neue sowjetische Radaraufnahmen zeigen durch Auffaltung entstandene Bergzüge sowie Hochebenen, Bergkegel und Flußläufe vulkanischen Ursprungs. Die Venusoberfläche hat jedoch, wie sich aus der Zahl der Einschlagkrater ergibt, ein hohes Alter. Die Plattentektonik und jeglicher Vulkanismus sind vor einer Milliarde Jahren zum Stillstand gekommen, und die Erosion durch Bodenwinde ist äußerst gering. Stark alkalische, kalkhaltige Basalte gehören zu den Hauptkomponenten der rotbraunen Oberfläche. Der Himmel erscheint durch Spiegelung in einem orangefarbenen Licht. Würden die blauen Bestandteile des Sonnenlichts nicht von der dichten Atmosphäre verschluckt werden, so würde allerdings der Boden in einem tristen Grau und der Himmel in einem milchigen Weiß erscheinen.

Venus – Aphrodite

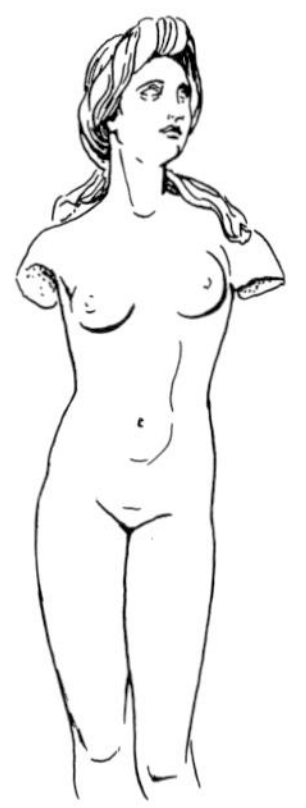

Wer die Stunde der Liebeszusammenkunft nach des Tages Mühen ersehnt, wird beim Aufglänzen des Abendsterns sein Herz höher schlagen fühlen. Schon die Babylonier und nach ihnen viele andere Völker haben den schönsten aller Wandelsterne der Liebesgöttin zugeordnet. Doch die Liebe hat viele Namen, und es war ein weiter Weg durch die Geschichte, bis die Göttin unter den Namen Aphrodite und Venus angerufen wurde. Wie tief ihre Verehrung durch Griechen und Römer war, läßt die Vielzahl ihrer Beinamen erahnen. Kythereia, Kypris und Paphia sind drei davon; sie beziehen sich, wie ihr eigentlicher Name, auf die Sage von der Geburt, eine Sage, die uns erklärt, warum die Göttin mit Vorliebe in Tempeln an der Küste verehrt wurde und als besondere Beschützerin der Seeleute galt.

Als Kronos seinen Vater Uranos entmannt hatte, so heißt es, schwamm das ins Meer hinabgeworfene Glied gar lange umher. Dann – zu einer Zeit, als Zeus, der neue Weltgebieter, seine Base Dione freite – bildete sich weißlicher Schaum um das unsterbliche Fleisch. Ein zartes Mädchen wuchs darin auf und berührte den Boden Kytheras, einer Insel vor der Küste Lakoniens, wurde aber vom brausenden Zephyr ins Meer zurückgeholt. Auf Schaumkronen trieb die Entführte, geleitet von heiligen Meerwesen, rastlos gen Morgen, bis sie den steinigen Strand von Kypros erreichte. Im Schutz eines aufragenden Felsens jenseits von Paphos entstieg den donnernd prasselnden Wogen jugendfrisch, wie sie war, Aphrodite.

Drei Töchter des Zeus mit goldenem Stirnreif standen bereit, die „Schaumgeborene“ zu empfangen. Es waren die Horen, Göttinnen des Reifens und Zeitwechsels. Eben hatte die Angekommene mit ihren feinen Händen den Meerschaum aus dem wallenden Haar und von der weißen Haut ihres schlanken Körpers gestrichen, da ließ sie sich von den munteren Wesen in ein von ihnen gefertigtes kostbares Gewand kleiden, eine goldene Krone aufs Haupt setzen und eine goldene Kette und anderes bis zu den lieblichen Brüsten reichendes Geschmeide um den zarten Hals legen. Dann führte sie ein schnelles Gefährt zum Olymp, wo die neue Göttin jauchzend begrüßt wurde und sich Zeus und Dione ihrer mit elterlicher Liebe annahmen. Auf der Insel Zypern aber zog der Frühling ein. Zuerst keimte da, wo Aphrodite gestanden, saftiges Gras, doch bald grünte und blühte es weit und breit, zur jubelnden Freude von Mensch und Getier.

Im Olymp verdrehte die Holde, angefangen beim ungeschlachten Ares, bald einem Gott nach dem anderen den Kopf. Sie genoß die ihr entgegengebrachte Bewunderung und die Schmeicheleien, verstand es aber dennoch, keinen zu nahe an sich herankommen zu lassen. Um so schwerer traf sie eines Tages die Kunde, jemand sei für schöner erklärt worden als sie selbst. Ausgerechnet eine Irdische, nämlich Kenchreis, die Gemahlin des Assyrerkönigs Kinyras, hatte in dieser beleidigenden Weise ihre eigene Tochter Myrrha, genannt Smyrna, gepriesen. Aphrodite rächte sich, indem sie in der Tochter sündige Leidenschaft zum Vater weckte. Smyrna sah sich in so auswegloser Lage, daß sie sich erhängen wollte. Da erbarmte sich ihre alte Amme. In ihrer Güte reichte sie dem Vater Abend für Abend schwere Getränke, so daß Smyrna unbemerkt das Bett mit ihm teilen konnte.

Nach der zwölften Liebesnacht wurde Smyrna von den Qualen ihres Schamgefühls übermannt. Sie wagte ihrem Vater nicht mehr in die Augen zu sehen und verbarg sich in einem Wald. Da wurde dem König bewußt, was geschehen war. In wilder Jagd suchte er seine Tochter zu töten. Smyrna, die ihren Vater bereits mit gezücktem Schwert auf sich zureiten sah, flehte die Götter an, sie unsichtbar zu machen. Sie fand mitleidiges Gehör und ward zu einem Myrrhebaum. Zehn Monate später brach der wohlriechenden Balsam spendende Baum auf; ihm entstieg ein Knäblein, das seiner Mutter äußerlich sehr ähnlich war.

Aphrodite war von der Schönheit des Kindes so hingerissen, daß sie es eilig an sich nahm und zunächst vor fremdem Begehr in einer Truhe und dann bei ihrer Base Persephone im Schattenreich verbarg, um es regelmäßig sehen zu können. Doch die Herrin der Tiefe gewann den Knaben, genannt Adonis, ihrerseits lieb und verweigerte ihm, als er herangewachsen war, die Rückkehr in die Oberwelt. Verzweifelt wandte sich Aphrodite an Zeus. Durch dessen richterlichen Spruch sollte Adonis ein Drittel eines jeden Jahres sich selbst überlassen sein, ein Drittel bei Persephone und das letzte Drittel bei Aphrodite zubringen. Adonis selbst sorgte für eine kleine Änderung. „Meinen eigenen Teil verbringe ich auch bei dir!“ flüsterte er Aphrodite nach der Rückkehr ins Ohr, wobei er sie innig umarmte.

Denn unsterblich wie die Götter selbst war die Liebe beider zueinander. Vielleicht waren es gerade die winterlichen Monate der Trennung, die ihre Liebe immer neu zu überschwenglicher Sehnsucht entflammte. Wiederholt geschah es, daß Aphrodite in der Zeit ihres Getrenntseins ein Kind austrug und an Stelle des Vaters dann die Tiere ihre Freude über die Geburt bekundeten. Löwe, Stier, Pferd, Kalb, Bär, Elefant und was sich sonst noch in der Nähe aufhielt, brüllte, wieherte, blökte, brummte und tänzelte vor Freude, ja liebkoste sich gegenseitig vor lauter Ergötzen. Und Horen und Grazien kündeten den Göttern, wer ins Leben eingetreten war: die schlohweiße Beroe und der forsche Golgos, die nach ihnen benannte Städte in Thrakien und auf Zypern begründen sollten, sowie Hystaspes und Zariadres, die als Herrscher im Westen des Kaspischen Meeres ausersehen waren.

Eine gute Mutter war die Liebesgöttin nicht. Sie gab ihre Säuglinge der Jungfrau Astraia in Pflege, um Adonis überall, wo er sich aufhielt, nahe zu sein. Er war nämlich leidenschaftlicher Jäger und ritt aus, wann immer ihn seine Geliebte nicht aus den Augenwinkeln blinzelnd an ihr Lager fesselte.

Eines Morgens war Aphrodite von bösen Ahnungen erfüllt und flehte: „Liebster, es ist so gefährlich droben in Zyperns Bergen. Laß doch heute die Jagd und geh mit mir den Küstenweg zu unserer Grotte, um zu baden!“ Adonis neckte sie mit dem Namen ihrer Badestelle in Böotien. „Kleine Akidalia“, sagte er liebevoll, „geh du nur wieder mit den Grazien baden. Auf der Jagd bin ich in Gedanken immer bei dir, voll Freude auf unser Wiedersehen am Abend!“ „Wenn du wüßtest“, beharrte Aphrodite, „wieviel Angst ich um dich ausstehe, wie oft ich dich aus der Höhe suche. Bleib doch wenigstens heute hier!“ Aber Adonis lachte jugendlich unbekümmert: „Die Hunde werden schon sorgen, daß mir nichts zustößt; jemand muß schließlich den Braten für morgen herbeischaffen!“

Er war nicht zurückzuhalten. Er ahnte ja nicht, daß zu gleicher Stunde die eifersüchtige Persephone den kriegerischen Ares in Thrakien aufsuchte, um mit seiner Hilfe ihr Pflegekind für immer in die Unterwelt zurückzubekommen. „Ich muß mich wundern“, sagte sie herausfordernd, „alle Götter wissen, daß du mit Aphrodite angebändelt hast, und nun überläßt du feige das Feld diesem Myrrhesprößling!“ Ares fühlte das Blut in seinen Adern wallen. Er wußte nur zu gut, daß Adonis zu jagen pflegte und hatte ihn bald bei dem Ort Idalion inmitten der heiligen Insel Aphrodites ausgemacht. Er fuhr dort nieder und hetzte einen Eber auf den Jäger. Der war von der Wildheit des Tieres so überrascht, daß er es mit seinem Wurfspeer nur verletzte. Das steigerte noch die Wut des Borstenviehs. Es fiel Adonis an und stieß seine Hauer tief in seine Weichen.

Aphrodite eilte aus den Wolken herbei, vermochte aber den Verbluteten nicht mehr zu wecken. Mit einem durchdringenden Schmerzensschrei fiel sie vor ihm auf die Knie nieder und brach in ein herzzerreißendes Schluchzen aus. Kaum daß eine Stunde vergangen, sprossen da, wo ihre Tränen den Boden benetzt hatten, rote Rosen, und da, wo sie das vergossene Blut mit Nektar besprengt hatte, die lieblichen Buschwindröschen oder Anemonen. Dann, als Adonis’ sterbliche Hülle in einem Blumenmeer versunken war, wandte sich die Göttin an die Sterblichen der Insel und gebot ihnen, jährlich dieses Tages im Frühling mit einem Trauerzug für Adonis zu gedenken.

Ist Aphrodite, die selbst im Schmerz ihren strahlenden Liebreiz nie verlor, jemals wieder liebend in einen ähnlichen Taumel der Sinne versetzt worden? Es kam eine Zeit, wo sie lockend und Ränke schmiedend ihre Gunst verteilte und mit so manchem der schmachtenden Götter Liebesnächte verbrachte, bis sie Mutter wurde. Hermes und Dionysos gebar sie Söhne mit sonderbarem Aussehen, den Hermaphroditos mit seinen weiblichen Brüsten und den kleinwüchsigen Priapos mit seiner übergroßen und dauererregten Rute. Poseidon aber gebar sie die wohlgestaltete Tochter Rhodos, deren Name für immer mit einer Insel verknüpft ist, und machte ihn dann auf Sizilien mit Butes, dem Argonauten, eifersüchtig.

Nur eine Leidenschaft überdauerte alle anderen: die zum Hünen Ares. Aphrodite liebte seine ungestüme männliche Kraft und fand immer wieder zu ihm, trotz allem, was gewesen, und obwohl er es an der Zärtlichkeit ihres Adonis ganz und gar fehlen ließ. Zeus glaubte, daß die Ehe mit einem standfesten Gott der Unsteten zum besten gereichen würde, und verband sie mit Hephaistos. Aber sie wurde an der Seite des hinkenden Götterschmiedes, so sehr er sie auch anhimmelte, nicht glücklich. Es hieß, sie habe ihm in seinem Palast auf der Insel Lemnos drei Kinder geboren, Phobos, Deimos und Harmonia; in Wahrheit stammen sie alle von dem schamlosen Ehebrecher Ares.

Die Art, wie Aphrodite mit den Olympiern umging, beunruhigte selbst Zeus, den nimmermüden Verführer, und er beschloß, sie zu demütigen. Er ließ sie sich leidenschaftlich in einen Sterblichen verlieben, den König Anchises, der über die mit den Troern verbündeten Dardaner herrschte, aber damals auf dem Berg Ida seine Rinderherde weidete. Sie hieß also die Grazien sie mit duftendem Öl salben, in ein wie Feuer glänzendes Gewand kleiden und mit kostbarem Geschmeide schmücken. Dann begab sie sich in die Hirtenhütte und gab sich vor dem Geliebten als phrygische Prinzessin aus, um mit ihm auf den Fellen erlegter Tiere das Lager zu teilen.

Wie nun Anchises nach dem Beischlaf ihren Leib erblickte, merkte er, daß er eine Göttin vor sich hatte und suchte sein Gesicht zu verbergen. Da sprach Aphrodite: „Erschrick nicht, du darfst mich ruhig ansehen. Ich werde dir einen Sohn gebären, Äneas, der dich einmal auf den Schultern aus der Stadt Troja tragen wird und mit einer neuen Stadt fern im Westen ein großes Reich begründen wird. Erzähle niemandem, daß du mit mir zusammengewesen bist, dann wird dir kein Leid geschehen!" Doch eitel ist der Sinn der Sterblichen. Schon bei dem nächsten Trinkgelage brüstete sich Anchises vor Freunden, Aphrodite geschwängert zu haben. Die bestürzte Göttin hinterbrachte das Zeus, und der schleuderte augenblicklich einen Blitz auf den Frevler. Der Strahl lähmte ihn lebenslang und wäre tödlich gewesen, hätte ihn nicht Aphrodite aus Mitleid noch ein wenig abgelenkt.

Als Ahnherr des Römischen Reiches war Äneas ein auf Erden vielgeliebter Sohn Aphrodites. Sein Ruhm wurde nur von ihrem Sohn Eros übertroffen, den sie Ares geboren hatte. Eros, auch Amor oder Cupido genannt, war seiner Mutter eine unermüdliche Stütze, trieb er ihr doch mit der Ausdauer eines Spielenden immer neue Opfer in ihr unentrinnbares Netz. Mit goldgefiederten Schwingen und beflügelten Fersen eilte er durch die Lüfte, hielt in der einen Hand eine Rose und in der anderen Bogen und Köcher. Wehe dem, den der schwirrende feurige Pfeil des hitzigen Gottes letzte! Der entzog sich nimmer der so gerne lachenden oder flüchtig kichernden Göttin mit den rollenden Augen und den Grübchen auf den Wangen, Peitho, der Verführerin, Paregoros, der wirkungsvoll Werbenden, Epistrophia, der Herzenswandlerin, Ambologera, der Jungerhaltenden. Die Göttin, die den Samen streut und jenen Trieb weckt, von dem wir alle auf Erden stammen, hat bis in unsere Tage niemand zu entthronen vermocht.

Warst jemals du von Liebesseligkeit umfangen?
Hatt' dich erfaßt, auf daß dein Herz erglühte,
ein quälend unerfülltes, sehnendes Verlangen?
Dann war unsichtbar nah die Göttin Aphrodite!

Hesiod, Theogonie 188–206; Homer, Hymnen an Aphrodite 1 und 2; Apollodoros, Bibliothek 3, 14, 4; Hyginus, Fabeln 58 und 164; Nonnos, Dionysiaca 41, 155–229 und 42, 1–6; Athenaeus, Deipnosophistae 13, 575; Ovid, Metamorphosen 10, 707–738; Diodorus Siculus, Geschichtsbibliothek 4, 6 und 4, 83; Servius, Kommentar zu Vergils Aeneis 2, 649. – Zeichnung: Aphrodite (Torso aus dem Aphrodite-Tempel in Soli, Zypern, 1. Jhd. v. Chr., Museum Nikosia).

Die Erde
Apollo-17-Aufnahme
vom Dezember 1972
(NASA).

4.
ERDE

Der Erdball hat eine polare Abplattung von 1:298,2 und Wulste und Ausbuchtungen, durch die der Südpol der Äquatorebene etwa 30 m näher steht als der Nordpol. Auf ihrer 940 Millionen km langen zwischen Venus- und Marsbahn angeordneten Umlaufbahn um die Sonne rotiert die Erde 365,242mal, und zwar mit einer um 23°27' geneigten Achse, so daß die Energiezufuhr jahreszeitlich verschieden ist. Die Erdkruste besteht aus einer Reihe bis zu 100 km dicker Platten, die auf einer fließenden Unterlage des oberen Erdmantels bewegt werden. Beim Verschieben der Platten ist einerseits die wohl ursprünglich einheitliche Landmasse immer weiter aufgebrochen worden und sind andererseits durch Kollision Faltengebirge entstanden. Die Erde ist wie die anderen Himmelskörper des Sonnensystems einem Meteoritenbombardement ausgesetzt, das vor 3,6 bis 4,6 Milliarden Jahren besonders heftig gewesen ist. Trotz starker Erosion gibt es auf der Erde noch über 200 Meteoritenkrater. Kleine Meteoriten verglühen bereits in der Ionosphäre, in der auch die Polarlichter erscheinen, z. T. auch in der obersten, auch Mesosphäre genannten Schicht der bis 80 km Höhe reichenden Stratosphäre. Die Wettervorgänge spielen sich in der bis 10 km Höhe reichenden Wolkenzone oder Troposphäre der Lufthülle ab, die dort zu 77,1 % aus Stickstoff, zu 20,8 % aus Sauerstoff, zu 1,1 % aus Wasserdampf, zu 0,9 % aus Argon sowie sonstigen Gasen besteht. Zusammen mit dem Wasser, das heute 70,8 % der Oberfläche bedeckt, sind einst große Mengen Kohlendioxid als vulkanisches Gas dem Erdinnern entströmt. Im Gegensatz zu den Nachbarplaneten hat sich hier aber fast das gesamte Kohlendioxid im riesigen Ozean gelöst und als Kalkstein abgelagert. Die Voraussetzungen für die Entwicklung des Lebens waren auf der Erde besonders günstig. In einer Uratmosphäre aus Wasserstoff, Methan, Ammoniak, Wasserdampf u. a. dürften vor drei bis vier Milliarden Jahren durch die Einwirkung der UV-Strahlung der Sonne und elektrische Entladungen die für Organismen typischen Kohlenstoffverbindungen entstanden sein, aus denen durch chemische Reaktion im Wasser die Bausteine des Lebens hervorgegangen sind.

Erde – Terra (Tellus) – Gaia

Am Anfang der Dinge war das ungeordnete Chaos. Aus seinem unergründlichen Dunkel tauchte Gaia, die Erde, auf, umhüllte sich, von Liebe durchdrungen, mit Uranos, dem Himmel, und schuf in ihren Tiefen Tartaros, die Unterwelt. Der Himmel sprühte befruchtenden Regen in den Schoß der Erde, und sie gebar die schimmernde Saat, das üppige Grün ragender Bäume und, als viel Nahrhaftes gewachsen war, zuletzt auch Mensch und Getier.

Alles, was atmet, ist einmal aus dem göttlichen Schoß der Mutter Erde hervorgegangen; es wird auch wieder in ihn zurückkehren und Anteil an der Göttlichkeit haben. Künstler haben das Antlitz der ewigen, auf ihre Schöpfung blickenden Mutter mit dem Ausdruck liebevoller Milde, banger Besorgtheit und sehnsuchtsvoller Wehmut dargestellt. Mutter Erde hat als Beschützerin der menschlichen Fruchtbarkeit und des Erntesegens und zugleich der Grabstätte in ältester Zeit manches Heiligtum besessen. Die Menschen haben ihr bei besonderen Anlässen, etwa beim Erntefest und einem plötzlichen Erdbeben, trächtige Kühe oder Säue geopfert. Vor allem haben die Rechtschaffenen stets darauf gesehen, alle ihre Toten zu bestatten, um Mutter Erde das, was ihr gebührt, zurückzugeben und den Seelen dadurch ihren Frieden zu geben.

Das Werden und Vergehen war zwar unter den Segen der Mutter Erde gestellt, doch war das göttliche Wirken in diesem weiten Bereich nicht allein ihr Werk. Mutter Erde hatte viele Kinder und Enkel, die am Kreislauf des Lebens ihren eigenen Anteil hatten. Da gab es das Füllhorn, das den Samen verteilt, den Schoß, der ihn aufnimmt, die Kraft, die ihn keimen läßt, schließlich Licht und Wärme sowie Tau und Regen, die wechselseitig dem Keim sprießende Kraft verleihen. An der Spitze der das Leben gebenden und erhaltenden Götter sahen die Griechen Uranos und Gaia und die Römer Jupiter und Tellus als den regenspendenden Himmel und den empfangenden Schoß der Erde. Daneben standen Pluton und Demeter oder Pluto und Ceres als reiche Saat und Ernte verkörperndes Paar sowie Helios und Selene oder Sol und Luna als Lichtspender auf der Himmelsbahn.

Auch gilt es zu bedenken, daß sich unter den nicht alternden Göttern gleichwohl die Herrschergeschlechter ablösten, die alle ihre eigene Göttermutter hatten. Die Menschen, die sich mit allen Göttern gleich gut zu stellen bemüht waren, erflehten den Segen der Fruchtbarkeit auch von Gaias Tochter Rhea, der Herrscherin an der Seite des Kronos, oder den Segen der Ehe von Hera, der Gemahlin des Kronossohnes Zeus. Es kam dahin, daß die den Segen auf dem Felde spendende Mutter Erde in einer Wesenheit mit der Getreidegöttin Demeter oder Ceres verehrt wurde oder daß Tellus, die die Römer später Terra nannten, nurmehr zusammen mit Ceres angerufen wurde.

Die Ahnfrau der Unsterblichen hatte es gerade aus Sorge um ihre Kinder dazu gebracht, daß sie selbst mehr und mehr in den Hintergrund trat. Viel Leid ist ihr geschehen. Es begann damit, daß ihr Gemahl Uranos, der Urbeherrscher der ganzen Welt, ihre ersten sechs riesigen Kinder in den Tartaros verbannte, weil er sie wegen ihrer Häßlichkeit nicht ausstehen konnte. Drei davon hießen Hekatoncheiren und hatten allesamt hundert Hände und fünfzig Köpfe; die anderen drei wurden Kyklopen genannt und hatten zwar nur einen Kopf, aber nur ein einziges Auge. Die nachfolgenden dreizehn hünenhaften Kinder, die sogenannten Titanen, von denen sechs männlichen Geschlechts waren, gefielen Uranos.

Aber Gaia vermochte den Gram über den Verlust ihrer Mißgeburten nicht zu verwinden und stachelte die Titanen, sobald sie herangewachsen waren, zur Empörung gegen ihren Vater auf. Es gelang ihnen auch die Entmachtung des Vaters und die Befreiung der eingekerkerten Brüder, doch der Titan Kronos sperrte sie, als er die Herrschaft über die Welt errungen hatte, erneut in den Tartaros.

Gaia fühlte sich hintergangen und rächte sich unmerklich, indem sie Kronos an ihrem Wissen um den Lauf der Dinge teilnehmen ließ. Sie weissagte ihm, er werde wie sein Vater von der eigenen Brut arglistig gestürzt werden. Um seinem Schicksal zu entrinnen, verschlang er ein Kind nach dem anderen und zog sich dadurch den Ingrimm seiner Gemahlin Rhea zu. Als diese mit dem Sohn Zeus schwanger ging, wandte sie sich an Gaia um Rat und Hilfe. Wirklich gelang es durch Gaias Rat, Zeus in einer Erdhöhle am Leben zu bewahren.

Und Gaia erwuchs in ihm noch einmal ein Befreier ihrer ersten sechs Kinder. Denn Zeus erhob sich mit seinen mittlerweile wiedererstandenen Brüdern gegen Kronos und seine Titanen. Zehn Jahre lagen sie schon im Kampf, da verhieß Gaia den Sieg Zeus, wenn er die sechs im Tartaros Eingekerkerten zu Hilfe hole. Die auf dem Olymp versammelten Kroniden siegten dann auch mit Hilfe der Hekatoncheiren und Kentauren und beriefen auf Gaias ausdrücklichen Rat den Donnerer Zeus zum obersten Herrscher. Die besiegten fünf Titanen – Okeanos war als einziger am Kampf nicht beteiligt gewesen – sperrte Zeus in den Tartaros.

Das schmerzte und erzürnte Gaia erneut, denn auch ihre Titanensöhne wollte sie in Freiheit wissen. Aus dem Blute des von Kronos verletzten Uranos hatte sie noch zwei Dutzend überkräftige schlangenfüßige Riesen, die Giganten, zur Welt gebracht, die nun auf ihr Geheiß gegen die Olympier antraten. Zeus aber verbannte sie der Reihe nach unter feuerspeiende Berge. Gaia war nun noch erzürnter, ließ sich vom Herrscher des Tartaros umarmen und gebar ihm das feuersprühende Scheusal Typhon, das alle ihre bisherigen Kinder an Größe und Stärke übertraf. Zeus gelang es indessen, auch dieses Ungeheuer zu überwinden und in den Abgrund von dessen leiblichen Vater zu schleudern.

Da gab Gaia den ungleichen Kampf gegen die Olympier auf und lebte fortan mit ihnen in Frieden. Sie gab sogar Zeus den guten Rat, wie er sich gegen einen Widersacher schützen könne. Zeus beherzigte ihn, verschlang seine schwangere erste Gemahlin Metis und blieb Herrscher. Gaia aber vermählte sich mit dem Meerherrn Pontos und begründete mit ihm ein mächtiges Geschlecht von Meergöttern und Meerungeheuern.

Hesiod, Theogonie 116–160, 233–239, 463–480; Lucretius, De rerum natura 2, 591–601 und 2, 992–996 und 5, 792–796; Varro, De re rustica 1, 1,5; Apollodoros, Bibliothek 1, 1–5 und 1, 2, 1/6 und 1, 6, 1–3. – Zeichnung: Gaia (Unteres Relief des Panzers von Augustus, Statue von Primaporta bei Rom, Vatikan).

Der Erdmond
Terrestrische Aufnahme der Vorderseite, zusammengesetzt aus je einer Fotografie des ersten und des letzten Viertels.

MOND

29 Tage, 12 Stunden, 44 Minuten und 3 Sekunden benötigt der Mond für die eigene Rotation und zugleich für einen Umlauf um die Erde, von der er durchschnittlich 384 400 km entfernt ist. Er hat einen Durchmesser von 3476 km; die auf die Erde gerichtete Achse ist 3 km länger als die Polarachse. Der Mond mißt 27 % der Erdgröße und hat an der Oberfläche eine Schwerebeschleunigung von 16,6 %, d. h. 166 g Mondgestein haben auf der Erde ein Gewicht von 1 kg. Der Mond dürfte – wie die Erde – vor über 4,9 Milliarden Jahren entstanden sein und in der Frühphase durch Aufprall von Weltraumschutt sein typisches Gepräge erhalten haben, wobei besonders große Körper Gravitationsanomalien (Mascons) erzeugt haben. In einer anschließenden 3,7 bis 2 Milliarden Jahre zurückliegenden Epoche hat aufsteigendes Magma im Bereich der Mascons oder einstürzender Hohlräume die Oberfläche überflutet, vor allem auf der unter dem Einfluß der Erdgravitation stehenden Mondhälfte. Die Ebenen oder Maria sind also vulkanischen Ursprungs, ebenso die dortigen beulenartigen Dome und am Rande der Maria die langgestreckten Kettengebirge, deren höchste Erhebung in den „Apenninen“ 8880 m über dem mittleren Niveau liegt. Die langen, teils gerade, teils gewunden verlaufenden und mit Lava gefüllten Rillen mögen durch Zerrungen und Spannungen in der Mondkruste entstanden sein, während es sich bei den bis zu 1000 km langen, von einzelnen Kratern ausgehenden hellen Strahlen um feines vulkanisches Auswurfmaterial handelt. Der Vulkanismus ist dank der Gezeitenkräfte noch heute nicht ganz erloschen. Im Perigäum, wo sich Erde und Mond um 12 100 km näher sind als im Durchschnitt, kommt es auf dem Mond zu Beben und Entgasungsprozessen, bei denen zuweilen in der Sonnenstrahlung an einzelnen Stellen rötliche Flecke (moon blinks) aufleuchten. Infolge des fast völligen Fehlens einer Atmosphäre bewegen sich die Oberflächentemperaturen zwischen +130° C und −160° C. Wie die Fußstapfen der Astronauten zeigen, ist der sehr feste Mondboden von einer wenige Zentimeter dicken Staubschicht bedeckt.

Mond – Luna – Selene

Wenn der goldene Sonnenball am Westhimmel untergegangen ist und seine letzten Strahlen an Kraft verlieren, hat bisweilen schon das zunächst noch fade Gegengestirn seine Bahn am Himmel eingenommen. Die im abendlichen Dunkel inmitten immer weiterer Sterne zusehends leuchtender hervortretende Erscheinung gemahnt an eine junge Frau, die mit heller Fackel den anderen Gestirnen den Weg weist. Und weiter lassen die Sinne eine Göttin erahnen; sie ist feingliedrig und in ein glänzendes Gewand gehüllt, und ihr zartes blasses Antlitz ziert eine goldene Krone, deren mildes Licht sich über Himmel und Erde, über Götter und Menschen ergießt.

Die geheimnisvollen, unerklärlichen Dinge des Lebens, die Liebe und die Zauberei, hat man unter ihren Schutz gestellt, dem steten, aber regelmäßigen Wechsel ihres Glanzes und ihres Standes am Abend-, Nacht- und Morgenhimmel einen Einfluß auf Empfängnis und Geburten, ja, auch auf das pflanzliche und tierische Wachstum und Gedeihen zugeschrieben.

Selene oder Luna heißt die liebliche, wohlgestaltete Frau. Ihre Eltern sind die Titanen Hyperion und Theia, ihre Geschwister Sonne und Morgenröte, genannt Helios und Eos. Tagsüber nimmt Selene ein erfrischendes Bad im weltumspannenden Okeanos und rastet an der Stelle, wo West und Ost zusammenfallen. Selene weiß, in welchen Wochen sie nicht warten kann, bis Helios nach des Tages langer Fahrt mit seinem goldenen, von vier Rossen gezogenen Wagen diesem Rastplatz naht, sondern schon lange vorher ihren eigenen silbrigen Wagen, ein von weißen Rindern gezogenes Zweigespann, über das Himmelszelt zu lenken hat.

Verharrt sie aber am Rastplatz, so ist sie ihrem Bruder eine liebende Gattin. Vier Kinder hat sie ihm geschenkt, vier im Wesen sehr verschiedene Jungfrauen, eine warmblütige und eine kaltherzige, eine, die frisch und unerfahren ist, und eine, die eher welk und weise wirkt. Sie heißen die Jahreszeiten oder Horen, dürfen aber nicht mit den drei gleichnamigen Töchtern des Zeus und der Titanin Themis verwechselt werden.

In den lang sich hinziehenden Stunden, die Selene fern von ihrem Bruder und Gemahl verbringt, ist es einmal geschehen, daß Zeus, der unersättliche Liebhaber, sie nach ihrem Bade unbekleidet vorfand und von heftigem Verlangen erfüllt wurde. Er teilte mit ihr das Lager, und sie gebar ihm die Tochter Pandia, die bald so schön war, daß sie im Lichte ihres Glanzes selbst den Unsterblichen den Atem zu berauben vermochte.

Selene hat man gelegentlich hinter einem Berggipfel verschwinden sehen. Mancher hat sie bei ihrer eingelegten Rast beobachtet. Auf dem Lykäosberg erspähte sie einmal der in Arkadien lebende Sohn des Hermes, Pan. Häßlich wie er mit seinen Ziegenbeinen und Hörnern und seinem Schwanz auch war, hatte er doch schon einige Nymphen zu verführen gewußt und dachte sich flugs eine besondere List aus, um Selene nahezukommen. Er kannte ihre Vorliebe für strahlendes Weiß und kleidete sich in ein entsprechendes Lammfell. Dann lockte er sie mit brünstigen Rufen tief in einen Hain und trug sie auf seinem Rücken in eine Höhle, wo die Übertölpelte ihn gewähren ließ.

Ein anderes Mal hielt Selene ihr Gespann auf dem Latmos an, einem Berg in Karien im Südwesten von Kleinasien. In einer Felsnische entdeckte sie den Jäger Endymion, der auf seinem Mantel gebettet lag, in der Linken locker einige Jagdspeere hielt und die Rechte um seinen Kopf geschlungen hatte. Seine Augen waren anmutig geschlossen, sein hochgewölbter Mund halb geöffnet. Selene entbrannte in Liebe, legte sich zu dem schönen, jugendfrischen Mann und küßte ihn.

Selene war so zart und behutsam, daß Endymion erst nach geraumer Zeit erwachte. In einem beseligenden Gefühl schlug er die Augen auf und besann sich: ‚Was ist mir geschehen? War das, was ich erlebte, etwa nur ein Traum, so möchte ich künftig nur noch träumen!' Dann wendete er sich und sah Selene strahlend vor sich stehen und bekennen: „Du hast nicht geträumt, ich, die Mondfrau, liebe dich. Schöneres ist mir nimmer widerfahren, als dich im Schlaf zu umfangen. Und schön bist du wie ein Gott, ja, schöner als mancher von ihnen." „Holde Frau", stammelte Endymion noch wie benommen, „im Schlaf wurde also meine göttliche Abkunft offenbar?" „Erzähl", drängte Selene, „du stammst von einem Gott ab?" „Ja, das darf ich wohl behaupten, Zeus selbst ist mein Großvater. Ihm hatte Protogenia, die erste nach der großen Flut geborene Frau, Aëthlios, meinen Vater, geboren! Ich selbst habe mit einer Schar junger Thessalier das Vaterhaus verlassen und in Elis ein Königreich begründet, bin dann aber allein über das Meer gefahren, um mich auf dieses Gebirge zurückzuziehen und nur als Jäger zu leben." „Weißt du, daß auch ich aus Lust an der Jägerei auf die Berge herabsteige?" prahlte Selene. „Durchaus", meinte Endymion, „jeder Jäger weiß von der heimlichen Leidenschaft der Mondfrau. Ich habe gar ein Königreich für die Jägerei geopfert und dachte, die sei das Höchste, aber nun begehre ich nichts als deine Liebe!" Selene unterbrach ihn: „Ich muß mich nun beeilen, um zu Helios zu gelangen, komme aber immer wieder, wenn ich dich schlummernd finde!"

Es begab sich eben damals, daß Zeus seinen Enkel aufsuchte und ihm einen Wunsch freistellte. Da erbat sich Endymion, seine Jugend in einem immerwährenden Schlaf zu behalten. Das gewährte ihm Zeus. Es war zwar auch die Rede davon, Endymion habe zunächst nur Unsterblichkeit erlangt und sei erst wegen einer Anbändelei mit Hera zu ewigem Schlaf verdammt worden, aber das waren nur böswillige Gerüchte. Nein, geliebt hat er einzig und allein die Mondgöttin. Und die hat fortan auf dem Latmos ihre Gespann angehalten oder ist mitten aus der Bahn hinabgestiegen, um Endymion zu liebkosen und hat ihm in schier endlos währenden Jahren der Liebe fünfzig Töchter geboren.

Selene würde den Schlafenden wohl noch in unseren Tagen auf der Erde besuchen, wenn sie ihn nicht irgendwann einmal von dort hinweggeholt hätte. Genaueres hat kein Sterblicher erfahren. Einige verehrten Selene als Unterweltsgöttin und erklärten den Wechsel zwischen Finsternis und heller Beleuchtung des Mondes mit ihrer Wanderung zwischen Unter- und Oberwelt. Von da war es nicht mehr weit zu der Meinung, der

Mond sei das Reich der abgeschiedenen Seelen und Endymion ihr König. Oder wäre er gar von Selene zum König eines bewohnten Mondes gemacht worden? So mancher, der in den Mondflecken weniger das Antlitz Selenes als vielmehr schattige Untiefen einer zweiten Erde erblicken wollte, vertrat diese Ansicht. Zu ihnen gehörte offenbar auch Lukian, ein Sophist aus Syrien, der allerdings eine Geschichte verbreitete, mit der er nicht sonderlich ernst genommen werden wollte.

„Mit vier Dutzend Mann Besatzung befand ich mich", so berichtete er, „jenseits der Säulen des Herakles auf stetigem Westkurs, als plötzlich ein Wirbelsturm mein Schiff faßte, es umherschleuderte und so in die Höhe riß, daß es mit vollem Wind über den Wolken segelte. Nach einer Luftfahrt von sieben Tagen und sieben Nächten sahen wir am achten Tag ein großes, glänzendes, kugelförmiges und hell erleuchtetes Land vor uns liegen. Hier gingen wir vor Anker, stiegen aus und stellten bald fest, daß es bewohnt war. Der König des Landes stellte uns zur Rede. Nachdem wir ihm alles mitgeteilt hatten, begann er von sich selbst zu erzählen, daß er als Mensch Endymion geheißen habe und im Schlaf von der Erde geraubt und König dieses Landes geworden sei; dies Land sei aber das, welches man von unten für den Mond hält."

Homer, Hymnen 32 (An Selene); Quintos Smyrnus, Posthomerica 10, 336–342; Vergil, Georgica 3, 391–393; Apollodoros, Bibliothek 1, 7, 5; Pausanias 5, 1.3–5; Lukian, Göttergespräche 11, Eine wahre Geschichte 1, 5–11. – Zeichnung: Selene (auf einer Gemme).

Mars
Viking-1-Orbiter-Fotomosaik ▶
vom 18. 6. 1976 (NASA)

5.
MARS

Mars ist der erdähnlichste Planet im Sonnensystem. Seine Rotationsachse ist gegen die Bahnebene so geneigt, daß Jahreszeiten entstehen, wobei sich die Tagesdauer nur um Minuten von der der Erde unterscheidet. Da er aber über kaum mehr als ein Zehntel der Erdmasse verfügt, hat auch seine Atmosphäre niemals erdähnliche Dichte erreicht. Die Gashülle, die heute auf ein Zehntel ihres ursprünglichen Gewichtes geschrumpft ist und zu 95 % aus Kohlendioxid besteht, erzeugt nur noch einen mittleren Druck von 6,1 mbar. Die Oberflächentemperaturen bewegen sich am Äquator zwischen 17° C am Nachmittag und –80° C in der Nacht; an den Polkappen aus Wasser- und Trockeneis mit einer winterlichen Ausdehnung über 45 Breitengrade liegen die Temperaturen bis zur Verdampfung des Trockeneises unter –127° C. Die bekannte lachsrote Farbe des Marsbodens wird durch Limonit hervorgerufen, mit dem das Gestein durch unterschiedlichen atmosphärischen Einfluß beschichtet worden ist. Der Blick auf die Oberfläche wird periodisch durch Staubstürme und sonst nur durch kleine Wolkenflecken getrübt. Im Fernrohr sind außer den weißen Polkappen deutlich helle und dunkle Wüsten zu unterscheiden. Es sind Zonen aus feinem Sand oder Staub, der stark reflektiert, bzw. aus grobkörnigem Sand, der schwach reflektiert. Bei den jahreszeitlich verschiedenen Winden finden ausgedehnte Staubverfrachtungen statt. – Die Kenntnis topographischer Einzelheiten verdanken wir hauptsächlich verschiedenen Vorbei- und Orbitalflügen amerikanischer Sonden seit 1965 sowie der Absetzung der beiden Vikinglander von 1976. Die südliche Hemisphäre hat noch ihr aus der Zeit des Meteoritenbombardements stammendes Äußeres beibehalten, fast die ganze nördliche Hemisphäre ist dagegen durch einen Prozeß geothermischer Aufheizung umgestaltet worden, in dessen Verlauf bis zu 27 km hohe Vulkane emporgewachsen sind und Lavaüberflutungen die Oberfläche nivelliert haben. In den Bruchzonen haben sich zerklüftetes Hügelgelände oder Cañons und Rillen gebildet. Unter der Marskruste befindet sich eine mächtige aus Gesteinsausscheidungen des Marsinnern entstandene Permafrostschicht. Einstige Schmelzwasserbewegungen und Gletscherwanderungen haben gewundene Trockentäler hinterlassen. An den Endlagerstätten des Geschiebes aus diesen Tälern sind Küstenstrukturen eines Sees entdeckt worden, der vor zwei bis drei Milliarden Jahren bis zu 15% der Marsoberfläche bedeckt haben dürfte, bei einer Tiefe von 100 m.

Mars – Ares

Die beiden Nachbarplaneten der Erde wurden im Altertum in einem besonderen Verhältnis zueinander gesehen. Wenngleich der rote Planet seit jeher deswegen dem Kriegsgott zugeschrieben worden ist, weil die Farbe an Krieg und Feuer erinnert, so gibt es doch auch Gewährsmänner des alten Griechenlands, denen zufolge der Planet seinen Namen der Liebesglut des Ares zu Aphrodite verdankt.

Der schmucke erzgepanzerte Kriegsgott mit seinem schimmernden Helm und dem wallenden Helmbusch und die zarte Liebesgöttin seien, so meinen einige, entweder Geschwister oder Eheleute gewesen. Nach überwiegender Meinung aber ist Hera zwar durch Zeus die Mutter von Aphrodite, die Mutter von Ares aber durch die Berührung mit einer wundertätigen Blume geworden. Und man meint auch, daß Aphrodite die Frau des humpelnden Götterschmieds Hephaistos war, während Ares sich nie ehelich gebunden hatte.

Da gab es eine Zeit, zu der, wann immer Hephaistos unterwegs war, Ares mit Geschenken in den Palast des Hephaistos zu Aphrodite eilte und das Ehebett schändete. Als Hephaistos durch Helios von diesem Treiben erfuhr, schmiedete er sogleich ein unsichtbar dünnes, aber unzerreißbares Netz, das er am Bett befestigte und bei dem nächsten Zusammensein der Ehebrecher unbemerkt über diesen so eng zusammenzog, daß sie sich nicht mehr bewegen konnten. Wie groß war der Spott der sodann herbeigerufenen Unsterblichen! Nur die Göttinnen waren verschämt in ihren Gemächern geblieben, und zwei Götter wollten nicht lachen, Apoll, der Ares selbst um den Preis dieser Zurschaustellung noch um die Vereinigung mit Aphrodite beneidete, und Poseidon, der mitfühlend Hephaistos immer wieder beschwor, doch die Fesseln zu lösen. Da gab der Schmied schließlich nach; Aphrodite enteilte beschämt nach Zypern und Ares in sein Lieblingsland, das rauhe Thrakien.

Ares hatte sich schon einmal in einer so bösen Lage befunden, damals, als die himmelstürmenden Aloaden, Otos und Ephialtes, ihn in einem ehernen Kerker gefangengesetzt hatten, wo er elendiglich zugrunde gegangen wäre, wenn nicht Hermes davon erfahren und ihn heimlich befreit hätte. Die Liebe von Ares und Aphrodite aber überdauerte nicht nur die jüngste Schmach, sie wurde sogar ganz offenkundig im Trojanischen Krieg, in dem Ares auf seiten der Troer eine alles andere als rühmliche Rolle spielte und Aphrodite ihn gegen ihren auf seiten der Griechen kämpfenden Mann unterstützte.

Gleich zu Beginn des Krieges hatte Ares durch sein wildes und wütendes Eingreifen auf der Seite Hektors den Unwillen von Zeus und Hera hervorgerufen. Sie nahmen für die Griechen Partei und schickten ihm die kluge Pallas Athene entgegen, die sich auf dem Schlachtfeld unter der unsichtbar machenden Kappe des Hades versteckte und den Streitwagen des Diomedes auf Ares hinlenkte, der gerade damit beschäftigt war, einem gefallenen Kämpfer die Rüstung auszuziehen. Beim Herannahen des Wagens sprang Ares auf und schleuderte seinen Speer auf den Lenker. Athene aber gelang es, den Speer gerade noch so abzulenken, daß er an Diomedes vorbeiflog, und führte dann den Arm des Diomedes mit solcher Kraft, daß dessen Lanze den ungedeckten ehernen Panzer des Gottes durchbohrte und dessen Unterleib schwer verletzte. Ares brüllte so laut wie neun- oder zehntausend Männer zugleich und jagte den Troern gewaltigen Schrecken ein. In einer das Schlachtfeld verfinsternden Wolke fuhr er hinauf zum Olymp, wo er sich bei Zeus bitter über die durchschaute Heimtücke beklagte. Doch Zeus herrschte ihn ungerührt an: „Niemand im Olymp verabscheue ich so wie dich. Bei jedem Streit und allen blutigen Auseinandersetzungen hast du die Hand im Spiel. Und dazu der Trotz und Starrsinn, den du von deiner Mutter Hera hast!" Dann überdachte Zeus, auf welche Weise Ares verwundet worden war, und ließ ihn vom Götterarzt Paieon mit einem Wundbalsam behandeln, so daß er schnell genas.

Einige Zeit später wollte Ares erneut trotz höchsten Verbotes in den Krieg der Menschen eingreifen. Eben war bekannt geworden, daß sein Sohn Askalaphos vor Troja gefallen war. In der Götterversammlung, in der Zeus gerade nicht zugegen war, zeigte er sich zügellos und rief erregt: „Askalaphos habe ich von allen Menschen am meisten geliebt. Ihn werde ich rächen – ich muß das tun, und wenn mich der Donnerer dafür zerschmettern würde!" Schon ließ er die Rosse schirren und legte sich seine strahlende Rüstung an. Da sprang Pallas Athene von ihrem Thron, entriß Ares Helm und Lanze und fuhr ihn an: „Rasender, hat Hera nicht deutlich genug gesagt, daß Zeus das Eingreifen der Götter in den Krieg nicht will? Laß den Groll wegen deines Sohnes. Es sind schon Stärkere gefallen, und noch viele werden sterben. Unmöglich, sie alle am Leben zu erhalten, oder willst du Schuldige und Unschuldige zugleich treffen und uns alle ins Unglück stürzen?" So überlegen hatte Athene auf den Heißsporn eingeredet, daß er sich von ihr willig zu seinem Thron zurückführen ließ.

Die beiden, der forsche, wagemutige Gott und die geistesgegenwärtig-kluge Göttin, sollten auf dem Höhepunkt des Krieges erneut aneinandergeraten. Das war zu der Zeit, als Achill weniger wegen seiner Tapferkeit als vielmehr wegen seiner göttlich gestählten Haut das Kriegsglück gewendet hatte. Das widerstrebte Zeus; er rief die Götter zu sich und stellte es ihnen nun frei, sich am Kampf zu beteiligen, auf welcher Seite auch immer. Ja, er frohlockte gar, als sich sogleich zwei feindliche Lager mit je fünf Göttern bildeten. Ares witterte eine Gelegenheit, sein durch Pallas Athene angeschlagenes Ansehen wiederherzustellen, griff nach dem Speer und rief ihr zu: „Ich fordere dich zum Kampf. Du selbst hast mich dazu gezwungen. Für die schmachvolle Verwundung, die du mir durch Diomedes zugefügt hattest, wirst du jetzt büßen!"

Kaum hatte sich Pallas auf dem Schlachtfeld zum Kampf gestellt, stieß der „Schilddurchbohrer", wie sich der unerbittliche Hüne gern nennen ließ, auch schon mit seinem Speer zu. Athene aber verstand es, jede Bewegung im voraus zu berechnen, wich blitzschnell aus, ergriff einen am Boden liegenden schweren, kantigen Stein und traf damit gezielt den Hals ihres Herausforderers. Der stürzte, daß die Waffen nur so klirrten, der Länge nach auf sieben Hufen Land hin und wurde, verschmutzt wie er war, auch noch verhöhnt: „Weißt du nun, wer der Tapfere von uns beiden ist, du Verräter der Achäer?" Das konnte Aphrodite nicht ertragen; schnell ergriff sie den schmerzhaft Getroffenen, um ihn vom Schlachtfeld zu entfernen. Pallas aber, die von Hera angefeuert wurde, setzte der Fliehenden nach und schlug sie so kräftig auf die Brust, daß sie mit ihrem Geliebten stürzte. „So soll es allen ergehen, die den Trojanern beistehen", spottete Athene, während Hera laut und schadenfroh lachte.

Der Trojanische Krieg ist zuletzt, wie wir wissen, nur durch eine List entschieden worden, und es scheint, daß Ares nach den für ihn so schlimmen Lehren die Überlegenheit seiner mit Besonnenheit kämpfenden Rivalin anerkannte. Je mehr Zeit verging, desto mehr verwandelte sich das Gefühl der Wut in Bewunderung und diese schließlich in Liebe. Doch der Kriegsgott, jetzt auf römischem Boden – dort heißt er Mars und Pallas Athene Minerva – wagte seine Liebe nicht zu offenbaren. Als sie ihn letztlich zu verzehren drohte, wandte sich Mars, der immer auch ein Gott des ländlichen Wachstums war, an die greise Frühlingsgöttin Anna Perenna, mit der zusammen er in dem nach ihm benannten ersten Frühlingsmonat verehrt wurde, und bat um Vermittlung. Die Alte war indessen schelmisch veranlagt; sie hielt Mars eine geraume Zeit hin, prahlte dann aber, sie habe es geschafft, und ließ ihn zu einem vereinbarten Treffpunkt kommen. Dort wähnte Mars die verehrte Minerva im Brautschleier verhüllt stehen zu sehen, doch als er die Hülle für seinen ersten Kuß zu entfernen suchte, blickte er mit Entsetzen in das faltige Gesicht der Anna. Götter und Göttinnen – nicht nur Minerva – hatten alles mitbekommen. Groß war der Spott; vor allem aber ergötzte sich diesmal Venus.

Manche Unsterbliche schienen bei ihrem Spott zu vergessen, welch entscheidenden Anteil Ares-Mars an ihrer Rettung im Titanenkampf hatte, und bei aller Unbeholfenheit hatte er doch Geschichte gemacht. Er ist der Vater zahlreicher Heroen und Amazonen und der Stammvater der Thebaner und Römer. Die Thebaner führen ihre Herkunft auf Harmonia, eine Tochter von Ares und Aphrodite, zurück, und die Römer auf Romulus.

Die Römer erzählen, daß in ihrer Frühzeit, als der Tiber noch zum Königreich Alba Longa gehörte, einer der Könige nach der Entmachtung seines Bruders dessen Tochter Rea Silvia zur Priesterin der Vesta gemacht hatte, damit sie ohne Nachkommen bliebe, die dem König die unrechtmäßige Herrschaft streitig machen könnten. Als sich die Vestalin, so erzählen sie, eines Morgens beim Wasserschöpfen am Tiber unter einer Weide niedergelassen habe, sei sie eingeschlummert, von Mars überrascht worden und von ihm – was sie nur im Traum miterlebte – zur Mutter von Romulus und Remus geworden. Die Zwillinge seien zwar ausgesetzt worden, durch das Eingreifen des Mars aber von einer Wölfin, die sie nährte, und einem Specht, der Speise herbeibrachte, am Leben erhalten worden. Mars schützte den römischen Staat, schritt dessen Heer in den zahlreichen Schlachten voran und verlieh ihm Sieg, bis ein Weltreich errichtet war.

Homer, Ilias 5, 385–391 und 699–908; 15, 110–142; 21, 391–433; Homer, Odyssee 8, 266–366; Ovid, Festkalender 3, 9–54 und 675–696. – Zeichnung: Ares (Münze der Mamertiner von Messana).

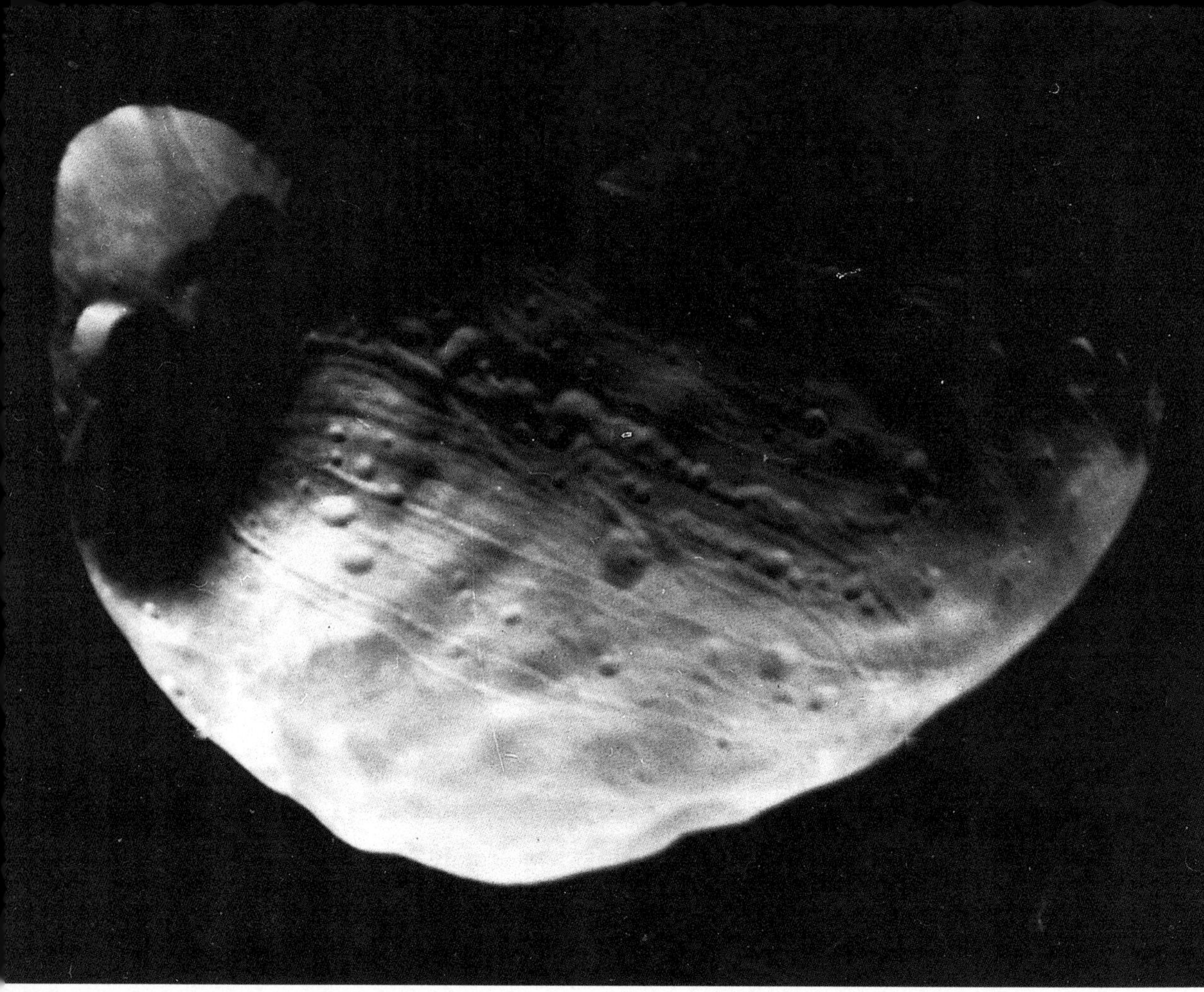

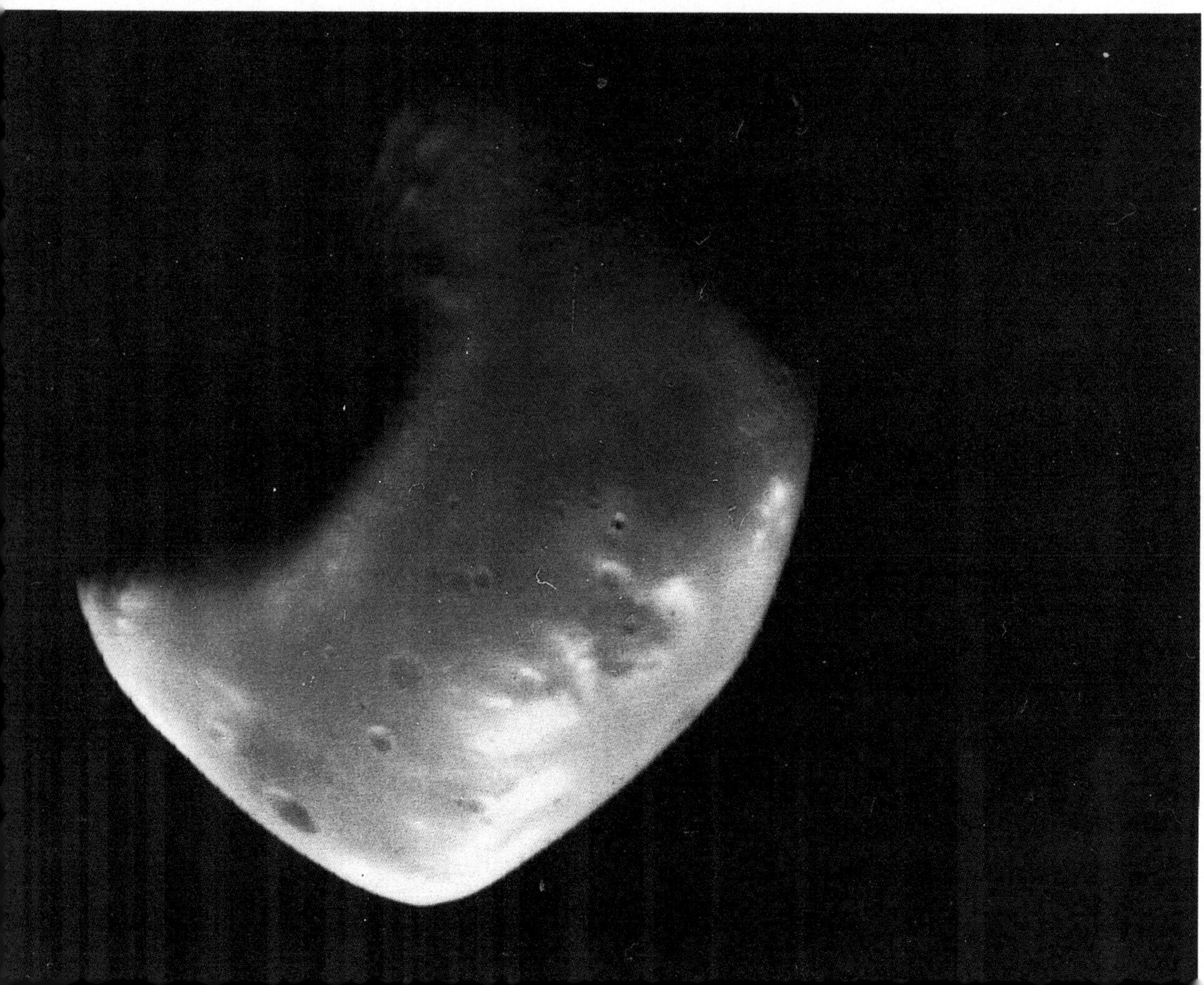

PHOBOS UND DEIMOS

Phobos und Deimos, die beiden „kartoffelähnlichen“ Marsmonde, haben die Grundform eines dreiachsigen Ellipsoids, wobei aus himmelsmechanischen Gründen die Submarsachse mit 27 bzw. 15 km am längsten und die Nordsüdachse mit 19,2 bzw. 11 km am kürzesten ist. Die kleinen Monde bewegen sich über dem Marsäquator in 5985 bzw. 20 135 km Höhe. Ihre Rotation vollzieht sich synchron zur $7^{1}/_{2}$- bzw. $30^{1}/_{4}$stündigen Umlaufszeit, so daß sie dem Planeten – wie alle natürlichen Satelliten – stets die gleiche Seite zukehren. Einer der zahlreichen Himmelskörper, die bei ihrem Einschlag Phobos zernarbt haben, hat mit seiner Wucht einen über 11 km breiten und fast 1 km tiefen Krater hinterlassen und Schockwellen erzeugt, durch die die Oberfläche vom antipodischen Punkt aus mit einem Netz fast linearer Risse überzogen worden ist. – Die Oberfläche von Deimos ist erheblich glatter als die von Phobos, also mit einer dickeren Staubschicht bedeckt. Die Farbe der Staubschicht ist bei beiden Monden ein eintöniges Grau. Die geringe Dichte der Monde läßt auf kohlenstoffhaltiges, chondritisches Material schließen, das sich nur weit außerhalb der Marsbahn gebildet haben kann. Es liegt daher nahe, daß es sich um eingefangene Planetoiden handelt. – Die Detailkenntnisse verdanken wir der Sonde Mariner 9 und den beiden Viking-Orbitern. Die Monde sind erst hundert Jahre vorher – 1877 – entdeckt worden; die Spekulationen über die Existenz von zwei Marsmonden reichen bis in die Zeit Keplers zurück. Jonathan Swift hat um 1720 in seiner Erzählung „Gullivers Reisen“ gar die Größe und die Bahnen der beiden Monde ziemlich genau vorausgesagt.

Phobos und Deimos

◀ *Viking-Orbiter-Aufnahmen aus jeweils 1400 km Entfernung (NASA/Jet Propulsion Laboratory).*

Phobos und Deimos

Wenn Ares in seiner riesenhaften Gestalt auf dem Schlachtfeld erschien, standen ihm gewöhnlich seine beiden Söhne Phobos und Deimos zur Seite, die ihm Aphrodite geboren hatte. Die Namen der Söhne besagen genau das, was nun einmal zum wilden Kriegsmut des Ares gehört: der Schrecken, den er verbreitet, und die Furcht, die ausgelöst wird. Verehrung ward den beiden nicht nur im Krieg zuteil, in Sparta vielmehr gerade auch im Frieden, da sie für den Zusammenhalt des Staates unentbehrlich waren.

Gelegentlich erschien Phobos auch allein an der Seite des Vaters, der das Bild dieses seines „vielgeliebten" Sohnes überdies als Maske auf seinem Schild trug. Auf den Schilden des Herakles, Agamemnon, Achill und anderer tapferer Kämpfer war ebenfalls Phobos dargestellt, dessen Haupt in seiner schreckhaften Wirkung dem der Medusa kaum nachgestanden haben dürfte. In dem bärtigen Gesicht blitzten feuersprühende Augen und ein Kranz weißer Zähne in einem offenen Mund, aus dem die Zunge halb heraushing, und aus dem löwenmähnigen Kopfhaar zuckten Schlangenköpfe hervor.

Sobald der Kampfruf erscholl, eilten er und sein Bruder dienstbeflissen zu ihrem Vater. Sie schirrten ihm immer dann, wenn er nicht zu Fuß in die Schlacht ziehen wollte, die vier feuerschnaubenden, vom Nordwind Boreas und der Rächerin Erinys erzeugten Rosse an und stellten sich neben ihn auf den Wagenstuhl. Wurde der Krieg zur See geführt, so dienten Ares auch hier seine Söhne: Phobos hielt das Feuerruder in Händen, und Deimos löste die Haltetaue der lanzenstarrenden Schiffe.

Selbst tapfere und beherzte Krieger wurden von den beiden kampfunfähig gemacht. So erinnert der Name der Ortschaft Phobos bei Sikyon unweit der südlichen Küste des Golfes von Korinth daran, daß hier die Schreckensgottheit keine Geringeren als Apoll und Artemis in die Flucht gejagt hatte, als sie nach der Erlegung des Drachen Python vor dem Orakel in Delphi am Fuße des Parnaßgebirges und nach der Verdrängung von dessen Mutter Gaia aus dem Orakel von einem schlechten Gewissen geplagt wurden.

Ungleich bedeutungsvoller und folgenschwer war das Eingreifen von Phobos und Deimos gegen den Riesen Typhon, auch ein Sprößling der Gaia, in der Zeit der Titanenkämpfe. Zeus hatte eben erst die von Gaia geborenen Titanen in den Abgrund verbannt, da schickte sie, Mutter Erde, das aus ihrer Verbindung mit dem Herrn der Unterwelt hervorgegangene Ungeheuer Typhon gegen den Olymp aus, die Titanen zu befreien und die alte Herrschaft wiederherzustellen.

Es begann mit einem schweren Schlag für Zeus, der bei einer seiner Liebschaften Donner und Blitze in einem Felsenwinkel des Taurusgebirges in Kilikien versteckt hatte, ausgerechnet da, wo Typhon zu Hause war. Zeus wäre so gut wie machtlos gewesen, wenn es ihm nicht mit Hilfe von Hermes durch eine List gelungen wäre, die Waffen wieder in seinen Besitz zu bringen.

Nun tobte das riesige Ungeheuer mit den hundert Drachenköpfen und den Schlangenfüßen; gellend rief es Zeus zum Kampf. Doch Zeus wirkte nicht minder furchterregend, denn zu schildbeschirmten Begleitern wählte er seine Enkel, des Ares schlimme Söhne. Auf seine Blitze stellte er Phobos, den Schrecken, und auf seinen Donner Deimos, die Furcht, und mit ihnen toste der Kriegsgott. Bald griff Zeus mit Blitzen, bald mit dem Donner an, dann wieder mit Hagelgeschossen, deren scharfe Wucht die Schlangenköpfe aufritzte. Immer weiter wurde Typhon vom Olymp fortgetrieben und landete dann in einer Wasserschlucht, aus der er mit den Fluten gegen die Blitze ankämpfte. Doch das Wasser verdunstete in der Glut und verschlimmerte nur die Kraft des Feuers. Da riß Typhon Felsen aus dem Erdboden und schleuderte sie mit Wucht empor. Getroffen aber wurden der Göttervater und seine Helfer nicht. Sie wichen geschickt aus, ließen das Gestein am Schild zerbersten oder schmetterten es auf das Ungeheuer zurück. Immer schlimmer wurde das Feuer; die Lanzen der Blitze zerrissen die Drachenhäupter und ließen sie entflammen. Vergeblich versuchte Gaia die hundert lodernden Häupter mit Schnee zu kühlen. Zeus und seine Helfer hatten in diesem Kampf den längeren Atem. Es gelang zwar nicht, das Ungeheuer zu entseelen, aber es wurde schließlich, gelähmt von Schrecken und Furcht, auf der Insel Sizilien bewegungslos verschüttet.

Auf den vulkanischen Grabhügel des gemeinsam bezwungenen Frevlers setzte Zeus ein Mal mit der Inschrift: „Hier ruht der Riese Typhon, der einst Felsen zum Himmel warf und im Feuer des Himmels verbrannte."

Homer, Ilias 15, 119–120 u. a.; Hesiod, Theogonie 933–935; Pausanias, Beschreibung Griechenlands 2, 7, 7; Nonnos, Dionysiaca 2 und 39, 214–27. – Zeichnung: Phobos (Marmorakroterion aus Sparta).

Jupiter
Voyager-1-Aufnahme vom 4. 3. 1979
mit eingezeichnetem – weil nur im Gegenlicht
sichtbaren – Ring (NASA).

6. JUPITER

Jupiter braucht fast zwölf Jahre für den Umlauf um die Sonne, von der er im Mittel fast 780 Millionen km entfernt ist. Obwohl er der Erde nie näher kommt als etwa 590 Millionen km, ist er der zweithellste Wandelstern am irdischen Himmel. Denn er hat das 1500fache Volumen der Venus; er enthält 71 % der Masse aller Planeten, ein Tausendstel der Sonnenmasse. 141 700 km mißt der Durchmesser am Äquator. Jupiter rotiert sehr schnell um seine Achse – alle 9 Stunden und 50 Minuten – und zeigt daher eine deutliche Abplattung (1:15,2), so daß der polare Durchmesser 8850 km kleiner ist. Wegen einer starken atmosphärischen Strömung in der Rotationsrichtung von Westen nach Osten rotiert Jupiter in der Äquatorzone fünf Minuten schneller als in höheren Breiten. Die Rotationsgeschwindigkeit läßt sich aus der Änderung der farbenprächtigen Strukturen der Atmosphäre ablesen. Die unterschiedlichen Wolkenbereiche verlaufen als dunkle Bänder und helle Zonen parallel zum Äquator, verschieben sich jedoch, werden breiter und schmäler, fließen zusammen und auseinander und deuten damit auf dynamische Prozesse hin. In den hellen Zonen herrschen stetige Ostwinde. In der aufströmenden Luft werden durch Abkühlung Wolken gebildet, die den Blick in tiefere Schichten verhindern. In den Bändern aber lassen Westwinde die Luft absinken; es klart auf, und tiefere Schichten werden sichtbar. In den Grenzschichten erreicht der Wind eine Geschwindigkeit von 170 m/sec. Zwischen den teils durch diffuse Brücken verbundenen Bändern und Zonen machen helle und dunkle Flecke deutlich, daß Wirbel die großen Strömungssysteme mit Energie versorgen. Gewaltige Blitzentladungen gehören zur Tagesordnung. Eine beständige, seit dreihundert Jahren beobachtete, aber wohl mehr als dreihundertmal so alte Struktur ist der ovale, zwischen 20 000 und 45 000 km breite Große Rote Fleck in der südlichen Hemisphäre. Bei den Vorbeiflügen der Sonden Pioneer 10 und 11 von 1973/74 und Voyager 1 und 2 von 1979 ist er als Superhochdruckgebiet erkannt worden. Die auffällige Färbung wird auf eine hohe Konzentration von Phosphorverbindungen zurückgeführt. Die Temperaturen in der mächtigen Wirbelsäule des Großen Roten Flecks, die etwa 8 km über das übrige Wolkenniveau hinausragt, liegen merklich tiefer als die der Umgebung. Die zu 81 % aus Wasserstoff, 19 % aus Helium und einem kleinen Anteil anderer Elemente bestehende Planetengesamtmasse mit einer Dichte von 1,33 g/cm^3 gliedert sich in eine mindestens 16 000 km tiefe Atmosphäre, eine flüssige Übergangszone, eine breite Zone, in der Wasserstoff und Helium mit metallischem Charakter verfestigt sind, und einen inneren Kern aus Eisen- und Siliziumverbindungen. Die Temperaturen liegen bei –140° C an der Wolkenoberdecke, +125° C in 200 km Tiefe und bis zu 10 000° in der Übergangszone von molekularem zu metallischem Wasserstoff. – 57 000 km über der Wolkenobergrenze des Äquators wird der Planet von einem orangerot leuchtenden 6500 km breiten und höchstens 30 km dicken Ring aus Gesteinsstaub umgeben. Dieser Ring wird von je einem ganz schwach leuchtenden Ring flankiert, der sich bis zur Wolkenobergrenze des Planeten bzw. bis zum

Mond Thebe erstreckt. Der Planet besitzt eine ausgedehnte, hundert Planetenradien große Magnetosphäre und wird von einem vom Mond Io erzeugten heißen Plasmatorus ionisierten Schwefel- und Sauerstoffs umgeben.

Jupiter – Zeus

Lange, lange, ehe die ersten Hellenen ihr Land bewohnten, erhob sich da schon der Berg der Götter, Olympos. Urtümlich, riesenhaft ragt er auch heute zum Himmel empor. Steil steigen die Flanken zur Kuppel des Gipfels auf, die der Wolkensammler Zeus wie eh und je mit einem dichten Schleier verdeckt, aus dem er Regen und Schnee, Blitz und Donner auf die Erde sendet. Zuweilen gefällt es dem Mächtigen, die weiße Schneedecke seines Berges weit über das Land leuchten zu lassen, weit in die Ebene des Westens, wohl an die hundert Meilen weit nach dem Süden bis zum Parnaß und fast genauso weit gen Osten über das Meer bis zum heiligen Berg Athos. Selten nur, für zwei bis drei Monde im Jahr, läßt Zeus droben, wo er – unsichtbar für Sterbliche – seinen Sitz hat, die Schneedecke schwinden.

Einst haben furchtbare Kämpfe den Berg erzittern lassen. Unaufhörlich bestürmten die Titanen den Sitz des aufständischen Sohnes des Kronos. Aber Zeus war unbeugsam mutig und klug, und als er seinen Vater mit Hilfe seiner göttlichen Mitstreiter entthront hatte, trat er in ihrer Runde in dem himmlischen Palast auf dem Olymp die Herrschaft über das All an.

Zwölf an der Zahl waren die Götter an der olympischen Tafel, so glaubten Griechen und Römer, die ihnen nur unterschiedliche Namen beilegten. An der Seite des Göttervaters Zeus-Jupiter pflegten seine Schwester und Gattin Hera-Juno, die Beschützerin der Ehe, Platz zu nehmen, sowie sein Bruder Poseidon-Neptun, der Herr der Meere, und seine Schwester Demeter-Ceres, die Göttin des Ackerbaues. Die übrigen acht Götter tafelten ebenfalls paarweise. Es waren das Hermes-Merkur und Athene-Minerva, Ares-Mars und Aphrodite-Venus, ferner Hephaistos-Vulcanus und Hestia-Vesta und nicht zuletzt Apoll und Artemis-Diana. Sie alle konnte Zeus als seine Verwandten betrachten, war doch die häusliche Hestia seine Schwester, die weise Pallas Athene seine Tochter aus der Verbindung mit Metis und die liebreiche Aphrodite seine Tochter von Metis' Schwester Dione oder, wenn man so will, seine Pflegetochter. Der Bote und Geleiter Hermes, der kriegerische Riese Ares und der kunstfertige Schmied Hephaistos waren alle seine Söhne, der erste von der Bergnymphe Maia und die letzteren von Hera. Der lichte Gott der Künste, Apoll, und die Jagdgöttin Artemis schließlich waren Zwillinge, die er mit der Titanin Leto gezeugt hatte.

Nach der Niederringung der Titanen waren noch eine Reihe schwerer Kämpfe gegen andere von Mutter Erde geschickte Geschwister des Kronos zu bestehen, ehe die Herrschaft der Olympier gesichert war. Als nächste erhoben sich die Giganten, ein wildes Geschlecht plumper Riesen, und Zeus vermochte sie letztlich nur mit Hilfe seines löwenhäutigen Sohnes Herakles zu besiegen, den er dann mit der Aufnahme in den Olymp belohnte. Den letzten, wohl noch fürchterlicheren Kampf hatte Zeus gegen das feuerspeiende, drachenköpfige und schlangenfüßige Ungeheuer Typhon zu bestehen, ein Kampf, den Ares für ihn entschied.

Der Lauf der Dinge wollte es, daß die Olympier, als ihnen von außen keine Gefahr mehr drohte, uneins wurden und sich gegenseitig bekämpften. Vor allem Zeus und Hera lagen dauernd im Streit. „Immer faßt du deine Beschlüsse einsam, statt mir deine Gedanken freundlich mitzuteilen!“ warf Hera einmal ihrem Gatten vor. „Wenngleich du meine Frau bist“, warf er genauso bitter zurück, „so kannst du doch nicht alle meine Gedanken mitlesen. Wenn du etwas erfahren kannst, dann sollst du es eher als alle anderen Götter und Sterblichen mitgeteilt bekommen, doch bemüh dich nicht, von mir Beschlüsse zu erfahren, die ich vor den Göttern geheimhalten muß!“ Zeus nahm ja durchaus gelegentlich einen guten Ratschlag Heras an, aber dann gab es wieder andere Angriffspunkte für Hera, vor allem sein ihr unerträgliches außereheliches Liebesleben. Und zusehends wurden auch andere Götter in die Ränke mit einbezogen.

Mit seiner wiederholten Drohung, sengende Blitze gegen sie zu schleudern, hatte Zeus zuletzt fast alle Olympier gegen sich aufgebracht. In einem gut abgepaßten Augenblick gelang es Hera, Blitze und Donner zu entwenden und ihren Gemahl mit Hilfe von Poseidon und Pallas Athene zu fesseln. Es sah ganz so aus, als würde der Göttervater entthront werden, da drang die Kunde zu Tethys, der Göttin im Meer. Aufgeschreckt schickte sie eilends den hundertarmigen Riesen Briareos auf den Olymp und hieß ihn die Fesseln lösen.

Grausam rächte sich Zeus, der Befreite, an der aufruhrstiftenden Gattin. Unzerreißbare goldene Fesseln legte er an ihre Handgelenke und je einen schweren Amboß an ihre Füße. Dann geißelte er die Frevlerin und hängte sie schwebend in Äther und Wolken. Hephaistos aber, der sich anschickte, seiner Mutter beizustehen, schleuderte er ins Meer. Auch andere Götter bestrafte er, verzieh aber schließlich allen und befreite Hera, nicht ohne die Warnung, künftig jeden, der sich gegen ihn auflehne, in die tiefsten Schlünde des Tartaros zu stoßen.

Neue Sorgen erfüllten Zeus, als aus der Nachkommenschaft der Titanen ein nach der Götter Ebenbild aus Erde und Wasser gebildetes neues Geschlecht der Sterblichen heranwuchs. Prometheus, ein Titan der zweiten Generation, war immer ein treuer Gefolgsmann von Zeus gewesen, ehe er den Menschen erschaffen hatte. Dann wurde er übermütig und machte sich über den Göttervater lustig; er entwendete gar aus dem Olymp das Feuer und brachte es den Menschen. Dafür bestrafte Zeus nicht nur Prometheus, sondern auch dessen Werk, die Menschen. Er hieß Hephaistos ein Meisterwerk schaffen, eine Frau, Pandora mit Namen, wunderschön an Gestalt, die aber ein Füllhorn mitbekam, aus dem alles Leid und alle Plagen über die Menschen kam. Auch ließ er das Land des Ogyges, der in Böotien herrschte, von Wassermassen überschwemmen.

Weiter südlich, in Arkadien, herrschte anfangs ein götterfürchtiger Mann, Pelasgos. Die Kinder von dessen Sohn Lykaon waren hingegen nicht nur, wie andere Menschen, mit Fehlern behaftet, sondern übertrafen an Ruchlosigkeit alle. Das mußte Zeus selbst erfahren, als er sich verkleidet zu ihnen begab und von ihnen menschliche Eingeweide, vermischt mit dem Fleisch von Opfertieren, als Speise vorgesetzt bekam. Zeus war so empört, daß er zunächst Lykaon und die meisten seiner Söhne mit Blitz und Donner erschlug. Dann aber beschloß er, das ganze Menschengeschlecht mit Wasser zu vertilgen.

Ein Mann aber, der thessalische Herrscher Deukalion, wurde von seinem Vater Prometheus noch rechtzeitig gewarnt. Er baute für sich und seine Gemahlin Pyrrha, eine Tochter der Pandora, eine Arche und belud sie mit Lebensmitteln. Der Himmel verdunkelte sich und machte den Tag zur Nacht. Ein Gewitter zog auf und brachte einen nicht enden wollenden Regen, der alles Land der Hellenen, mit Ausnahme der Gebirge, unter Wasser setzte. Neun Tage und neun Nächte trieb die Arche in den Fluten, da endlich hörte der Regen auf, und Deukalion bekam am Abhang des Parnaßgebirges Grund. Er stieg aus der Arche, und es war seine erste Handlung, Zeus zu opfern und für die Verschonung zu danken. Das Wasser zog ab, und Zeus schickte seinen Boten Hermes zu ihm und erlaubte ihm eine Bitte. Deukalion wünschte sich, wieder in der Gesellschaft von Menschen zu sein. Zeus gewährte ihm die Bitte und wies ihn und seine Frau an, Steine rückwärts über den Kopf zu werfen. Aus den Steinen, die Deukalion warf, erwuchsen Männer, aus den von Pyrrha geworfenen Steinen Frauen.

Deukalion und Pyrrha hatten auch leibliche Kinder, und es nimmt nicht wunder, daß die Schönheit der Pandora, die sich auf Pyrrha vererbt hatte, auch an ihre beiden Töchter weitergegeben wurde. Zeus, der bisher nur zu Göttinnen in Liebe entbrannt war, verliebte sich nun auch in Sterbliche und zeugte mit den beiden Töchtern des geretteten Paares, Protogenia und Pandora, wie auch sie wieder hieß, die Söhne Aithlios und Graikos. Und wenn es zutrifft, was viele annehmen, daß Hellen, einer der beiden sonst Deukalion zuerkannten Söhne, von Zeus stammt, so würde sich das zwischen Ägäischem und Ionischem Meer siedelnde Volk, ob es sich nun als Griechen oder Hellenen bezeichnet, in jedem Fall unmittelbar auf einen Sohn des Göttervaters zurückführen dürfen.

Auch andere Götter hatten durch ihre Verbindung mit Sterblichen dazu beigetragen, daß die Schönheit des schwachen Geschlechts nicht verlorenging. So hat der Reiz junger Frauen aus edlem Geblüt den Göttervater immer wieder mit glühender Leidenschaft erfüllt. Gegen ihre Sprödigkeit, gegen die Vorsicht ihrer Eltern oder gegen die Eifersucht Heras wußte sich Zeus durch immer neue Verwandlungen zu helfen. Die Semele täuschte er in der Gestalt eines Sterblichen, die Alkmene gar in der Gestalt ihres Gemahls und Antiope als Satyr, als Lüstling mit Pferdeohren, Schwanz und Hufen. Anderen näherte er sich in der Gestalt eines Tieres, der Dia als Hengst, der Pasiphae als Stier und Leda als Schwan. Danae aber, die von ihrem Vater eingeschlossen worden war, vermählte er sich in der Gestalt eines durch das Dach ihres Gemachs dringenden goldenen Regens.

Fragt man, welche der Sterblichen der Göttervater in ihrer Jugendblüte am meisten geliebt hat, so seien allen voran die Königstöchter Io, Europa und Kallisto genannt. Doch auch ein junger Königssohn, Ganymed, hat ihn einst wegen der Schönheit seines Wuchses mit einer alles übertreffenden Leidenschaft erfüllt, so daß er ihn zum Mundschenk der olympischen Göttertafel machte.

Den Liebschaften verdankt das Bild vom höchsten aller Götter seine schillernden Farben. Den Hauptinhalt dieses Bildes aber machen zahlreiche große Wohltaten aus, die er der Menschheit erwiesen hat. Er hat ihre guten Eigenschaften gefördert und ihr durch Gesetze geschütztes gerechtes und friedliches Nebeneinander gehütet. Er ist an der Einführung einer Rechtsordnung selbst beteiligt gewesen und ist auch in späterer Zeit, ohne sich selbst unter die Menschen zu begeben, ihr oberster Richter im Guten wie im Bösen geblieben. Er hat ihr aus dem Rauschen seiner heiligen Eiche zu Dodona die Zukunft verkündet und den Kriegern den Sieg verliehen, die ihm in seinem römischen Heiligtum auf dem Kapitolinischen Hügel die kostbarste Siegesbeute als Opfergabe geweiht haben.

In Olympia sind ihm zu Ehren alle vier Jahre Wettspiele veranstaltet worden, und die Tempel des Zeus oder Jupiter sind von den Menschen in jener Ehrfurcht gebaut worden, die aus den Worten des Kallimachos spricht:

„Heil dir, Heil, Kronide, erhabenster, Spender der Güter,
Spender des Wohlergehns! Wer sänge, was du verrichtest?
Keiner war und wird sein. Wer singt die Taten des Zeus je?
Heil dir, Vater, und abermals Heil! Gib Tugend und Reichtum.
Fülle, der Tugend bar, kann Menschen nicht fördern. Es kann's nicht
Tugend, des Reichtums bar. Gewähre denn Tugend und Fülle!"

Pausanias 8, 1, 4; Homer, Ilias. 1, 396–403 und 540–550, 8, 13–17, 15, 16–24; Apollodoros, Bibliothek 1, 7, 1–2 und 8, 3, 1; Ovid, Metamorphosen 6, 103–114 und 10, 155–161; Kallimachos, Hymnen (übertragen von Ernst Howald und Emil Staiger) 1, 91–96. – Zeichnung: Jupiter (Statue im Louvre).

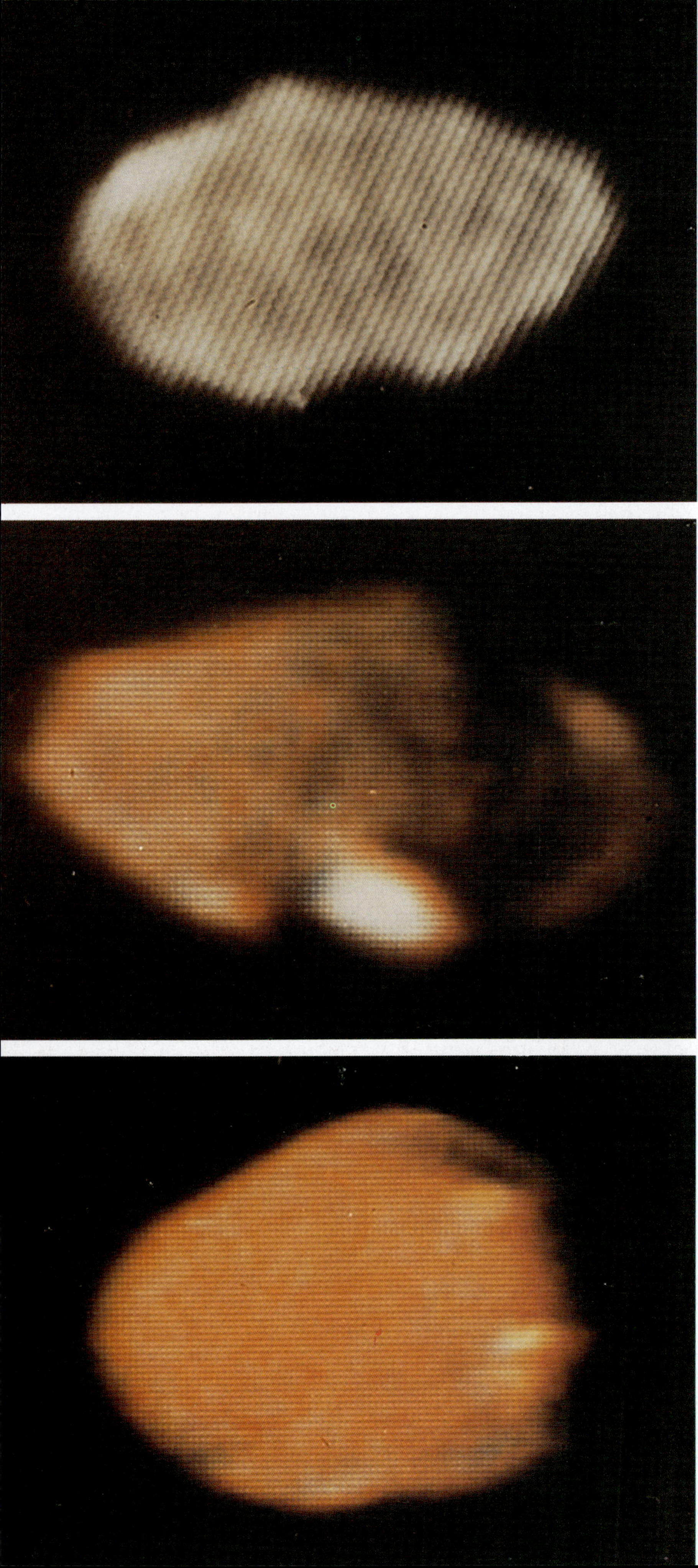

Amalthea
Voyager-1-Aufnahmen von 1979 aus 1 250 000 km, 694 900 km und 425 167 km Entfernung

DIE INNEREN JUPITERMONDE

Der 1892 innerhalb der Bahnen der Galileischen Jupitermonde entdeckte Trabant Amalthea ist 1979 von der Sonde Voyager 1 erstmals aus der Nähe fotografiert worden. Er hat wie Phobos eine unregelmäßige Gestalt mit der Grundform eines Ellipsoids. Das unregelmäßige Profil weist auf eine beachtliche Dichte des Mondes hin. Die sich über 270 km erstreckende Längsachse weist stets auf den Jupiter, während die 150 km lange Ostwestachse wegen der gebundenen Rotation stets parallel zum Äquator des Planeten angeordnet ist. Das Reflexionsvermögen der orangeroten, mit Einschlagkratern und Gebieten heller Albedo bedeckten Oberfläche liegt unter 10 %. Die rötliche Farbe wird auf eine Schicht aus Schwefelpartikeln zurückgeführt, die vom Nachbarmond Io stammen. Amaltheas in fast zwölf Stunden zurückgelegte Umlaufbahn liegt etwa 110 000 km über der Wolkendecke des Planeten. Und doch sind mit den Voyagersonden noch zwei weitere kleine Monde innerhalb der Bahn Amaltheas und einer 40 600 km außerhalb der Bahn Amaltheas aufgespürt worden. Die Bahnen der beiden etwa 30 km großen innersten Monde liegen sehr dicht beieinander im Grenzbereich des Jupiterringes. Metis kreist etwa 128 000 km, Adrastea 129 000 km und der 110 mal 90 km große Mond Thebe 222 000 km vom Planetenzentrum entfernt. Metis und Adrastea benötigen etwa 7 Stunden für den Umlauf, Thebe 16 Stunden.

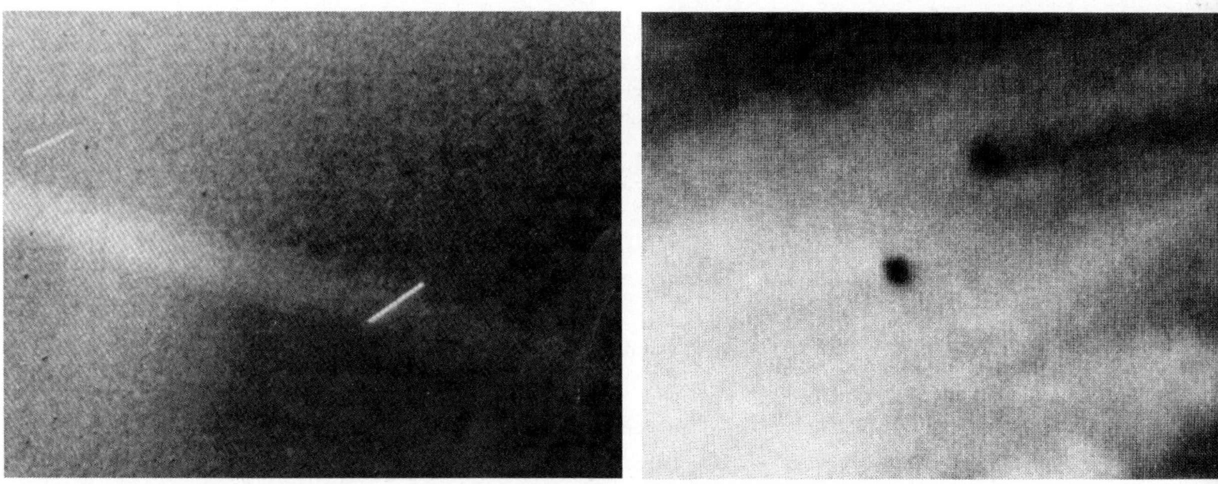

Die beiden kleinen Monde innerhalb und außerhalb der Bahn von Amalthea.
Links: ***Adrastea*** *als heller Streifen vor dem Ring Jupiters – der zarte Streifen links stammt von einem Stern – (Voyager-2-Aufnahme vom 8. 7. 1979)*
Rechts: ***Thebe*** *als dunkler Fleck beim Vorbeiflug am Jupiter, wobei der Schatten des Mondes an das Ende eines dunklen Wolkenstreifens oben rechts fällt (Voyager-1-Aufnahme vom 4. 3. 1979) (NASA)*

Metis

Zeus war gerade zu einem Jüngling herangewachsen, als er sich zum erstenmal verliebte. Ein Wasserwesen hatte es ihm angetan, dessen Blick ihn einmal flüchtig getroffen hatte, ein Blick, der so klar und unergründlich tief wie das Meer war und ihm keine Ruhe mehr ließ. Zeus war seinerzeit unermüdlich um seine körperliche und geistige Reifung bemüht, wie auch um die vollkommene Erkenntnis des Guten und Bösen. Metis – so hieß das um viele Jahre ältere Wasserwesen – hatte nicht nur in makelloser Reinheit ihre Jugend bewahrt, sondern galt auch als die weiseste unter den Göttern und Sterblichen und schien so Zeus der Inbegriff alles dessen zu sein, was erstrebenswert war. In der Tat verhieß bereits der Name der Titanentochter – sie hatte den weltumspannenden Okeanos zum Vater und dessen Schwester Tethys zur Mutter – daß sie eine „Ratvolle", also sehr besonnen war. Für sie war der noch wenig erfahrene Sprößling ihres Onkels Kronos alles andere als begehrenswert. Sie suchte sich der Zudringlichkeit ihres Neffen dadurch zu entziehen, daß sie – wozu Wasserwesen nun einmal befähigt sind – immer wieder ihre Gestalt änderte.

Beharrlich, wie er war, erreichte der Kronide dennoch sein Ziel. Metis wurde seine Gattin, und das nicht ganz ohne Mitleid. Zeus war ja gegen den Willen seines Vaters am Leben, der alle seine Geschwister verschlungen hatte und der Meinung war, auch ihn verzehrt zu haben, nachdem ihm Rhea an seiner Statt einen in Windeln gewickelten Stein gereicht hatte. Wie anders wäre die Lage, wenn seine Geschwister noch am Leben wären! In dieser Hoffnungslosigkeit kam die kluge Metis auf einen rettenden Gedanken. Sie reichte Kronos ein Brechmittel, so daß er willenlos alles Verschlungene wieder hergeben mußte, zuerst den verschluckten Stein, sodann Poseidon, Hades, Hera, Demeter und Hestia. Nun hatte Zeus mächtigen Beistand, sollte er sich je mit seinem Vater und den Titanen messen müssen.

Mochte Metis auch mit Genugtuung ihren Gatten außer Gefahr wissen, so wurde sie doch weiter von einer bösen Ahnung geplagt, die ihr ihr geheimnisvolles Wissen um künftige Dinge eingab. Als Metis wenige Wochen vor der Geburt eines Kindes stand, traten Uranos und Gaia mit sorgenvoller Miene an ihren Enkel Zeus heran. „Höre", verkündete Gaia, „was das Schicksal dir und Metis beschieden hat! Ihr werdet Kinder bekommen, zuerst ein mutiges und besonnenes Mädchen und dann einen mächtigen Sohn, den künftigen Herrn der Götter und Menschen." Uranos, der, wie erwartet, ein regelrechtes Entsetzen auf dem Gesicht seines Enkels feststellte, fügte noch rasch einen Rat hinzu: „Du weißt, wie dein Vater gehandelt hat, als ihm eine ähnliche Weissagung zuteil wurde!"

Die Herrschaft zu sichern, bedeutete Zeus mehr als Frau und Kinder. Nie würde er es zulassen, daß man ihn stürzt! – Unverzüglich ging er zu seiner Frau, ließ sich seine Erregung aber nicht anmerken und schmeichelte ihr, wie gut ihr die Leibesfülle stehe. Das Kind, meinte er halb scherzend, werde bestimmt ein Mädchen sein, das seiner Mutter an Weisheit nicht nachstehen werde. Dann neckte er sie mit ihrer Verwandlungskunst in der Zeit ihres Kennenlernens. „Ach, ich kann's gar nicht mehr abwarten", meinte er listig, „bald unser Töchterchen in Händen zu halten. Da du deine Gestalt zu ändern vermagst, so mach dich doch einmal für einige Augenblicke so klein wie ein Neugeborenes." Metis erfüllte arglos seinen Wunsch. Zeus küßte die Kleine, verlangte aber sogleich: „Nun zeig mir auch noch, wie klein unser werdendes Kind im dritten Monat war!" Kaum war Metis diesem Wunsche nachgekommen, tat Zeus erneut so, als wolle er vor Glück das winzige Wesen küssen, sperrte aber den Mund auf und verschlang es eilig.

Wochen vergingen, und es nahte der Zeitpunkt, wo die Verschlungene hätte Mutter werden sollen. In Libyen lief Zeus unruhig am Ufer des Tritonsees hin und her und schrie und heulte dabei, da ihm der Schädel vor Schmerz zu zerbersten schien. Da fanden sich die Geburtsgöttin Eileithyia und der wohlgesinnte Prometheus ein. Der voraussehende Titan kannte den Grund des Schmerzes und trieb, gewandt wie er war, einen Keil in den Schädel des Göttervaters. Kaum klaffte der Spalt am Scheitel weit genug auseinander, da sprang aus der Öffnung Pallas Athene, die Helläugige, in voller Rüstung und aufjauchzend mit weitschallendem Schlachtgeschrei. – Die „Weisheit" aber, die Zeus zu sich genommen hatte, verblieb für immer ein Teil seines Innern.

Hesiod, Theogonie 358 und 886–900; Apollodoros, Bibliothek 1, 2, 1 und 1, 3, 6; Pindar Olympische Oden 7, 34–39. – Zeichnung: Eileithyia, Zeus mit Athene, Prometheus (Schildrelief, um 600 v. Chr., Olympia).

Adrastea und Amalthea – Adrasteia, Amaltheia

In einer Neumondnacht, als dichte Wolken selbst das Licht der Sterne fernhielten, entschloß sich Rhea, ihren Sohn Zeus in Arkadien in aller Heimlichkeit auszutragen. Dem Vater Kronos mußte die Geburt verborgen bleiben, da er ein jedes Kind, das ihn dereinst entmachten könnte, sogleich nach der Geburt verschlang. Keine der Göttinnen weilte bei ihr in der versteckten Nische des Lykäosgebirges; nur die Nymphe Neda stand ihr bei. Verbissen preßte Rhea ihre Finger in die harte Erde, als die Geburtswehen stärker wurden. „Nicht einmal zu schreien wage ich", stöhnte Rhea, „doch kann ich's unterdrücken aus Sorge um mein Kind. Den Schmerz, mit anzusehen, wie Kronos voller Gier mein Kind, sein eigen Fleisch und Blut, verschlingt, den könnt' ich nimmermehr ertragen! Nein, nein, mein Kind soll leben; komme, was da wolle!"

Dann kam der Augenblick, wo Neda unter Tränen des Glücks der besorgten Mutter ihr erbärmlich schreiendes und doch göttliches Kind in die Arme drückte. „Wir müssen es baden", seufzte Neda, „aber wie sollte ich in dieser Dürre einen Quell entdecken!" Da besann sich die Göttin auf ihre Kräfte, nahm einen Stab zur Hand und schlug einen Quell aus dem Felsen. Nach dem Bad herzten Mutter und Nymphe noch einmal den Neugeborenen, dann drängte die Zeit. Das laut sprudelnde Wasser, das sich alsbald eine tiefe Schlucht ins Gebirge bahnte, drohte sie zu verraten. „Beeil dich, Neda", bat die Mutter, „bring mein Kind, solange es noch finster ist, nach Kreta zu meiner Schwester Themis. Sie liebt die Gerechtigkeit, ist über alles im Bilde und wird uns helfen. Du findest sie in einer Höhle des Idagebirges."

Neda erreichte ohne Not ihr Ziel, hatte ihr doch Gaia, die Mutter Erde, den Weg bereitet. Themis nahm das Zeuskind liebevoll an sich und zog mit ihm ohne Umschweife gen Osten, vorbei am Königssitz von Knossos, zu einer Grotte des Diktegebirges. Dort hatte sie nämlich eine Ziege verborgen. Die war ein Geschenk von Helios und von ihr eingeschlossen worden, da die Titanen ihren Anblick nicht ertragen konnten. Die überirdische Ziege gehörte zugleich Amalthea, einer der Töchter des Königs von Kreta.

Der kretische König, Melisseus hieß er, war ein treuer Diener der Rhea und hatte seine Tochter Melissa zu ihrer ersten Priesterin gemacht. Die ihm übermittelten göttlichen Weisungen nahm er ehrfürchtig entgegen. Er, der der Göttin jeden nur denkbaren Wunsch erfüllt hätte, sah es als hohe Ehre an, daß seine Töchter dazu ausersehen waren, einen göttlichen Knaben aufzuziehen. Seine Töchter, das waren Nymphen, vier an der Zahl. Eine trug, wie gesagt, seinen eigenen Namen, die anderen wurden Ida, Adrastea und, wie auch schon erwähnt, Amalthea gerufen. Zu Ammen des Zeus waren insbesondere die beiden letzteren bestimmt, also Adrastea, eine regenmachende Baumnymphe oder Dryade, und Amalthea, eine Flußnymphe oder Najade.

Würde, das war nun die Frage, die Höhle auch wirklich ein sicheres Versteck bieten? Konnten die Nymphen das Zeuskind dort auch ganz gewiß ungestört aufziehen? Nun, da war zunächst einmal ein Vorraum beachtlichen Ausmaßes, der in eine noch recht geräumige Tropfsteinhöhle endete. Letzte Sicherheit aber, so sollte man meinen, bot eine sich dann noch anschließende innere Höhle, durch die ein Bach floß. Vorerst mochte die äußere Höhle reichen; denn Adrastea und Amalthea hatten als besonderen Schutz auch ihre Gefährten mitgebracht, Rhea ergebene halbgöttliche Dämonen der kretischen Berge, genannt die Kureten. Mit heftigen Tänzen suchten sie die Vorbeiziehenden über die eigentliche Bedeutung der Grotte zu täuschen, ja, gelegentlich begannen sie auch laut zu brüllen und mit Lanzen gegen ihre Schilde zu schlagen, um das Weinen des Säuglings zu übertönen. Damit auch kein Neugieriger die Grotte zu betreten suchte, wurden sie auf der ihr vorgelagerten Terrasse auf Anordnung Rheas von einem unverletzbaren goldenen Hund bewacht, den Hephaistos in seiner Werkstatt gebildet hatte.

Hunger brauchte Zeus dank der Ziege Aix nicht zu haben. Adrastea und Amalthea stillten den Säugling abwechelnd am strotzenden Ziegeneuter. Es heißt auch, daß je eins der von der Stirn schwungvoll zum Nacken hin gebogenen Hörner der Ziege mit Nektar und Ambrosia gefüllt gewesen sei, wie man den Honigsaft oder Met und den Honig zu bezeichnen pflegte. Doch für die Sättigung von Zeus genügten schon die reichlichen Honigwaben in der Höhle. Jede Nacht kamen die Bienen vom Rastplatz des Helois an einem See im fernen Westen hierbei und begannen den Honig einzutragen.

Das ging so eine Weile gut. Doch dann hatte Kronos den Betrug Rheas erkannt und ließ im Himmel, auf der Erde und im Meer nach dem Kinde suchen. Da legten Adrastea und Amalthea Zeus in eine goldene Wiege und hängten sie in einen Baum unmittelbar vor der Grotte, also abseits solcher Bereiche, in denen Kronos suchte. Zeus, den man außerhalb der Grotte in dem Baum nicht sehen konnte, gedieh hier noch besser und schneller und konnte bald mit Obst ernährt werden. Eines Tages geschah es nämlich, daß sich die Ziege an dem Baum mit der goldenen Wiege ein Horn abbrach. Das hob Amalthea auf, umkränzte es mit duftenden Kräutern, füllte es randvoll mit Früchten und reichte es Zeus, dem der gepreßte Inhalt sehr wohl mundete.

In der frischen Luft des Baumes wuchs und gedieh das Kind prächtig. Und weil Kronos schließlich des Suchens überdrüssig wurde, konnte sich Zeus auch im Gehen und Laufen üben. Da schenkte ihm Adrastea einen herrlichen von Hephaistos gefertigten Ball, der rundum mit einer blauen Spirale verziert und von goldenen Ringen überzogen war. Wie ein Stern glänzte der Ball beim Flug durch die Lüfte – es war ein mächtiges Vergnügen für den heranwachsenden Knaben, der sich nach und nach immer weiter aus der Grotte herauswagte. Sobald der Knabe sich selbst zu ernähren gelernt hatte, sagte er seinen beiden Nymphen Adrastea und Amalthea und ihren Kureten Lebewohl und begab sich zu Gebirgshirten, in deren Obhut er weiter aufwuchs.

Als er schließlich im Mannesalter für den unvermeidlichen Kampf mit seinem Vater und dessen Titanen gewappnet war, machte er sich die Ziege Aix noch einmal zunutze, indem er sie tötete. Er bewehrte sich mit ihrem undurchdringlichen Fell, der sog. Aigis, und wurde so der Titanen Herr. Zum Dank versetzte er die Ziege als Zeichen des Steinbocks an den Himmel.

Auch allen anderen, die ihn auf Kreta am Leben erhalten hatten, zeigte er sich dankbar, nachdem er die Herrschaft über das All erlangt hatte. Den Bienen verlieh er eine neue goldglänzende kupferne Farbe und machte sie anders als ihre Artgenossen unempfindlich gegen Wind und Schnee, den ehernen Hund machte er auf Kreta der schönen Europa zum Geschenk, die Kureten, die Kronos zur Strafe für den Trug in Löwen verwandelt hatte, erhielten die Herrschaft in der Tierwelt, und seinen treuen Nymphen Adrastea und Amalthea gab er in Erinnerung an das abgebrochene Ziegenhorn ein Horn der Fülle, ein Horn, das ihnen unerschöpflich alles spendete, was sie zu essen oder trinken wünschten.

Kallimachos, Hymnen 1, 10–59; Hyginus, Poetische Astronomie 2, 13 und Fabeln 182; Ovid, Festkalender 5, 11–128; Apollonios Rhodios, Argonauten 3, 132–141. – Zeichnung: Amaltheia, Zeus und Pan (Relief im Lateran).

Thebe

In Ägypten wuchsen einst drei Königstöchter in verführerischer Schönheit auf. Ihr Vater Epaphos war ein Sohn des Zeus und ihre Mutter Memphis eine Tochter des Flußgottes Nil, des Vorgängers auf dem Thron. Die älteren Töchter Libye und Lysianassa verbanden sich mit dem Herrn der Meere, Poseidon, und schenkten ihm beide zwei Söhne. Thebe, die Jüngste, aber weckte mit ihrem Liebreiz die Aufmerksamkeit des Göttervaters.

Thebe schien Zeus ein Ebenbild ihrer Großmutter zu sein, der von ihm unsterblich geliebten Io aus Argos, die ihm nach qualvoller Wanderschaft schließlich auf ägyptischem Boden den Epaphos geboren hatte. Es heißt, daß Zeus – von Europa und Kallisto einmal abgesehen – keine Sterbliche inbrünstiger geliebt habe als Io. Und die war nun in Thebe in ihrer ganzen Jugendfrische wiedererstanden! Würde auch sie ein Opfer der Eifersucht Heras werden? Die Gemahlin ließ Zeus gewähren, vielleicht deswegen, weil er mit seinem eigenen Enkelkind anbandelte. Ohne seine geliebte Thebe verbergen oder gar verwandeln zu müssen, zeugte er mit ihr den Aigyptos, nach anderer Lesart den Herakles, und zwar den vierten von sieben, die diesen Namen getragen haben.

Nach Thebe wurde dann jene oberägyptische Stadt benannt, die vorher einfach „Stadt" oder „südliche Stadt" geheißen hatte. Nach und nach blühte die bis dahin unbedeutende Stadt auf und wurde sogar königlicher Regierungssitz. Zu Zeiten Homers waren der Reichtum und die Größe Thebens sprichwörtlich. Der Dichter rühmte den Reichtum in den Häusern jener Stadt der hundert Tore, die so groß seien, daß aus jedem von ihnen gleichzeitig zweihundert Männer mit Roß und Wagen zum Kampf ausrücken könnten. Dem Zeus-Ammon wurde dort ein Tempel aus Gold errichtet, und fortan wurde die schönste und dem edelsten Geschlechte angehörige Jungfrau zu dessen Priesterin geweiht.

Johannes Tzetzes, Scholia ad Lycophronem 1206; Joannes Lydus, De mensibus 4, 46; Homer, Ilias 9, 381–383; Strabon 17, 816. – Zeichnung: Thebe (auf einer Schale aus Böotien, Britisches Museum).

IO

Der innerste der 1610 entdeckten vier großen Jupitermonde hat einen Durchmesser von 3632 km und bewegt sich in 1,77 Tagen um die im Mittel 350 000 km entfernte Wolkendecke des Planeten. Die bis auf die dunkelroten Polkappen durchweg orangefarbene Oberfläche mit ihrer hohen Albedo ($4^{m}.8$) dürfte aus ausgetrockneten Schwefelsalzmeeren bestehen, die das restlos verdampfte Wasser zurückgelassen hat. Die Schwefelreservoire speisen eine Vielzahl von Vulkanen. Acht aktive Vulkane sind 1979 beim Vorbeiflug der Sonde Voyager 1 fotografiert worden; vier Monate später war beim Vorbeiflug der Sonde Voyager 2 einer von ihnen erloschen, und zwar ausgerechnet der größte, der in einer herzförmigen Zentralformation der östlichen Hemisphäre gelegene Vulkan Pele. Auch war zu erkennen, daß in der Zwischenzeit zwei weitere Vulkanausbrüche stattgefunden hatten. Überdies wurden über hundert Calderen erloschener Vulkane entdeckt, von deren Rand sich z. T. zähflüssige Lavaströme ergießen. Warme Inseln auf der sonst −138° C kalten Oberfläche sind offenbar frisch erstarrte Lavaseen. Die Vulkane lagern auf der Oberfläche Schwefelsand und Schwefelverbindungen, und dieser Erneuerungsprozeß mag erklären, warum auf Io Einschlagkrater gänzlich fehlen. Von den Vulkanen werden pro Sekunde etwa drei Millionen Tonnen Schwefel, Sauerstoff und Natrium ausgeworfen. Das Auswurfmaterial der tätigen Vulkane bildet bis zu 260 km über den Mondrand hinausragende blaue, springbrunnenartige Dome, da Io nur eine dünne 120 km hohe Atmosphäre hat. Schwefel- und Sauerstoffionen verlassen kraft des Magnetfeldes Jupiters die 700 km hohe Ionosphäre Ios und werden in den etwas gegen die Bahn von Io geneigten dunkelroten Plasmaring oder -torus gepumpt und verursachen über eine Flußröhre von Elektronen und Ionen die Polarlichter in der Jupitergashülle. Io ist auch von einer gewaltigen gelblichen Wolke ionisierter Natrium-, Schwefel- und Sauerstoffpartikel umgeben. Die Ursache des Vulkanismus auf Io, des stärksten im ganzen Sonnensystem, ist in den Bahnen der Nachbarmonde Europa und Ganymed zu suchen, die den vom Jupiter erzeugten Gezeitenwulst verlagern und das Innere von Io aufheizen und zum Schmelzen bringen. Die den Silikatmantel überlagernde Schicht aus Schwefel und Schwefeldioxid scheint 4 km dick zu sein, von der nur der äußere Kilometer wirklich fest ist. Die Dichte Ios beträgt 3,5 g/cm^3.

◀ *Io, Voyager-1-Fotomosaik vom 4. 3. 1979 aus 862 000 km Entfernung (NASA).*

Io

Es waren Söhne des Okeanos, die einst aus Quellen strömend sich einen Weg zum Meer bahnten und dann Herrscher des Landes wurden, das sie befruchtend durchflossen. Einer von ihnen, Inachos, hatte im westlichen Peloponnes ein Königreich mit der Hauptstadt Argos begründet und unter den besonderen Schutz der Hera gestellt. Seine eigene vielgeliebte Tochter Io, die ihm die Nymphe Melia geboren hatte, war unberührt in den Dienst der Göttin getreten. Die glückliche Zeit, die der Kult verhieß, sollte indes nicht lange währen. Io war eines Tage spurlos verschwunden, und auf der Suche nach ihr, landauf, landab, saß der bejahrte König schließlich ganz verzweifelt in einer tiefen Grotte und haderte mit Zeus.

Denn nach allem, was vorher geschehen war, mußte nach Meinung von Inachos der Göttervater die trostlose Lage verursacht haben. Der hatte sich nämlich in die schöne Priesterin seiner Gemahlin sehr verliebt. Er war, um die Liebe vor Hera zu verbergen, im Traum an Io herangetreten und hatte sie Nacht für Nacht aufgefordert, einmal die Stadt in südlicher Richtung zu verlassen und in den Hain von Lerna zu gehen. Io hatte den Träumen keine Beachtung schenken wollen, sie aber schließlich dem Vater erzählt, der daraufhin die beiden angesehensten Orakel durch Boten befragen ließ. Der Seherspruch Apolls in Delphi befahl dem König, die Tochter in den besagten Hain zu schicken; Blitzstrahlen würden andernfalls sein Geschlecht austilgen. So war denn Inachos auf den Orakelspruch eingegangen; hätte er es auch dann getan, wenn er gewußt hätte, daß Io aus Lerna nicht zurückkehren würde?

Als der König wieder einmal gedankenverloren auf den Spuren seiner Tochter wandelte, führte ihn der Weg zum Strand, an dem sie als Kind so oft gespielt hatte. Da fiel sein Blick auf eine ungewöhnlich weiße Kuh, die ihr gehörntes Haupt im Wasserspiegel zu betrachten schien, dann aber jäh den Kopf abwandte und das noch einmal wiederholte, so als ob sie bei ihrem Anblick erschreckte. Inachos schritt näher auf die Kuh zu, rupfte etwas Gras und reichte es ihr, um sie von vorn zu betrachten. Zärtlich leckte die Kuh die Hand des Königs, blickte ihn an, als hätte sie ihm viel zu sagen, und malte dann, da er verwundert und verständnislos blieb, ein Zeichen in den Sand. Da begriff der König, daß er seine Tochter in veränderter Gestalt vor sich hatte. Das Fell der Kuh erinnerte ihn nun schlagartig an ihre einstige zarte helle Haut. Und in ihren Augen las die Vaterliebe ein furchtbares Schicksal: Zeus hatte seine Liebe – es war in der Mittagszeit an einer Quelle bei Lerna – den Blicken Heras durch Nebelschwaden entzogen und Io überdies nach der Verführung in eine Kuh verwandelt. Hera war indessen in dem ihr geweihten Land der für die Tageszeit ungewöhnliche Nebel in dem sonnigen Umland aufgefallen, hatte Zeus dann bei der Kuh ertappt und, obwohl er jeden Verdacht an eine Liebschaft von sich wies, aus Mißtrauen die Kuh als Geschenk erbeten und dem alles sehenden Hirten Argos zur Bewachung übergeben.

Inachos war all dies eben erst klargeworden, da wurde die Kuh auch schon von dem in ein Stierfell gehüllten Allesseher mit ohrenbetäubendem Brüllen aus den Armen des Vaters gerissen und fortgetrieben. Mit hundert Augen, von denen nur abwechselnd je zwei zum Schlaf geschlossen waren, bewachte er die arme Tochter tagsüber auf verschiedenen Weiden zwischen der Küste und Mykene und nachts in einem Kerker, in dem sie am Hals angekettet ruhte! Mit lautem Wehgeschrei bejammerte der König ihr schweres Los und seine eigene Ohnmacht.

Auch Zeus konnte die Qualen seiner Geliebten nicht länger ertragen und gebot seinem Sohn Hermes, sie zu befreien. Der an Hut und Schuhen geflügelte Herold brach sogleich auf und verstand sich auf eine List. Er versteckte, ehe Argos ihn bemerken konnte, seine Ausrüstung und verkleidete sich als Hirte, nahm seine Hirtenflöte zur Hand und näherte sich, liebliche Weisen trillernd, unbekümmert dem Kuhhirten. Der zeigte sich fürwahr vom Klang bezaubert, bat den Fremden zu sich auf einen Felsvorsprung, ließ sich einiges über die Flöten erzählen und dann so lange etwas vorspielen, bis die vielen Augen vor Müdigkeit fast zufielen. Mit dem Heroldsstab schläferte Hermes Argos nun vollends ein, zog einen im Hirtengewand verborgenen Dolch hervor, erstach damit den übertölpelten Wächter und stürzte ihn vom Felsen.

Hera gönnte Io die wiedergewonnene Bewegungsfreiheit nicht; sie verwirrte ihren Sinn mit einer Bremse, die sie unermüdlich verfolgte. In wilder Jagd gen Norden und Westen gelangte Io in die südepirotische Landschaft Molossis, durchpflügte das Meer, das man später nach ihr das Ionische nannte, raste dann durch Thrakien bis nach Salmydessus, einem Ort an der Westküste des Schwarzen Meeres, und überquerte die Meerenge von Byzanz, die nunmehr den Namen Bosporos, Kuhfurt, erhielt. Entlang der südlichen Küste des Schwarzen Meeres stampfte Io bis zu den meeresnahen Hängen des Kaukasus und erreichte den Felsen, an dem seinerzeit der Titanensohn Prometheus angeschmiedet war und qualvoll dafür büßte, daß er dem Befehl des Zeus zuwider den Menschen das Feuer gebracht hatte.

Io, die drauf und dran war, sich vor lauter Verzweiflung vom Felsen zu stürzen, bat den seherischen Leidensgefährten um Auskunft, wann für sie das Ende der Schrecken kommen würde. Der Gott machte Io die Hoffnung, nach weiterer langer Irrfahrt erlöst zu werden, und gab Ratschläge, wie sie unterwegs den wilden, auf Wagen wohnenden Skythen, dem fremdenfeindlichen Schmiedevolk der Chalyber und den kriegerischen Amazonen entgehen könne, wie auch den todbringenden Gorgonen in Kisthene sowie den Greifen und den einäugigen Arimaspen am Goldstrom Pluton.

Gerade hatte Prometheus das erklären können, da peinigte die Bremse die Wiederkäuerin königlichen Geblüts von neuem so sehr, daß sie wie wild zum Meer zurückeilte und an dessen Nordküste weiterstürmte. Bei alledem vermochte sie sich aber auf dem weiteren Weg an die erteilten Ratschläge zu halten. Geschickt wich sie den Skythen aus, durchquerte auf dem Wege zur Halbinsel Krim abermals eine tiefe Furt und gab so dem Sund der Mäotis – der heutigen Straße von Kertsch – den Namen des nördlichen oder Kimmerischen Bosporos, gelangte dann auf dem Rückweg entlang des Hybristes – heute Kuban – über den Kamm des Kaukasus wieder nach Kleinasien und erreichte schließlich die Grenzen Afrikas und das Nildelta. Am Ufer des westlichsten Nilarmes, bei der Stadt Kanobos, sank Io hin und erflehte mit herzzerreißendem Brüllen vom Himmel ein Ende der Leiden. Da gab Zeus seiner schwer geprüften Geliebten durch zartes Streicheln die menschliche Gestalt zurück, und sie gebar ihm einen Sohn, der wegen der Berührung durch Zeus der Epaphos genannt wurde.

Die Irrfahrt Ios wäre nun zu Ende gewesen, wenn nicht Hera, die sich wegen der Rückverwandlung der Nebenbuhlerin von Zeus zuletzt hatte beschwichtigen lassen, durch die Geburt des Sohnes erneut erzürnt worden wäre und diesen durch die Diener der Rhea, die Kureten, hätte entführen lassen. Io war zunächst ratlos, wo sie ihren Sohn suchen sollte. Sobald ihr jedoch hinterbracht worden war, daß er an geheimem Ort von der Gemahlin des Königs der Byblier aufgezogen werde, zog sie los und irrte verzweifelt durch ganz Syrien. Als sie Epaphos endlich gefunden hatte, kehrte sie mit ihm nach Ägypten zurück, ward die Gemahlin des ägyptischen Königs Telegonos und erhielt den Namen Isis, also den gleichen Namen wie die heimische mit Kuhhörnern dargestellte Göttin.

Der alte Inachos sollte seine Tochter in menschlicher Gestalt nie wiedersehen. Und doch ist das Geschlecht der Inachiden in Argos fortgeführt worden. Ein höheres Walten in der Geschichte fügte es so. Epaphos wurde König von Ägypten. Seine Urenkel, Aigyptos und Danaos, stritten um die Herrschaft. Danaos floh mit seinen fünfzig Töchtern nach Argos, Aigyptos aber folgte dennoch mit seinen fünfzig Söhnen, um sie mit den Töchtern zu verehelichen. Danaos ging zum Schein darauf ein, befahl aber seinen Töchtern, ihre Freier in der Hochzeitsnacht zu erdolchen. Nur einer, Lynkeus, entging durch Flucht dem ihm zugedachten Schicksal. Seine Braut, Hypermnestra, hatte ihn aus Liebe gewarnt und wurde später in Argos seine Gemahlin.

Ovid, Metamorphosen 1, 567–778; Aischylos, Prometheus 557–882; Apollodoros, Bibliothek 2, 1, 3. – Zeichnung: Hermes, Argos, Io (Vasenbild).

EUROPA

Etwas kleiner als Io, 3126 km im Durchmesser, ist der eisbedeckte Mond Europa. Er ist 250 000 km weiter vom Jupiter entfernt als der vulkanische Mond und benötigt für einen Umlauf die doppelte Zeit, dreieinhalb Tage. Die Naherkundung im Jahre 1979 ergab, daß die helle, grünbraun gefleckte Eiskruste von einigen hundert dunkelbraunen Rissen überzogen ist. Es gibt sogar mehr als 3000 km lange und bis zu 50 km breite Risse. Die Dichte Europas beträgt 3 g/cm^3. Das Wasser, das den Fels im Innern Europas umgibt, macht nicht mehr als 20 Prozent seiner Gesamtmasse aus. Der flüssige Ozean wird von einer Eiskruste bedeckt, die dünn genug ist bzw. gewesen ist, um unter innerem Druck zu bersten, wohl kaum mehr als 8 km. Die Ursache der inneren vulkanischen Vorgänge, die Europa bis wenige Kilometer unter der Oberfläche warm halten, ist wie bei Io, wenn auch schwächer, die Gezeitenwirkung Jupiters. Das Fehlen von Einschlagkratern läßt die Oberfläche Europas wie die Ios geologisch jung erscheinen. Die ungewöhnlich glatte Oberfläche Europas wird offensichtlich durch warmes Wasser umgestaltet, das aus dem Innern nach außen dringt. Die dunkle Farbe an den Rändern der Risse und in dunklen Oasen sowie großflächigen Verdunkelungen des Eises wird mit dem Austreten verschmutzten Wassers erklärt. Einige Wissenschaftler führen sie auf organische Materie zurück, die sich in jenen Millionen Jahren, als Jupiter noch als eine zweite Sonne glühte, in dem offenen Ozean entwickelt und dann unter der Eisdecke weitergebildet hat. Beim Austritt aus den Spalten – so die Hypothese – verdampft das Wasser und schlägt sich als Schnee nieder; die darin enthaltene organische Materie verwandelt sich dann unter der ultravioletten Sonnenbestrahlung und dem Bombardement mit hochenergetischen Partikeln in dunkelfarbige Verbindungen.

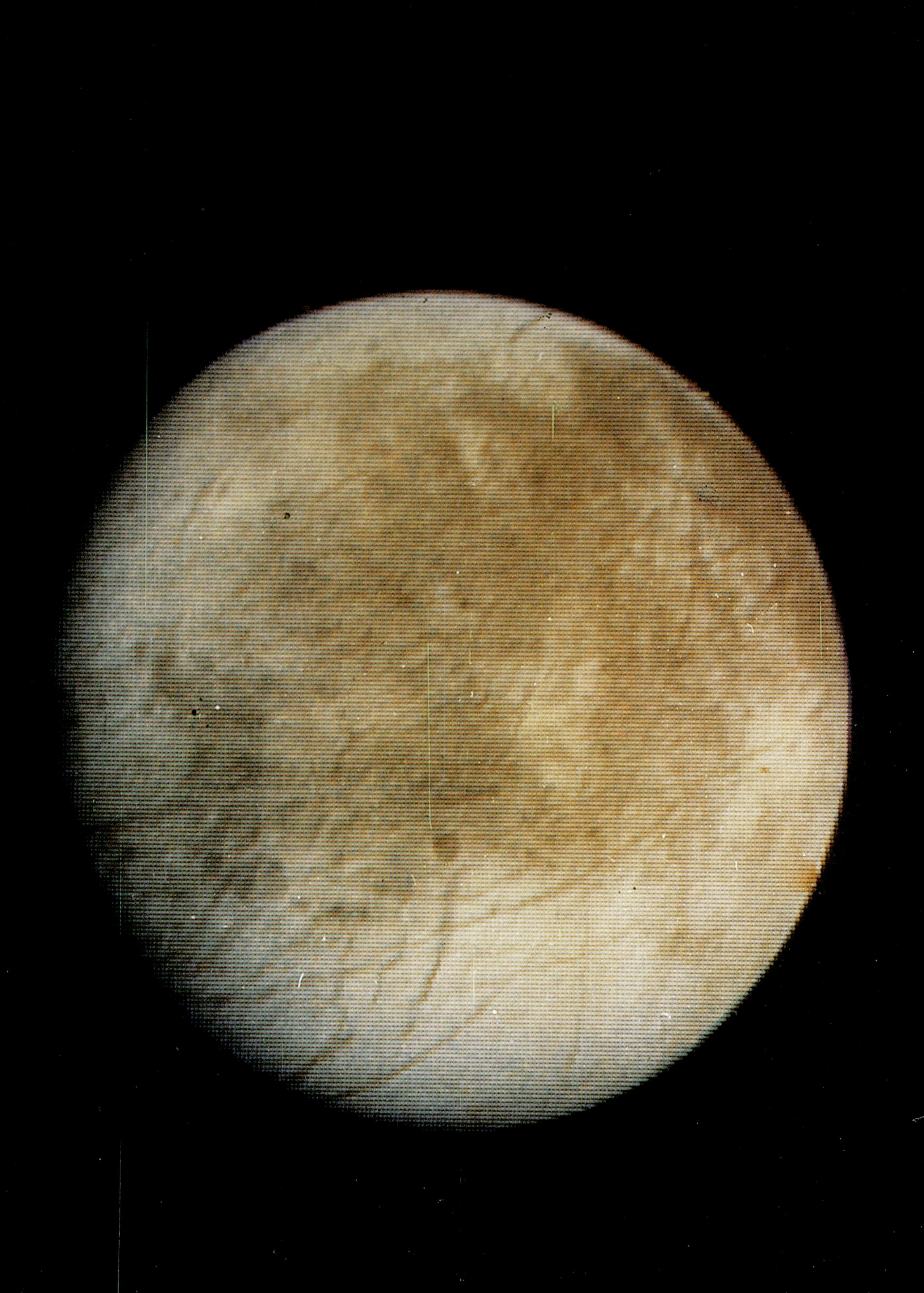

Europa – Europe

Einmal rief Zeus seinen Sohn Hermes zu sich und gebot ihm, sich in das Land von Tyrus und Sidon am östlichen Mittelmeer zu begeben. Er solle dort, trug er ihm auf, die Rinderherde des Königs Agenor von den Triften des Hochlandes zur Küste hinabtreiben. Hermes wunderte sich nicht wenig, unterließ es aber, nach dem Sinn des Unterfangens zu fragen, und begab sich gehorsam auf die sidonischen Berge. Ohne zu wissen, daß sein Vater noch schneller dorthin gelangt war und sich in Stiergestalt unter die Rinder gemischt hatte, trieb er die Herde unbemerkt in der Dunkelheit und dann am Morgen auf die ufernahen Wiesen, just dahin, wo gerade eine muntere Schar junger Mädchen tändelte und Blumen pflückte.

Unter den Jungfrauen befand sich auch die züchtige und wohlbehütete Tochter des Königs, Europa. Sie war guter Dinge, unterbrach aber jäh das Scherzen, als sie einen Stier gewahr wurde, der sich weiter in ihrer Nähe hielt, als sich die anderen Rinder bereits zu zerstreuen begannen. Wie gebannt blickte sie auf sein im Sonnenschein glänzendes weißes Fell. Sie bewunderte seine edle Gestalt, den kraftstrotzenden Nacken, die mächtigen Flanken und die halbmondförmig gebogenen und wie Kristall durchschimmernden Hörner hoch an der Stirn. Am meisten aber berührte sie die Sanftmut, die aus den Blicken des Tieres sprach. Da vergaß sie alle Vorsicht, ging ganz dicht an den Stier heran und hielt strahlend einen Strauß gepflückter Blumen an sein Maul. Der Stier fühlte sich geschmeichelt, leckte an den gereichten Blumen und bedeckte gleichzeitig die hingestreckte Hand mit Küssen. Dann sprang er keck in den hellen Sand des Strandes, trottete zurück ins ufernahe Gras und ließ sich schließlich bei der blondgelockten Königstochter nieder. Kichernd sahen die Freundinnen zu, wie Europa die Hörner mit Kränzen aus Küstenpflanzen schmückte und sich dann übermütig auf den breiten Rücken des Stieres schwang.

Im gleichen Augenblick erhob sich der Stier, täuschte seine geliebte Last zunächst durch einen langsamen, ziellosen Gang, stapfte dann aber jäh auf das Wasser zu und ver-

◀ ***Europa**, Voyager-1-Aufnahme vom 4. 3. 1979 aus 2 Millionen km Entfernung (NASA).*

schwand darin so rasch, daß Europa nicht mehr abzuspringen wagte. Noch war es ihr ja nicht bewußt, daß es der oberste Gott war, der diesen sonderbaren Weg gewählt hatte, um sie heimlich und ohne Widerstand zu erobern. Bebend vor Furcht klammerte sich die Jungfrau mit der linken Hand an ein Horn und hielt mit der rechten ihr vom Wind wie ein Segel aufgebauschtes weites Gewand am Rücken fest und blickte dabei verzweifelt zurück zur Küste. Doch ihre Hilferufe konnten die Begleiterinnen, die vor Schreck wie angewurzelt am Strand verharrten, bald schon nicht mehr vernehmen.

Poseidon ebnete seinem Bruder die zurückzulegende Strecke und sorgte dafür, daß dessen Rücken in der bewegten unendlichen Flut nie benetzt wurde. Dennoch bewegte sich der Stier gelegentlich übermütig zur Seite und genoß es, wenn Europa ängstlich die Schenkel anzog und sich noch tiefer beugte, um seinen Hals mit den geliebten Armen fester zu umschließen. Ein achäischer Seemann erschrak beim Anblick des seltsamen Gefährts so sehr, daß er die Götter anrief. Staunend aber sahen der Meergreis Nereus und seine Töchter zu, wie der Stier als Schiff dahinglitt und dabei mit den Hufen ruderte und mit dem Schwanz eine Spur im Wasser beschrieb. Staunend auch geleitete der blaugrün gelockte Triton den Stier durch die Fluten gen Westen; er stimmte jauchzend ein, wann immer der Stier vor Freude brüllte, und trällerte auf der Muschel Liebesweisen.

In der Dämmerung erreichte der Stier ohne ein Zeichen der Ermüdung mit seiner geliebten Beute die südliche Küste von Kreta. An Land ließ er sogleich die sidonische Jungfrau vom Rücken gleiten und verlor erst seine Hörner und dann unversehens sein ganzes tierisches Äußeres. Noch ehe Europa sich recht besinnen konnte, stand ein herrlicher göttergleicher junger Mann vor ihr. Er bot ihr, der Hilflosen, seinen Schutz an und führte sie bei Gortyn unter eine breitstämmige Platane, wo die Horen das Brautlager bereitet hatten. Zärtlich betastete er sie, löste unmerklich die Schulterbänder ihres Gewandes, griff wie unabsichtlich nach den knospend-straffen Brüsten und küßte den Mund mit heißer Liebesglut. Europa empfand überirdisches Glück und mochte nun wohl ahnen, mit wem sie das Liebeslager teilte – Aphrodite gab es ihr ein. Innerhalb von drei Jahren sollte sie dem Kroniden die Knaben Minos, Rhadamanthys und Sarpedon gebären.

Vermochte Europa bei alledem die Trennung von ihren Lieben daheim zu ertragen? Haben Eltern und Geschwister ihren Verlust je verschmerzen können? Europa hatte wohl anfänglich jammernd nach einem Weg gesucht, ihrem Vater eine Botschaft zu übermitteln, sich dann aber willig in ihr Schicksal gefügt. Ihre Familie ist indessen nie mehr zur Ruhe gekommen. König Agenor war verzweifelt. Er wollte den Berichten, seine Tochter sei auf einem Tierrücken im Meer verschwunden, keinen Glauben schenken. Er wähnte sie irgendwo auf dem Festland und schickte seine drei Söhne Kadmos, Phoinix und Kilix aus, sie zu suchen. Sie sollten ihm ohne ihre Schwester nicht mehr unter die Augen treten, lautete sein herber Spruch. Da machte sich auch seine Gemahlin Telephassa auf die Suche und schloß sich ihrem ältesten Sohn Kadmos an.

Diese beiden waren am unermüdlichsten. Sie irrten jahrelang durch ganz Kleinasien und ließen sich schließlich in Thrakien nieder. Nach dem Tod der Mutter entschloß sich Kadmos, in Griechenland das Orakel zu Delphi aufzusuchen. Der Spruch Apolls lautete: „Sorge dich nicht so sehr um Europa. Dir wird ein einsames Rind begegnen, das noch kein Joch getragen hat; verfolge dessen Spur bis zu dem Platz, wo es sich im Grase zur Ruhe legt. Dort gründe eine Stadt und nenne das Land Rinderland (Böotien)." Wirklich begegnete Kadmos, der seine Schritte von Delphi nach Osten lenkte, sehr bald einem schmucken freien Rind, das er bis zu dem angegebenen Punkt verfolgte. Kadmos mußte einsehen, daß er Europa nicht wiederfinden würde, daß es somit keine Rückkehr ins Vaterhaus gab, und gründete, wie ihm verheißen, die später so mächtige Stadt Theben.

Seine Brüder hatten mit ihrer Suche nach Europa desgleichen keinen Erfolg. Phoinix hatte nur in der näheren Umgebung des väterlichen Reiches gesucht und sich dann in dem später Phönikien benannten Land niedergelassen; Kilix wählte ein Land im Südosten von Kleinasien, das man dann Kilikien nannte, als Ort der Verbannung.

Unterdessen hatte Zeus dafür gesorgt, daß Europa die Gemahlin des kinderlosen kretischen Königs Asterion wurde, der die drei Söhne adoptierte und erzog. Die Mutter hat man in Kreta nach dem Tode unter ihrem Beinamen Hellotia wie eine Gottheit verehrt. Noch lange ist alljährlich ein Fest gleichen Namens gefeiert worden, bei dem ein aus Myrtenzweigen gewundener Riesenkranz mit ihren Gebeinen umhergetragen wurde. Der Erdteil, in den sie entführt worden war, hat ihren Namen erhalten.

Ovid, Metamorphosen 2,836–3,132 und Festkalender 5, 605–618; Apollodoros, Bibliothek 3,1–4; Nonnos, Dionysiaca 1,46–139 und 344–361. – Zeichnung: Europa (Mosaik aus Palästrina).

Ganymed
Voyager-2-Aufnahme
aus 8,2 Mio. km Entfernung.
(NASA)

GANYMED

Der mit einem Durchmesser von 5276 km größte Satellit des Sonnensystems bewegt sich in einer mittleren Entfernung von 1 Million km von der Wolkenoberdecke Jupiters. Für einen Umlauf benötigt Ganymed 7,15 Tage, doppelt soviel wie Europa, viermal soviel wie Io. Die Dichte von 1,9 g/cm^3 ist geringer als die Europas, zeigt also einen höheren Anteil von Eis an der Gesamtmasse an, der auf 50 Prozent geschätzt wird. Radioaktive Substanzen halten das Innere warm. Die von Kratern zernarbte Oberfläche der Eiskruste gliedert sich in scharf abgegrenzte dunkle und helle Gebiete. Die dunklen den Maria des Erdmondes ähnelnden Gebiete sind glattflächig und von hellen, streifenförmigen Gebieten in eine Unzahl großer und kleiner Inseln unterteilt. Die hellen Gebiete sind durchweg gefurcht. Durch Fließbewegung können die Furchen nicht zustande gekommen sein, da sie sich vielfach in beliebigen Winkeln kreuzen. Die Furchen, wie auch bis 50 km breite Spalten in höheren Breiten sind vielmehr deutliche Anzeichen einer Kontinentaldrift, die durch Konvektion im Innern zustande gekommen ist. Die Plattentektonik dürfte aber, wie die überlagernden Krater zeigen, vor mehr als drei Milliarden Jahren zum Stillstand gekommen sein. Die Formen der Einschlagkrater sind mannigfaltig. Da gibt es große helle runde Flecke als Überreste von alten Kratern, die im kristallinen Eis erodiert sind. Dann gibt es gut erhaltene bis 200 km große Krater mit und ohne Zentralberg, mit und ohne konzentrischem Ring. Und es gibt jüngere Krater in dunklen Gebieten mit hellem Boden und z. T. zentraler Erhebung oder helle Ringwälle mit dunklem Boden und hellen Spitzen. Während ältere Krater ihre Strahlen durch Erosion eingebüßt haben, weisen einige jüngere ausgedehnte Strahlensysteme auf.

Ganymed – Ganymedes

Als Zeus dereinst seine Blicke über das Küstenland von Asien streifen ließ, entdeckte er unweit des Flusses Skamander einen Hirtenjungen, der ihn in seiner frischen Jugendblüte begeisterte. Er hieß Ganymed und war königlichen Geblüts. Tros, der Begründer der später so mächtigen Burg Troja, war sein Vater und Kallirrhoe, die Tochter des Flußgottes Skamander, seine Mutter. Ganymed hatte zwei ältere Brüder, Ilos und Assarakos, aber keiner von beiden, ja überhaupt niemand auf der ganzen Erde war so wohlgestaltet wie er. Das Ebenmaß des Rumpfes und der Glieder dünkte Zeus unerreicht, unübertroffen selbst im Reigen der Götter.

Zeus vermochte seine Augen von dem blondlockigen, helläugigen Jüngling kaum abzuwenden, wann immer er ihn erspähte. Welch Ergötzen, wenn er lachte! Welche Anmut des Antlitzes, wenn er ruhte und vom Palast der Götter träumte! Wie herrlich das Muskelspiel, wenn er die Rinder seines Vaters trieb oder voller Leidenschaft auf der Jagd war! Ob er nun im waldigen Ida, bei Dardanos an der Meerstraße des Hellespont oder weiter nördlich bei Harpagia mit seinem Speer den Hirschen nachsetzte, immer wieder war Zeus ihm unsichtbar nahe.

Unerträglich schien dem Kroniden schließlich die Kluft, die ihn von dem Sterblichen trennte. Greifen wollte er ihn und mit ihm sprechen! So legte er sich das Federkleid seines die Blitze tragenden Adlers an und durchmaß fliegend den Äther bis an die Quellen des Skamander im Ida. In einem Wirbelsturm umfaßte er den Leib des munteren, im Laufen überraschten troischen Sprößlings und trug ihn empor. Mochten die Jagdbegleiter auch die Hände gen Himmel strecken und mochten die Hunde auch noch so sehr bellen, Zeus entführte seine Beute zuerst, auf daß sie ihm ja nicht entglitte, mit sanftem Flügelschlag und dann pfeilgeschwind über das Meer.

Ganymed befand sich, kaum daß er sich vom ersten Schreck erholt und seine Lage so recht erfaßt hatte, bereits inmitten des strahlenden Palastes der Götter auf dem Olymp. Wie in dem Traum, den er einmal hatte, stand er nun vor der an einer Tafel versammelten Götterschar. Lächelnd blickte ihn der Göttervater an und sprach: „Wohlan, Ganymed, ist unser Palast nicht prächtig? Wenn es dir hier gefällt, so darfst du gern bei uns bleiben. Zwar steht es dir frei, zu Vater und Mutter zurückzukehren, aber es wäre doch schade, wenn deine Jugend, wie alles Irdische, vergehen würde. Wenn du dich für uns entscheidest, so wirst du fortan nicht mehr altern und unsterblich sein. Du könntest hier an unserer Tafel", bot er schließlich schon etwas zudringlich an, „als Mundschenk dienen – Hebe, die Liebliche, wird dir zeigen, wie man's macht!"

Der in der Ehrfurcht vor den Göttern erzogene Troer vergaß alle Bedenken und sagte klopfenden Herzens zu. Zwar schreckten ihn dann die zum Himmel dringenden Klagerufe seines Vaters, doch ging dieser Kummer bald vorüber, da Zeus Abhilfe wußte. Er schickte nämlich seinen Boten Hermes zu Tros und ließ ihn aufklären, daß sein Sohn aus freiem Entschluß Unsterblichkeit erlangt habe und bei den Göttern bleiben werde. Als Trost für den Verlust ließ er ihm zwei unsterbliche Rosse, die edelsten und schnellsten ihrer Art, geben sowie einen von Hephaistos gewirkten goldenen Weinstock. Da vergoß der König keine Träne mehr und zeigte sich aus frohem Herzen dankbar.

Doch auch im olympischen Palast galt es, nach der Raubtat noch Frieden zu stiften. Mochten auch andere Götter den Neuling in ihrer Runde begrüßen, so sah doch Hera darin eine Demütigung für ihre Tochter Hebe, die bisher allein die Aufgabe hatte, in der hohen Runde die Pokale mit Nektar zu füllen, und wandte sich an ihren Gemahl: „Du, dieser Ganymed macht mir im Nektarrausch schöne Augen, ja, er erdreistet sich gar, meinen Pokal zu küssen, um mir seine Verliebtheit zu zeigen!" Zeus wußte aber, daß Hera nur eifersüchtig war, und versöhnte sie später dadurch, daß er die jugendfrische Hebe dem mit Unsterblichkeit belohnten Herakles zur Gemahlin gab.

Mit Herakles, der bisweilen als Mundschenk an der göttlichen Tafel einsprang, verstand sich Ganymed aufs beste. Er hatte indessen auch einen gleichaltrigen Kameraden gefunden, Aphrodites Sohn Eros, und Zeus freute es, daß die beiden bald wie ein Herz und eine Seele fühlten. Sie wohnten zusammen, tummelten sich in den blühenden Gärten des himmlischen Palastes, spielten mit Reifen oder tobten bis zur Erschöpfung im Geklüft des Olympos. Besonders gern vertrieben sie sich die Zeit beim Spiel mit goldenen Würfeln. Da allerdings hatte der Liebesgott im allgemeinen mehr Glück und genoß es geradezu, Ganymed einen Gewinn nach dem anderen abzuknüpfen, bis er mit leeren Händen dastand. Aber Ganymed war keineswegs nachtragend. Wurde er als Kampfrichter, etwa beim Wasserwurfspiel zwischen Eros und dem Knaben Hymenaios, gewählt, so war seine Freude immer dann größer, wenn er Eros den Siegeskranz reichen konnte.

Zeus gefiel es schließlich, die Unsterblichkeit des phrygischen Königssohnes vor aller Menschen Augen sichtbar zu machen, indem er ihn als Sternbild an den Himmel setzte, als Wassermann-Hydrochoos, der einen Krug in Händen hält und das scheidende Jahr mit Schnee und Regen füllt.

Ovid, Metamorphosen 10, 155–161; Nonnos, Dionysiaca 25, 429–450 und 33, 75–101; Homer, Ilias 5, 265–268 und Hymnus an Aphrodite I 201–217; Lukian, Göttergespräche 4–6; Apollonios Rhodios, Argonautica 3, 112–127; Hyginus, Fabeln 124. – Zeichnung: Ganymed (des Bildhauers Leochares, um 350 v. Chr.).

Callisto
Voyager-2-Aufnahme vom 7. 7. 1979 aus 2 318 000 km Entfernung (NASA)

CALLISTO

Die Oberfläche der vier großen Jupitermonde wird um so älter, je weiter man sich vom Jupiter entfernt. Die dichte Besetzung mit Kratern zeigt, daß Callisto eine Oberfläche aus der mehr als vier Milliarden Jahre zurückliegenden Frühzeit des Sonnensystems bewahrt hat. Callisto hat von den vier großen Jupitermonden die geringste Albedo. Als helle Flecke ragen die Krater und ihre Strahlensysteme aus dem verschmutzten Eis heraus. Die westliche, in Bewegungsrichtung weisende Hemisphäre ist durch zwei gewaltige Becken mit konzentrischen Ringen gekennzeichnet, genannt Valhalla und Asgard. Die Ringsysteme, deren größeres sich über 2600 km erstreckt, sind durch Schockwellen beim Einschlag eines Himmelskörpers entstanden und in den dicken Eispanzer eingefroren. Ähnliche Becken sind auch auf dem Merkur und Erdmond bekannt, doch kein anderes hat so viele konzentrische Ringe wie Valhalla mit seinen insgesamt fünfzehn. Callisto hat ziemlich genau die Größe des Planeten Merkur, aber eine wesentlich geringe Dichte. Sie beträgt 5,44 g/cm^3 für den Merkur, aber nur 1,8 g/cm^3 für Callisto. Der Trabant, dessen Oberflächentemperatur −150°C beträgt, muß also vorwiegend aus Eis bestehen. In 16 Tagen und 16 Stunden legt er die im Mittel 1 880 000 km vom Planetenzentrum entfernte Bahn zurück.

Callisto – Kallisto

Einmal hatte sich Zeus in eine Gefährtin seiner Tochter Artemis verliebt, eine aus jener Schar, die der edelsten Beschäftigung der Freien nachging, der Jagd. Göttin und Gefährtinnen, die man an dem ärmellangen Rock, dem um die Hüfte gebundenen Tierfell und der Ausrüstung mit Pfeil und Bogen zu erkennen pflegte, streiften mit ihren Jagdhunden durch die Gebirgstäler des Erymanthus und Taygetos sowie andere Waldgebiete des Peloponnes, um Ebern, Hirschen und Bären nachzustellen. Artemis war als Herrin aller Tiere, als deren Jägerin und Beschützerin zugleich, weit über die Grenzen ihrer engeren Heimat hinaus bekannt; die Römer verehrten sie unter dem Namen Diana. Sie war wie ihr Bruder Apoll hochgewachsen und von immerwährender jugendlicher Anmut. Die Liebesgöttin war der jungfräulichen Jagdgöttin freilich verhaßt. Und die als Begleiterinnen ausgewählten Nymphen hatten alle ein strenges Keuschheitsgelübde abgelegt.

So auch jene von Zeus begehrte Lieblingsgefährtin der Artemis, Kallisto, die Tochter des arkadischen Königs Lykaon. Schön, wie sie war, bedeutete das Gelübde für sie eine besondere Prüfung, doch wurden alle Bewerber tapfer abgewiesen, auch der Göttervater. Da verfiel Zeus auf eine arge List. In der Gestalt der Artemis überraschte er Kallisto, als sie sich gerade einmal ganz allein in einer Waldlichtung des Mänalos, einem Gebirge Arkadiens, zur Ruhe gelegt hatte. Froh erhob sie sich aus dem Gras und wurde stürmisch geküßt, wie sie es so gar nicht von ihrer Herrin gewohnt war. Verblüfft und ahnungslos begann Kallisto ihre Jagderlebnisse zu erzählen. Als sie ihre Lage endlich begriff, da war es zu spät, sich aus der Umarmung zu lösen; kraftvoll brach Zeus ihren Widerstand.

Sobald ihre Herrin zurückkehrte, suchte Kallisto zunächst zu fliehen, erkannte aber an den Begleiterinnen, daß es diesmal nicht Zeus sein konnte, und ging schuldbewußt errötend auf sie zu. Es schien alles gutzugehen. Artemis schöpfte keinen Verdacht, da sie als Jungfrau die Zeichen nicht verstand, durch die sich Kallisto fortwährend verriet. Fast neun Monate später geschah es aber, daß die Göttin nach einer wilden Jagd im Mänalos an einer versteckten Quelle unter hohen Eichen die Gefährtinnen aufforderte, ein erfrischendes Bad zu nehmen. Kallisto, die durch ihr Zögern, sich zu entkleiden, erst recht die Aufmerksamkeit auf sich lenkte, konnte die Veränderung ihres Leibes nicht mehr verheimlichen.

Bebend vor Zorn verbot ihr die Göttin zu baden, damit das Quellwasser nicht entweiht würde, und verstieß sie aus ihrer Schar.

Aber es sollte für die Unglückliche noch schlimmer kommen. Kaum hatte sie einem Sohn, den sie Arkas nannte, das Leben geschenkt, wurde Hera auf die ihr neuerlich zugefügte Schmach aufmerksam. Finsteren Blickes ging die Eifersüchtige auf die junge Mutter zu, packte sie vorn an der Stirn bei den Haaren, zerrte sie auf den Boden und ließ ihr ein Bärenfell wachsen. Da zog nun die arme, sich an alles erinnernde, aber stumme Bärin stöhnend und ruhelos durch Feld, Wald und Flur, immer gejagt und immer in Angst vor anderen wilden Tieren.

Manche wollen es anders wissen und erzählen, nicht Hera, sondern Artemis oder Zeus selbst habe Kallisto in eine Bärin verwandelt. Auch über die Jugend des Arkas, des Stammvaters der Menschen in Arkadien, gehen die Meinungen auseinander. Entweder soll er in der Obhut der Mutter des Hermes, Maia, aufgewachsen sein, oder er soll ausgesetzt, von Hirten gefunden und seinem Großvater Lykaon überbracht worden sein. Der aber habe ihn anläßlich eines Besuches von Zeus geschlachtet und Stücke des Fleisches der Speise beigemengt, um die Allwissenheit des Göttervaters zu prüfen. Zeus habe den Frevel erkannt, den König in einen Wolf verwandelt, dem Jungen aber seine Gestalt zurückgegeben.

Einig ist man sich darin, daß Arkas im Alter von fünfzehn Jahren, als er bereits ein tüchtiger Jäger war, nichtsahnend seiner Mutter in einem Wald im Erymanthusgebirge im Nordwesten von Arkadien begegnete. Schon setzte er die Lanze zum tödlichen Wurf auf die vermeintlich wilde Bärin an, die beim Anblick von ihrem eigenen Fleisch und Blut alle Vorsicht außer acht gelassen hatte. Da griff Zeus im letzten Augenblick ein und versetzte beide als die Sternbilder Ursa maior und Bootes an den Himmel. Hera aber holte eilig noch zu einem letzten Schlag gegen die Nebenbuhlerin aus. Sie überredete Tethys, die Gemahlin des Okeanos, die Bärin niemals in dem weltumspannenden Ozean baden zu lassen. Noch heute kann man in Europa das Sternbild zu keiner Zeit hinter der Kimm versinken sehen, im Gegensatz etwa zum Planeten Jupiter, dessen zweitgrößter Mond jetzt Callisto heißt.

Ovid, Metamorphosen 2, 409–530 und Festkalender 2, 153–192; Hesiod, Fragment 181; C. Robert, Erathostenis Catasterismorum reliquiae, 1882. – Zeichnung: Eros, Zeus als Artemis, Kallisto (Relief von einem Silbergefäß).

DIE ÄUSSEREN JUPITERMONDE

Jenseits von Callisto bewegen sich zwei Gruppen von Trabanten um den Jupiter, von dem sie so weit entfernt sind, daß ihre exzentrischen Bahnen zuweilen stark von der Sonne gestört werden. Die vier Mitglieder der ersten Gruppe, Leda, Himalia, Lysithea und Elara, bewegen sich in durchschnittlich elf bis zwölf Millionen km Entfernung in einer um etwa 25° bis 29° gegen den Jupiteräquator geneigten Bahn. Die vier Mitglieder der zweiten Gruppe, Ananke, Carme, Pasiphae und Sinope, rotieren in durchschnittlich 21 bis 24 Millionen km Entfernung in einer um 145° bis 165° gegen den Jupiteräquator geneigten Bahn, und zwar rückläufig. Himalia dürfte etwa die Größe Amaltheas haben, Elara deren halbe Größe; alle übrigen Monde werden kaum größer als der Marsmond Deimos sein. Der zuletzt – 1974 – entdeckte Mond Leda dürfte sogar noch erheblich kleiner als dieser sein, ebenso ein 1975 fotografierter Brudermond, dessen Bahn noch nicht bestimmt werden konnte. Wegen ihrer geringen Helligkeit sind alle diese Trabanten nur auf fotografischen Platten aufgefunden worden, die mit großen Teleskopen lang belichtet worden sind. So wenig auch sonst über die äußeren Trabanten bekannt ist, wird man doch sagen können, daß es sich um zwei Gruppen eingefangener kartoffelförmiger Asteroiden handelt, deren Längsachsen sich in Analogie zu anderen Trabanten dieser Größenordnung auf den Jupiter eingependelt haben.

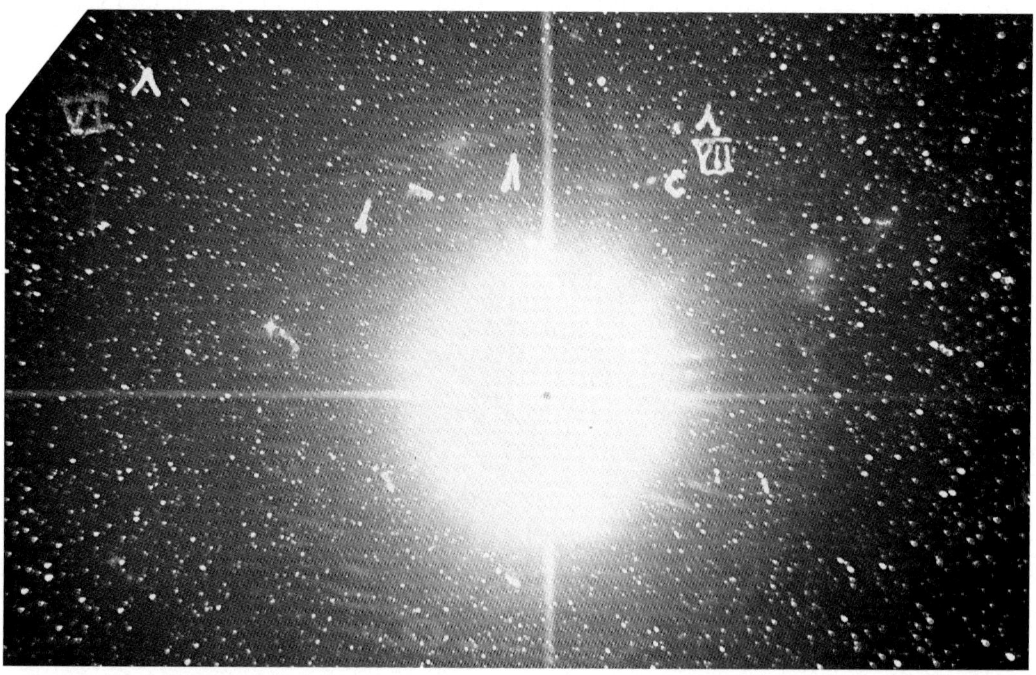

Jupitermonde VI (Himalia) und VII (Elara)

nach der Beobachtung von Max Wolf am Waltz-Reflektor der Landessternwarte Heidelberg-Königstuhl am 23. 12. 1906. Belichtungszeit 90 Minuten; der Nachführungsstern ist ν Cas. Die Spuren der Monde sind von Wolf selbst markiert worden.

(Archiv der Landessternwarte Heidelberg-Königstuhl)

Leda

Die sommerliche Mittagssonne glühte. Leda, die junge Gemahlin des lakedaimonischen Herrschers Tyndareos, erging sich am Fluß Eurotas unweit der Stadt Sparta und suchte den Schatten der Bäume. Die Ruhe tat ihr gut. Ihr sehr beschäftigter Gemahl war kürzlich erst frisch vermählt mit ihr zusammen aus ihrer Heimat Ätolien in dieses Land gekommen, um nach jahrelanger Verbannung seinen Thron wieder zu besteigen.

Die Sehnsüchte einer langen Zeit hatten sich für sie, die Königstochter, erfüllt. Denn schon seit dem Tage, als der von seinem machthungrigen Bruder Hippokoon in die Flucht gejagte Herrscher Tyndareos bei ihrem Vater in Thermodon am Trichonis-See Zuflucht gefunden hatte, fühlte sie sich mit ihm, wie durch ein unsichtbares Band geknüpft, verbunden. Aber wie hätte es Tyndareos in seiner unglücklichen Lage wagen können, den König Thestios um die Hand seiner Tochter zu bitten? Gewiß, er war ein tapferer Krieger und hatte seinem Gastgeber im Kampf gegen feindliche Nachbarvölker unschätzbare Hilfe geleistet. Leda zu freien hatte er sich jedoch erst dann getraut, als er auf Spartas Thron zurückgerufen wurde. Dazu war es gekommen, weil sein verräterischer Bruder es mit dem Recken Herakles aufgenommen hatte und das mitsamt seinen Söhnen mit dem Tode hatte büßen müssen.

In all ihrem Glück war sich Leda keiner Gefahr bewußt. Sie glaubte sich unbeobachtet und entkleidete sich, um ein kühlendes Bad zu nehmen. Da aber warf der Göttervater ein Auge auf die schöne Ätiolierin, die noch kein Kind erwartete. Hoch oben im Olymp hatte er sie im Blickfeld und sprach zu Aphrodite: „Paß auf, ich werde jetzt die Gestalt eines Schwanes annehmen und zu Leda fliegen. Soll sie weiter unter deinem Schutz stehen, so mußt du schneller sein als ich. Bin ich aber zuerst bei ihr, so gehört sie mir!“ Und schon breitete Zeus seine großen weißen Schwingen aus und flog davon. Aphrodite überlegte einige Zeit, wie sie die Wette gewinnen könne, und verfolgte dann den Schwan in Adlergestalt. Vergeblich, der Schwan hatte sein Ziel zuerst erreicht. Erbost zog der Adler eine Runde über dem Geschehen und flog vondannen.

Leda war gerade aus dem Fluß gestiegen, als sie den wie wild heranflatternden Schwan gewahrte. Nichts Gutes ahnend griff sie eilig nach dem auf einem Stein abgelegten Gewand und flüchtete, so schnell sie ihre Beine trugen, am Fluß entlang. Im Laufen vernahm sie indessen die Stimme der Liebe. Und als sie sich neugierig umblickte, gelang es dem gefiederten Gott, seinen Leib an ihre Brust zu pressen und seine Schwingen auf ihre Arme zu legen. Verzweifelt suchte Leda mit der Linken das Gewand vor ihren Schoß zu halten und mit der Rechten den Hals des Schwanes abzuwehren. ‚Ha‘, dachte Zeus, ‚du wirst mir deinen kostbaren Leib nicht entziehen wie unlängst Nemesis, Göttin der Nacht, die ich als Schwan über das Meer und das Land verfolgte und die sich mir, als sie nicht mehr entkommen konnte, nur in der Gestalt einer Gans hingab!'

Und er setzte seine Füße auf ihre Oberschenkel, umfaßte mit seinen mächtigen Flügeln noch fester die liebliche Gestalt, krümmte seinen Hals und suchte mit dem Schnabel die Lippen ihres vornübergebeugten Kopfes zu erreichen. Was half es Leda, daß sie, nachdem ihr das Gewand aus der Hand geglitten war, halb niedergesunken ihre Knie fest zusammenpreßte! Ihr schauderte, doch in ihren Armen fühlte sie nach und nach die Kraft des Widerstandes schwinden, war es doch überwältigend schön, was ihr geschah. Wollust durchzuckte ihren Körper, und unwillkürlich begann Leda mit der einen Hand den Schwan an sich zu ziehen und mit der anderen sein Brustgefieder zu streicheln. ‚Wie er mir so zutraulich zuschnäbelt' – dachte Leda – ‚benimmt er sich nicht in allem wie ein Mensch, ein ganz lieber Mensch?' Dann schwanden ihr die Sinne, und als sie in einem beseligenden Gefühl die Augen wieder aufschlug, fand sie sich allein am Flußufer liegen.

Leda hatte sich noch am gleichen Tag auch mit ihrem Gatten in Liebe verbunden. Doch als der Tag der Geburt nahte, schämte sich Leda und begab sich auf die kleine Felseninsel Pephnos an der Küste des Messenischen Golfs. Sie schenkte dort vier Kindern auf einmal das Leben; von Zeus gebar sie Polydeukes und Helena, von Tyndareos Kastor und Klytaimnestra. Ganz genau weiß man es nicht. So erzählen denn einige, Leda habe zunächst einmal zwei Eier geboren, bebrütet, und dann seien aus dem einen die beiden Töchter hervorgegangen und aus dem anderen die Dioskuren Kastor und Polydeukes. Andere wieder meinen, das Ei, aus dem Helena hervorgegangen sei, habe Leda gar nicht selbst geboren. Dies womöglich von Nemesis stammende oder gar vom Mond gefallene große schneeweiße Ei habe ein Hirte auf einer sumpfigen Wiese gefunden und Leda überbracht. Hocherfreut über den Fund habe sie das Ei in einem Kasten aufbewahrt. Die dem Ei schließlich entschlüpfte Helena habe sie wie eine eigene Tochter erzogen.

Im Heiligtum der Leukippe in Sparta hat man später in Binden eingehüllt das von Leda geborene Ei an die Decke gehängt. Auf der Insel Pephnos aber hatte man in Erinnerung an die Geburt der Dioskuren zwei ein Fuß hohe Bronzestatuen frei aufgestellt, die bei Sturm vom Meer umspült wurden. Die Dioskuren seien, so sagt man, nach der Geburt von Hermes in kühnem Flug über das Taygetosgebirge hinweg an den Fluß Eurotas gebracht worden.

Aus den Dioskurenkindern sind kräftige Rossebändiger, Faustkämpfer und Argoschiffer geworden. Polydeukes, der als Sohn von Zeus allein unsterblich war, hat von Zeus den Wunsch erfüllt bekommen, mit seinem sterblichen Bruder zusammenbleiben zu dürfen, indem er mit ihm abwechselnd je einen Tag im Olymp und einen Tag in der Unterwelt zubrachte. Das tragische Schicksal Klytaimnestras als Gattin und Witwe des vor Troja kämpfenden Königs Agamemnon ist ebenso bekannt wie die Schönheit Helenas, die ein ganzes Heer von Freiern herbeizog und den männermordenden Trojanischen Krieg entfesselte. Damals, als alle Welt die Schönheit Helenas pries, wurde es still um ihre Mutter. Sie ist einsam gestorben; Odysseus hat sie nach ihrem Tode noch einmal gesehen, als Geist im Schattenland des Hades.

Apollodoros, Bibliothek 3, 10, 5–7; Euripides, Helena 17–21; Pausanias 1, 33, 7 und 3, 16, 1 und 3, 26, 2; Homer, Odyssee 4, 184 und 11, 298–300. – Zeichnung: Leda (griechisches Marmorrelief im Museum Madrid).

Himalia

Eine weitere Geschichte von Zeus als Liebhaber soll sich im Südwesten von Kleinasien auf Rhodos zugetragen haben, und zwar zu einer Zeit, als die Küsten dieser Insel noch von den Telchinen besiedelt wurden, göttlichen, aus dem Meer stammenden Wesen, denen an Stelle der Hände und Füße Schwimmhäute gewachsen waren. Sie standen im Ruf, kunstfertige Schmiede zu sein und über zauberische Kräfte zu verfügen. Poseidon, dem ihnen zur Erziehung anvertrauten Sohn Rheas, hatten sie zum Abschied einen Dreizack geschenkt. Das sollte der Insel nicht zum Vorteil gereichen. Fortan hatte sie unter Erdstößen zu leiden, die der mächtige Herr der Meere mit dem Dreizack erzeugte. Den Beben war selbst der Koloß nicht gewachsen, jenes gewaltige Standbild, das spätere Bewohner einmal dem Helios an der Einfahrt zum Hafen der Hauptstadt errichten sollten!

Andererseits wurde von den Telchinen viel Nützliches bewirkt. Sie erfanden Mühlen zur Getreideverarbeitung und sorgten zugleich für gute Ernten, indem sie für lange Zeit ein regenreiches, mildes Klima schufen. Das blühende Eiland erregte die Aufmerksamkeit von Zeus, der gerade zusammen mit Poseidon und seinen anderen Brüdern die Titanen niedergeworfen hatte, nicht jedoch die Giganten, ein wildes Geschlecht erdgeborener Riesen, das sich gegen ihn aufzulehnen drohte. Argwöhnisch beobachtete Zeus, wie die Giganten, vom Norden der Ägäis kommend, im Osten von Rhodos zu hausen begannen. Wie sehr bewunderte er hingegen die fleißigen Küstenbewohner! Er verliebte sich in eine der telchinischen Nymphen, die schöne Müllerin Himalia.

Er erschien ihr, der Scheuen, oft im Traum und merkte, daß er auf anderer Ebene ihre Gegenliebe niemals finden würde. Aber er fand einen Weg zu ihr, der es ihm zugleich ermöglichte, die Liebschaft vor seiner Gemahlin Hera zu verbergen.

Die schöne Müllerin war – das wußte Zeus – nur eine halbherzige Erdbewohnerin, so emsig sie auch den Hebel des Mahlsteines schob. Sehnsüchtig blickte sie während der Arbeit immer wieder hinaus aufs Meer, dessen Rauschen sie noch eben vernehmen konnte. Einmal ward sie vom Anblick der sinkenden Sonne bezaubert, deren Strahlen die weite Dunstschicht über dem Meer in ein violettes Blau tauchten. Verträumt trat Himalia aus ihrer Mühle. Da streifte wie von ungefähr ein kühler Wind über die Oliven-, Kiefern- und Wacholderwipfel ringsum und über die verdorrten Gräser zu ihren Füßen. Dunkel aufziehendes Gewölk weckte in ihr den Wunsch, sich an dem erfrischenden Naß eines Regens auf ihrer Haut zu laben. Sie legte ihr Gewand ab, und es prasselte ein erquickender Guß auf sie nieder, in dessen Gestalt Zeus ihr beiwohnte. Er zeugte mit ihr drei Söhne, Spartaios, den Säer, Kronios, den Reifer, und Kytos, den Einspeicherer.

Es folgten blutige Kämpfe und – weil Zeus siegte – eine Zeit ohne Giganten. Später gingen auch die Telchinen fort und überließen die Insel den Sterblichen. Durch ihre Sprößlinge lebte Himalia in der Erinnerung der neuen Bewohner als Göttin des Erntesegens weiter. Nach ihr benannten sie ihren Erntemonat; von ihr erflehten sie jedes Jahr erneut einen reichen Mehlertrag.

Diodorus Siculus, Geschichtsbibliothek 5, 55; Clemens Romanus, Homiliae 5, 13; Moritz Wilh. Heffter, Die Götterdienste auf Rhodus im Alterthum, 1827–33. — Zeichnung: Müllerin (Schale aus Theben, etwa 3. Jhd. v. Chr., im Louvre).

Lysithea

Im Westen wie im Osten Griechenlands geht die Sage von einer Königstochter Lysithea, die dem Göttervater einen Sohn geschenkt hat. Die eine Lysithea lebte in Ätolien. Der Ruf ihrer eigenen Schönheit und vor allem auch der ihrer Schwester Marpessa war weit über die Grenzen des Landes hinausgedrungen. Aber ihr Vater, ein grausamer Herrscher, der Euenos hieß und ein Sohn des Ares war, schirmte beide von allen Jungmännern ab und schmückte mit den abgeschlagenen Köpfen der im Wettkampf besiegten Freier seine Palastmauer. Dann gelang es eines Tages einem messenischen Prinzen, Marpessa zu rauben und außer Landes zu bringen. Dort aber suchte Apoll ihm die Braut zu entreißen. Zeus schlichtete den Streit, indem er Marpessa die Wahl ließ, und die entschied sich für den Sterblichen, um seiner Liebe auch im Alter gewiß sein zu können. Wie recht sie handelte, zeigte das Schicksal ihrer Schwester. Denn Lysithea wurde von Zeus geraubt, erlebte mit ihm eine hohe Zeit der Liebe, wurde aber, als sie ihm den Sohn Helenos geboren hatte, allein gelassen. Dann verlor sich ihre Spur.

Die andere von Zeus geliebte Lysithea hieß eigentlich Semele und war die Tochter des Gründers von Theben, Kadmos, eines Bruders der Europa, und seiner Gemahlin Harmonia. Daß Semele zu jenem Beinamen gekommen ist, hat folgende Bewandtnis.

Als Semele im sechsten Monat ihrer Schwangerschaft war, konnte ihr Liebesverhältnis zu Zeus vor Hera nicht länger verheimlicht werden. Hera suchte unauffällig ein Gespräch mit ihr, deutete ihr an, daß ihr Liebhaber offenbar ein sehr schönes Geheimnis vor ihr verberge, und riet ihr, ihn doch zu bitten, sich einmal in seiner wahren Gestalt zu zeigen. Semeles Neugier war geweckt, und wirklich wandte sie sich in der nächsten Nacht bittend an Zeus: „Wirst du mir einen Wunsch erfüllen?" Der nickte mit einem fragenden Blick, aber Semele fühlte sich noch unsicher und bohrte weiter: „Du würdest es wirklich tun?" „Aber gewiß", versicherte Zeus nun feierlich, „ich kann und werde dir jeden Wunsch sofort erfüllen!" Ohne Zögern schoß es aus ihr heraus: „Hab kein Geheimnis vor mir und zeige dich bitte einmal in deiner wahren Gestalt!"

Da füllte sich das Liebesgemach mit einem für Sterbliche kaum erträglichen Glanz. Für einen Augenblick nur schaute Semele den an sein Wort gebundenen Gott hoch auf einem Wagen, dann ward sie unter Donnergetöse von einem Blitzstrahl aus seiner Hand getroffen und stand in Flammen. Zeus entriß ihrem brennenden Leib die unreife männliche Frucht und ließ sie sich von dem eilig herbeigerufenen Hermes in seine Lende einnähen. Der Knabe, der durch die Feuertaufe bereits Unsterblichkeit erlangt hatte, kam dann bei guter Gesundheit zur Welt und erhielt den Namen Dionysos, d. h. „der zweimal Geborene".

Später gab sich Dionysos den Thebanern und den anderen Griechen als Gott zu erkennen und ließ sich alljährlich mit einem tosenden Fest als Bakcheios, als Herr des Weines feiern und in einem Tempel der Stadt auch als der milde Lysios, d. h. der Lösende, verehren, der den kriegsgefangenen Landsleuten die Freiheit zurückgab. Und da lag es nahe, daß man seine Mutter an ihrem heiligen Grab in Theben unter einem angeglichenen Namen verehrte und anrief, dem Namen Lysithea! Aber das war nicht ihr Name unter den Göttern. Dionysos hatte sie nämlich später aus dem Hades zurückgeholt, zur Göttin erhoben und ihr im Olymp den Namen Thyone gegeben.

Iulius Firmicus ed. Bursian p. 52 (Clemens Romanus, Recognitiones 10, 21); Joannes Lydus, De mensibus 4, 38; Apollodoros, Bibliothek 1, 7, 8–9 und 3, 4, 2–3 und 3, 5, 2–3; Pausanias 9, 16, 6. – Zeichnung: Satyr, Apoll, Dionysos und Semele-Lysithea-Thyone im Olymp (Etruskischer Spiegel um 350 v. Chr., Berlin, Pergamonmuseum).

Elara

In Euböa, der langgestreckten Insel im Osten Griechenlands, genoß Elara hohe Verehrung. Die durch göttliches Eingreifen geschriebenen Schicksale der in jugendlicher Blüte aus dem Leben gerissenen Frau und ihres in jungen Jahren getöteten Sohnes hatten sich tief in das Bewußtsein der Bewohner eingeprägt. Ihre Geschichte schmerzte wie die Erinnerung an eine in ferner Vergangenheit liegende unglückliche Liebe.

Dabei begann das Leben Elaras durchaus heiter. Als Tochter des böotischen Herrschers Orchomenos und seiner Gemahlin Hermippe lebte sie mit ihren Geschwistern auf einer Burg in der von ihrem Vater gegründeten und nach ihm benannten Stadt. Die Prinzessin freute sich des Lebens in dieser schönen auf einem Berghang angelegten Stadt, von der aus der vorgelagerte endlose Kopais-See weit und breit zu überschauen war. Künstler haben das Erscheinungsbild der jungen Frau festgehalten: die schlanke, hehre Gestalt mit dem langen faltigen Gewand, das ernste, wohlgeformte Gesicht, das lang und offen getragene schwarze Haar, das gelegentlich von einer Haube bedeckt, immer aber mit einem hellen Band umkränzt war.

Zeus verliebte sich in Elara und ließ sich auf der Burg und draußen am See wie ein Oheim an ihrer Seite sehen. Als sie schwanger war, fürchtete er jedoch die Eifersucht Heras und bat: „Liebste, ich freue mich ja so auf unser Kind, habe aber die große Sorge, daß meine Frau die Geburt verhindern wird. Sie wird es bestimmt tun, weiß ich doch, daß sie Leto, die ich vor dir kannte, überall von der Schlange Python verfolgen ließ, um die Niederkunft zu verhindern. Erst auf der früher noch schwimmenden Insel Delos fand sie einen ruhigen Platz und gebar dort Artemis und Apoll, zwei Kinder, auf die ich mächtig stolz bin. Delos aber ist jetzt eine fest im Meer verankerte Insel. Für dich gibt es nun nur noch einen sicheren Ort, und der liegt unter der Erde!" „Um unserer Liebe und unseres Kindes willen will ich dir folgen!" gab Elara zurück und ließ sich von Zeus über die Meerenge des Euripos nach Euböa führen und dort in einer Höhle verbergen.

Gar schwer fiel es Elara, sich an die dunkle Abgeschiedenheit fern der Heimat zu gewöhnen. Ihr Trost bestand nur in der Hoffnung auf Erlösung. Aber Elara sollte das Tageslicht nie mehr erblicken. Denn im Erdinnern wirkten unsichtbare Kräfte und ließen das Kind in ihrem Leibe zu einer solchen Größe heranwachsen, daß Elara noch vor den Wehen zu bersten glaubte. Ängstlich-verlegen verweigerte Zeus göttliche Hilfe, und so verblutete Elara bei der Geburt ihres Sohnes, der den Namen Tityos erhielt.

Das Aussehen des Erstgeborenen wurde zusehends grimmiger; schon im Jugendalter war er, der jedermann an Größe weit übertraf, fast am ganzen Leib behaart. Seinen Mitmenschen gegenüber muß er jedoch ein Helfer und Beschützer gewesen sein – wie anders wäre es sonst zu verstehen, daß man ihn noch jahrhundertelang nach seinem Tode verehrte? Hera, der nichts verborgen bleiben konnte, empfand wohl anfangs Schadenfreude wegen der Mißgeburt, hatte dann aber den Einfall, sich des Riesen für ihre Rachepläne zu bedienen. Sie lenkte seine Schritte über den Euripos zurück zur Geburtsstadt seiner Mutter, Orchomenos, und dann weiter westlich bis nach Panopeus, dem an den Ausläufern des Parnaß auf halbem Wege nach Delphi gelegenen Ort.

In den wonnigen Gefilden der Umgebung traf er Leto, die Mutter zweier seiner Halbgeschwister, in heiliger Andacht versunken vor. Ihr Anblick verwirrte seine Sinne; zitternd vor brennendem Verlangen nach der Umarmung vergriff er sich an ihrem heiligen Gewand. Entsetzt schrie Leto nach ihren Kindern, der schnellen Artemis und dem gewandten Apoll, die kürzlich erst die Riesenschlange Python erlegt hatten. Eine innere Stimme – es war die Elaras – mahnte Tityos innezuhalten und zu fliehen. Doch es war schon zu spät! In einem Hohlweg brachten die herbeigeeilten Geschwister den lüsternen Unhold mit ihren Pfeilen zur Strecke. Tityos wand sich vor Schmerzen. Da gab Zeus dem zum Frevler an seiner Geliebten gewordenen Sohn mit einem Blitz den Todesstoß.

Weh dem, der sein Leben so endet! Im Hades wurde Tityos mit ausgestreckten Armen und Beinen an den Boden genagelt. Und seine Leber, der Sitz seines leidenschaftlichen Begehrens, ward immerwährendem Schmerze preisgegeben. Zwei Geier bissen allmonatlich kurz nach dem Ausheilen in sie hinein.

In Euböa aber errichteten die Lebenden dem so sehr Leidenden zu dauerndem Gedenken einen Heldentempel und sammelten sich in schaudernder Ehrfurcht vor dem Elarion, wie sie fortan die Höhle nannten, in der die unglückliche Elara bei der Geburt ihres göttlichen Kindes starb.

Pherekydes, in: Scholia in Apollonium Rhodium Vetera 760–762a; Apollodoros, Bibliothek 1, 4, 1.; Hyginus, Fabeln 55; Strabo, Geographica 9, 423. – Abbildung: Elara mit Tityos auf der Flucht vor Apoll (Amphora in Paris, Bibliothèque nationale).

Ananke

Älter als Zeus, aber Tochter desselben Vaters Kronos, ist die Notwendigkeit, der bei Griechen und Römern unter dem Namen Ananke bzw. Necessitas göttliche Verehrung zuteil geworden ist. Man hat ihr Heiligtümer gebaut, wie etwa beim Aufgang zur Burg von Korinth, sich aber nach der Fertigstellung nicht mehr getraut, sie zu betreten und sich dem Altar zu nahen. Denn diese unerbittliche Göttin durchschaut einen jeden bis auf den Grund seines Wesens und läßt sich durch Opfer nicht besänftigen. Und jeder, der einmal die Göttin Fortuna glücklich auf seiner Seite gewußt hat, soll immer auch die Nähe jener anderen erfahren haben, die da schicksalbesiegelnde Nägel und die Zeichen des Strafgerichts bereithält, Haken, Keile und siedendes Blei.

Mit keiner List oder Gewalt, mit keinem orphischen Spruch oder Heilmittel des Asklepios kann, so heißt es, je ein Sterblicher, der sich eines Verbrechens oder auch nur kleinen Vergehens schuldig gemacht hat, ihrem Strafgericht entgehen.

Ihre Macht reicht so weit, die Geschicke der ganzen Welt zu lenken. Auf ihren Knien hält die Gestrenge eine ungeheure Spindel, um die sich die Welt dreht. Spindelschaft und Spindelhaken sind aus reinem Diamant, und Diamanten verleihen auch dem Wirtelring seine Härte, der aus acht bunten, röhrenförmig ineinandergefügten Teilen besteht. Die einzelnen Teile bewegen sich mit unterschiedlicher Geschwindigkeit, und auf der Spitze eines jeden kreist eine Sirene mit, deren Schreie in einem harmonischen Ton zusammenklingen. Ananke zur Seite thronen die drei Moiren, die schicksalhaft die Spindel drehen und dazu singen, Lachesis, das Vergangene, Klotho, das Gegenwärtige und Atropos, das Zukünftige.

Seit der Zeit der Titanenkämpfe arbeiten der richtende Göttervater und sie, die Vollstreckerin, mit gegenseitiger Hochachtung aufs engste zusammen. Alles, was Zeus beschließt, führt er mit ihr gemeinsam aus. Und er bewundert sie, die sich keinem anderen Gott jemals anders denn als kühle Herrin gezeigt hat. Ernst ist ihr Blick, streng zurückgekämmt ihr langes schwarzes Haar, eng anliegend ihr kurzes helles Gewand. Mit ihrer herben Schönheit, die nur wenige Künstler darzustellen wagten, hat sie Zeus bezaubert. In einer schwachen Stunde haben beide in Liebe zueinandergefunden. So ist Ananke von Zeus die Mutter der Richterin im Totenreich geworden, die denselben Namen trägt wie die einstige Amme des Zeus, Adrasteia.

Plutarch: De sera numinis vindicta 25 (564 E); Platon: Der Staat 10, 14; Horaz: Oden 1, 35, 16–20. – Bild: Ananke (dargestellt von dem Vasenmaler Asteas um 330 v. Chr.).

Carme – Karme

Zeus weilte wieder einmal auf Kreta, der Insel, von der so viele Götter ausgegangen sind. Der Sonnenschein ließ den Abhang des Diktegebirges erstrahlen, die Gefilde rund um die Grotte seiner Kindheit, wo später seine unsterbliche Liebe zu Europa ihre Erfüllung gefunden hatte. Minos, ihr gemeinsamer Sohn, herrschte nun auf dieser Insel, nachdem er das goldene Zepter unmittelbar aus des Vaters Händen verliehen bekommen hatte. Zeus war mit der Herrschaft seines Sohnes zufrieden, hatte er sich doch immer wieder mit ihm auf dem Idagebirge getroffen und in allen Einzelheiten die Gesetzgebung angeregt, die sein Sohn als erste dieser Art für die Menschheit einzuführen berufen war.

Wie denn der Göttervater in der Hitze des Mittags gedankenvoll auf einem Steine ausruhte, kam eine junge Frau des Weges, die ihn mit ihrem heiteren Wesen gleich in ihren Bann schlug. Grüßend gesellte er sich ihr zu. Eine gewisse Ähnlichkeit mit der, ach, mittlerweile verschiedenen Europa war nicht auszuschließen, schoß es ihm durch den Kopf; dann wußte er: es war Karme, die Tochter von Europas Bruder Phoinix. Der war einst mit seinen Brüdern ausgezogen, die entführte Schwester wiederzufinden – vergeblich, denn auf den Gedanken, sie könne auf Kreta leben, war niemand gekommen. Ein sonderbares Schicksal hatte Karme nun auf dieselbe Insel verschlagen. Da ihr Vater nicht heimkehrte und ihre Mutter früh verstarb, hatten sorgende Verwandte Karme nach Griechenland gebracht, zuerst nach Argos, wo sie mit anderen Mädchen aufwuchs, dann zur Insel Kephallenia und zuletzt zur aufstrebenden, gerühmten Insel des Königs Minos.

Zu dem Fremden an ihrer Seite hatte die sonst so scheue Jungfrau gleich Vertrauen gefaßt. Sie erzählte dem Allwissenden mit ungewohnter Offenheit aus ihrem bewegten Leben und sagte auch, daß hier auf der Insel ein Sohn der Göttin Demeter, Eubulos mit Namen, wie ein Vater für sie sorge, und daß sie von den Bewohnern als dessen Tochter angesehen werde. Welch zärtliche Zuneigung sprach aus den Worten! Ergriffen und frohlockend zugleich lauschte der Göttervater.

Nach einem Sommer heißer Liebesnächte schenkte Karme einem Töchterchen das Leben, das sie – weil sie selbst dereinst als „süße Jungfrau" gerufen zu werden pflegte – Britomartis nannte. Karme zog dieses ihr Töchterchen mit großer Liebe auf, ja, sie verehrte es gar abgöttisch, wurde doch die hohe Abkunft, je älter es wurde, immer offensichtlicher. In ihrer Jugendblüte wurde Britomartis zur Freude ihrer Mutter von Artemis als Jagdgefährtin erwählt. Doch dann wurde auch der König auf sie aufmerksam, verliebte sich heftig in sie und verfolgte sie, die der Göttin ein Keuschheitsgelübde abgelegt hatte, durch die Niederungen und Berge Kretas.

Neun Monate lang setzte er ihr vergeblich nach, da endlich glaubte er ihr, die einmal ohne ihre Herrin auf Hirschjagd war, auf einem Felsvorsprung im Nordwesten der Insel den Weg verlegt zu haben. Britomartis aber wollte lieber sterben als ihrer Herrin untreu werden und sprang von der Klippe ins Meer hinab. Sie hätte in den Fluten elendiglich ertrinken müssen, wenn sie nicht in ein Fischernetz gesprungen wäre, von dem aus Artemis sie zu sich zu nehmen vermochte, um sich für immer mit ihr zu vereinigen. Das Unglück geschah an der Stelle des Felsenvorsprungs, auf dem die Bewohner Kretas später einen Tempel für die auf dem Diktegebirge Geborene, das der Artemis-Diktynna geweihte Diktynnaion, errichtet haben.

Karme geriet, weil sie ihre Tochter durch die Schuld ihres Vetters nie wiedersehen, nie wieder in ihre Arme schließen sollte, in tiefe Trauer. Sie suchte den Tod und lief den Feinden entgegen, die damals vom Festland auf die Insel übergesetzt hatten, wurde aber gefangengenommen und nach Megara verschleppt, wo sie – die mittlerweile bejahrte Frau – die hohe Stellung einer Pflegemutter für des Königs Tochter Skylla bekam.

Doch ein zweites Mal sollte ihr Vetter schmerzlich in ihr Leben eingreifen. Sie mußte da eines Nachts feststellen, daß sich Skylla mit der rötlichen Stirnlocke ihres Vaters in der Hand aus dessen Schlafzimmer schlich. Zur Rede gestellt, gestand Skylla schließlich, daß sie die besondere Locke, an das schicksalhaft das Leben ihres Vaters und damit auch das Los des Stadtstaates geknüpft war, im Auftrag des feindlichen Königs Minos abgeschnitten habe und diesem, der mit einer Flotte an der Küste gelandet war und die Stadt belagerte, zu überbringen gedenke. Als Belohnung habe er ihr, die sie sich in ihn verliebt hatte, versprochen, sie als seine Gemahlin heimzuführen.

Karme befürchtete das Schlimmste, aber so laut sie auch mit ihrem Schicksal haderte, mußte sie schließlich einsehen, daß man die Locke zwar an des Königs Haupt zurückzustecken, aber dessen Leben damit nicht zurückzugewinnen vermochte. So machte sie sich bei Tagesanbruch die Gedanken ihrer Pflegetochter zu eigen, sah sogar einen Vorteil darin, wenn ihr Vetter die Pflegetochter zur Frau nähme, und erhoffte sich selbst die Rückkehr in die alte Heimat.

Der schnöde Verrat am Vaterland zahlte sich indessen für die verliebte Skylla nicht aus. Als sie an Bord des Schiffes Minos erregt die Locke ihres Vaters überreichte, wortreich unterstützt von der besorgt an ihrer Seite stehenden Pflegemutter, da wandte sich der König nur schweigsam und voller Abscheu zur Seite. Er hatte sein Ziel erreicht und bedurfte ihrer nicht mehr. Beim Ablegen der Flotte ließ er die Treulose mit den Füßen am Bug des Schiffes festbinden, so daß ihr Gesicht von den Wogen umspült wurde. Lange kämpfte sie mit dem Tode, dann befreiten sie der Meergott und seine Gemahlin, Poseidon und Amphitrite, und verwandelten sie in den Vogel Ciris. Zeus aber griff eilig ein, da er so den feigen Verrat nicht gesühnt sah. Er verwandelte den heimtückisch getöteten Vater in einen Seeadler, der fortan die Ciris erbarmungslos verfolgte. Karme aber starb noch an Bord mit gebrochenem Herzen, freilich in dem trostreichen Bewußtsein, daß die Fahrt nach Kreta ging. „Gebt mir ein Grab in dem Land meiner Liebe!" waren ihre letzten, kaum mehr hörbaren Worte.

Antonius Liberalis, Transformationen 40; Pausanias 2, 30, 3; Diodorus Siculus 5, 76; (Vergil) Ciris 220–541. – Zeichnung: Minos, Karme und Skylla (Wandgemälde der Casa dei Dioscuri in Pompeji).

Pasiphae

Mit Wohlwollen sah Zeus auf die Insel Kreta, wo sein Sohn Minos eine glückliche Herrschaft ausübte. Die Menschen lebten in einem geordneten Frieden, den die von Zeus angeregte und von Minos eingeführte Gesetzgebung herbeigeführt hatte. Besonderes Glück war Minos auch durch die Wahl seiner Gattin zugefallen. Er hatte nämlich eine der fünf Töchter des Helios, Pasiphae, geehelicht; und wie ihr Name – „die allen Leuchtende" – schon sagt, war es in nicht zu unterschätzender Weise sie, die seiner Königswürde nach außen einen allen sichtbaren Glanz verlieh.

Die zur Schau gestellte Eintracht entbehrten die Jungvermählten freilich in ihrem Schlafgemach. Unbekümmert verlor Minos sein Herz an immer wieder andere Frauen. Zeus fragte nicht danach, da er selbst kein Vorbild ehelicher Treue war. Pasiphae aber weigerte sich, ihrem Mann ein Kind zu schenken und verzauberte ihn schließlich, so daß er den Nebenbuhlerinnen mit seinem Samen schreckliches Getier in den Schoß schüttete, an dem sie qualvoll zugrunde gingen. Von diesem Leiden befreite ihn erst die in der Hexerei der Kirke bewanderte athenische Königstochter Phokris. Sie hatte nach einem Bruch des Ehegelübdes in Kreta Zuflucht gesucht und ging dort leidenschaftlich der Jagd nach. Gegen die Überlassung eines schnellen Jagdhundes und eines immer ins Ziel treffenden Wurfspießes bereitete sie Minos einen Wurzeltrunk, der ihn heilte. Nach dieser Entzauberung wurde die Ehe des Minos glücklich, und er zeugte mit Pasiphae vier Söhne und vier Töchter.

Dann kamen kriegerische Zeiten. Minos bat seinen Vater um ein neues Zeichen, daß seine Herrschaft dem Willen der Götter entspräche. Da gesellte sich aus der Tiefe ein herrlicher weißer Stier zu der Herde des Minos in einem schattigen Tal am Idagebirge. Der Stier hatte einen schwarzen Fleck zwischen den Hörnern, war aber sonst weiß wie Milch und übertraf an Schönheit jeglichen Stier, den der König alljährlich den Göttern geopfert hatte. Der Stier blendete Pasiphae so sehr, daß er ihre Liebesglut erregte. Es heißt, Aphrodite habe Helios gezürnt, weil er ihre Liebe zu Ares verraten habe, und habe aus Rache seine Tochter in die widernatürliche Liebe verfallen lassen. Andere sagen, Minos habe nicht Zeus, sondern Poseidon angerufen, ausdrücklich um ein Opfertier gebeten, dann aber ein anderes an seiner Stelle geschlachtet und damit die Rache des Herrn der Meere herausgefordert.

Wieder andere sagen, Zeus selbst sei aus Liebe zu Pasiphae in der Gestalt des Stieres ebenso erschienen wie einst der Europa. Wie einst diese, so sah man auch Pasiphae den Stier liebevoll mit frischem Laub und saftigen Gräsern füttern. Aber anders als Europa war Pasiphae wirklich in den Stier verliebt. Sie legte sich kostbare Kleider an, ehe sie sich unter die Kühe begab und verargte es diesen eifersüchtig, von dem bewunderten Stier bestiegen zu werden. „Ach könnte ich dir doch ähnlich sein und Hörner auf meiner Stirn wachsen fühlen", seufzte sie einmal, als ihre zarte Hand über das Fell des sich reckenden Tieres glitt.

In ihrer Liebespein wandte sie sich an Daidalos, einen berühmten Kunsthandwerker, der wegen Mordes aus Athen verbannt war und nun seiner Arbeit am königlichen Hof in Knossos nachging. Daidalos sagte ihr Hilfe zu und fertigte eine hölzerne Kuh an, die einer lebenden täuschend ähnlich sah, zumal sie mit einer Kuhhaut überzogen wurde. Er stellte sein Werk auf kleine, in den Hufen verborgene Räder und schob es auf die Weide, wo der Stier zu grasen pflegte. Pasiphae, die ihm zusammen mit ihrer besten Freundin etwas scheu gefolgt war, kroch nun, von Eros geleitet, durch eine Klappe in das Gestell hinein. Meister und Freundin ließen sie allein, und bald ward sie, wie erwartet, von dem Stier begattet.

So wurde Pasiphae Mutter eines Monstrums, halb Stier, halb Mensch, das den Namen Minotauros erhielt. Aus Furcht vor Minos suchte sie die Mißgeburt zu verbergen. Diese wurde aber entdeckt und mit der Mutter vor den König gebracht. „Ich konnte nichts dafür", suchte Pasiphae den tobenden Gemahl zu besänftigen, „ich war nur das Opfer eines göttlichen Ratschlusses, durch den ich mit dem Wahnsinn der Liebe befallen wurde!" Minos wollte in seinem Zorn keine Erklärung und hätte das Kind fast der mitgeführten Amme entrissen und umgebracht, ließ es dann aber in ein von Daidalos im Palast angelegtes Labyrinth werfen, wo es später von dem attischen Helden Theseus getötet wurde.

Daidalos floh, als seine Mitwirkung ruchbar wurde, mit seinem Sohn Ikaros in ein noch von Pasiphae vorbereitetes Versteck, von dem aus beide, da ihnen der Seeweg versperrt war, mit selbstgefertigten Flügeln die Insel verließen. Pasiphae aber, die der König mit zwei ihrer Dienerinnen unter Bereitstellung von Nahrungsmitteln in ihr Schlafgemach eingesperrt hatte, verschied vor Gram.

Der nach irdischem Leid zu den Göttern Heimgekehrten galt bald weit über Kreta hinaus höchste Verehrung, vor allem im südlichen Griechenland. So wurde ihr an der Westküste Lakoniens neben einer heiligen Quelle ein Heiligtum errichtet, wo sie durch ein Traumorakel sprach, wenn Auskunftsuchende sich dort schlafen legten. In Sparta wurde sie in besonderer Weise verehrt, indem man dem Gott Ammon opferte. Das hatte seine Bewandtnis in dem Glauben, Pasiphae stamme vom – altarkadischen – Götterberg Atlas und sei von Zeus Mutter des mächtigen, mit einem Widderkopf gedachten libyischen Gottes geworden.

Mythographi tres (Angelo Mai, Classicorum auctorum e Vaticanis codicibus editorum, 10 tom., 1828–38, tom. 3) 1, 43–47 und 3, 11, 6; Ovid, Die Liebeskunst 1, 289–326; Apollodoros, Bibliothek 3, 2–4 und 3, 15, 1; Plutarch, Agis 9, 2. – Zeichnung: Daidalos, Eros und Pasiphae (Teil eines Sarkophag-Reliefs unbekannter Herkunft im Louvre).

Sinope

Da, wo sich der viel besungene Asopos gemächlich plätschernd durch das südliche Grenzland Böotiens windet, entbrannte einst Zeus in Liebe zu der anmutigen Nymphe Sinope, der schönsten aller Töchter des Flußgottes und seiner Gemahlin Merope. Der Göttervater schien indessen bei Sinope kein Glück zu haben. Seinen Schmeicheleien und seiner Zudringlichkeit war sie wie ein Fisch aus der Hand entglitten. Zeus hatte feststellen müssen, daß sich hinter dem listigen Blinzeln ihrer Augen eher Abweisung als Keckheit verbarg.

Doch das bestärkte ihn nur in seinem Verlangen, und er lauerte ihr auf, bis sie ihm wieder gegenüberstand. Die Überraschte erschrak heftig vor dem Blick der Liebe, der sie traf, und suchte verzweifelt nach einer Möglichkeit, ihm auszuweichen. Zeus gab den Versuch nicht auf, zu einer Liebesumarmung zu kommen und sagte: „Fühlst du nicht, wie sehr ich dich liebe? Wenn du mich erhörst, dann kannst du alles haben, was du willst. Ich kenne deine geheimen Wünsche und weiß, daß du gern am weiten Meer wohnen würdest. Aber ich kann dir auch einen anderen Wunsch erfüllen, was immer es sei!" „Und du würdest dein Wort halten?" wollte die Nymphe genauer wissen. „Ich schwöre es dir", versicherte Zeus. Da hob Sinope ihren Kopf und sagte mit festem Blick: „So erfülle mir denn meinen größten Wunsch, nämlich den, für immer Jungfrau bleiben zu dürfen!"

Zeus erblaßte. Einen Augenblick schien es, als wollte ihn der Zorn übermannen; dann faßte er sich und sah es als eine Ehre an, ganz uneigennützig das geliebte Wesen glücklich zu machen. Er führte Sinope nach Paphlagonien im Norden Kleinasiens und dort, am Fuß des Pontischen Gebirges, auf eine Halbinsel im Schwarzen Meer. War das ein herrliches, fruchtbares Stück Land! Sie wandelten unter Ölbäumen bis zur Landspitze, wo sich hoch über den Klippen zerklüfteter und vom Meer umbrandeter Felsen ein prächtiger, von Säulen eingefaßter Bau erhob. „Fühl' dich wohl darin!" sagte Zeus mit einer Abschiedsgeste. Und erstmals sah er die spröde Nymphe vor Glück strahlen, ja, sie umarmte ihn gar wie eine dankbare Tochter den Vater. Zeus umfaßte ihre Schultern; mit einem Anflug von Trauer auf seinem Gesicht, die er sich nicht anmerken lassen wollte, trat der an den Eid gebundene Gott den Rückweg an.

Nie in ihrem weiteren Leben ist Sinope von hier fortgegangen, und nie ist es einem Mann gelungen, ihre Jungfräulichkeit zu bezwingen. Es hat sich zwar noch mancher Freier bei ihr eingefunden, aber jeder von ihnen – der benachbarte Flußgott Halys ebenso wie Phoibos Apollon – ist wie Zeus getäuscht worden.

An dem Platz, wo sie gelebt hat, ist später eine mächtige Handelsstadt entstanden. Ihre Begründer, drei wagemutige Kampfgefährten des Herakles aus Thessalien, haben ihr den Namen der ersten Bewohnerin gegeben. Und die örtlichen Münzen dort zeigten das Kopfbild einer stolzen Frau mit hochgestecktem Haar: Sinope.

Apollonios Rhodios, Argonautica 2, 946–965; Valerius Flaccus, Argonautica 5, 107–119; Strabon, Geographica 2, 73 und 12, 545–546. – Zeichnung: Sinope (Münze aus der Stadt Sinope, Britisches Museum).

Saturn
Voyager-1-Aufnahme
vom 16. 11. 1980
aus 5,3 Mio km Entfernung
(NASA)

7.
SATURN

Saturn, der zweitgrößte Riese im Sonnensystem, hat infolge der raschen Rotation und der geringen Dichte die ausgeprägteste Abplattung von allen Planeten. Der äquatoriale Durchmesser von 120 600 km ist etwa 10 %, also um fast einen Erddurchmesser größer als der polare. Im Vergleich zum Jupiter ist die Rotationszeit am Äquator mit 10 Stunden und 14 Minuten zwar um 24 Minuten länger, dafür aber die Dichte mit 0,71 g/cm^3 nur halb so groß. Bei dieser geringen Dichte, der geringsten von allen Planeten, können nur leichte Elemente vorhanden sein: die Planetengesamtmasse setzt sich aus 89 % Wasserstoff, 11 % Helium und geringen Mengen Methan und Ammoniak zusammen. Der Saturn gibt doppelt so viel Energie ab, wie er von der Sonne empfängt. Der zugrunde liegende Vorgang ist folgender: In der Atmosphäre trennt sich Helium von dem leichteren Wasserstoff und setzt beim Absinken in tiefere Schichten Gravitationsenergie frei. Die Atmosphäre, die weitgehend mit der von Jupiter übereinstimmt, bedeckt eine Übergangsschicht aus flüssigem Wasserstoff und Helium; es folgt eine dicke Schicht metallisch verfestigten Wasserstoffs, Methans und Ammoniaks und schließlich ein Gesteinskern von etwa dreifacher Erdmasse. Die Temperaturen nahe der Wolkendecke bewegen sich zwischen −181°C und −187°C und steigen in der Übergangszone von molekularem zu metallischem Wasserstoff auf 9000°C an. Eine Nebelhülle über der sichtbaren Wolkendecke läßt die Zonen, Bänder und ovalen Flecke weniger farbenprächtig als die Jupiters erscheinen. Die Wolkenformen sind wegen hoher Windgeschwindigkeiten auch kurzlebiger. Im gesamten Äquatorgebiet, bis in mittlere Breiten, herrscht ein stetiger Ostwind mit Geschwindigkeiten bis zu 1600 km/h. Die Windgeschwindigkeit ist jeweils in der Mitte der Wolkenbänder am höchsten. Die Winde erfassen nicht nur die obere atmosphärische Schicht wie beim Jupiter, sondern entstehen bereits in mindestens 2000 km Tiefe. Als Folge davon zeigen die Nord- und Südhemisphäre eine große Symmetrie. Bei dem ovalen, bis zu 7000 km langen Flecken handelt es sich um langlebige, antizyklone Windsysteme. Nach den neuesten Erkenntnissen wüten am Äquator des Planeten gewaltige, monatelang anhaltende Gewitterstürme.

Zu den vielen beim Vorbeiflug der Sonden Pioneer 11 1979, Voyager 1 1980 und Voyager 2 1981 gewonnenen Erkenntnissen gehört auch ein verfeinertes Bild von den in der Äquatorebene Saturns angeordneten Ringen, die sich jetzt als Tausende von Einzelringen darstellen, die in sieben Ringgruppen aufgegliedert sind. Gemessen in Planetenradien, haben die inneren Grenzen der Ringgruppen folgenden Abstand vom Mittelpunkt Saturns: D 1,11, C 1,21, B 1,53, A 2,01, F 2,33, G 2,8, E 3,5. Innen herrschen bläuliche bis rötliche Farben, außen gelbliche Färbungen vor. Die verschiedene Helligkeit dürfte weniger auf unterschiedliche Bestandteile – zumindest der äußere Ring besteht nur aus Eisbrocken – als auf die unterschiedliche Häufigkeit der Teilchen zurückzuführen sein. Die Abstände zwischen ihnen sind in den Gruppen A und B geringer als in der Gruppe C. Die mittlere Größe der Ringteile schwankt zwischen 2 m im C-Ring und 10 m im A-Ring. Die Ringdicke bewegt sich zwischen 100 und 500 m.

Der Saturn besitzt auch eine ausgedehnte Magnetosphäre und wird zudem ringförmig von zwei Wolkenschläuchen ionisierten Sauerstoffs und Wasserstoffs umgeben, die mit 300 Millionen bis 550 Millionen Grad C doppelt so heiß sind wie die Plasmawolke in Jupiternähe. Der Wasserstoff ist vom Mond Titan abgegeben worden, dessen Bahn diese äußere, größere Wolke einschließt.

Saturn – Kronos

In alten Zeiten war es Brauch, daß alle dreißig Jahre – immer dann, wenn der Stern des Kronos oder Saturn in den „Stier" eintrat – einige durch das Los bestimmte Griechen zu einer großen Schiffsreise nach dem äußersten Nordwesten der Erdscheibe rüsteten. Sie waren entschlossen, nicht zurückzukehren, ehe sie dort dem Schöpfer des Zeitraumes, Kronos, keusch ein halbes Leben lang gedient hätten. Erwartungsvoll segelten sie, vorbei an den „Säulen des Herakles", die damals noch „Säulen des Kronos" hießen, nach Britannien, gelangten von dort nach fünftägiger Fahrt gen Westen zur Insel Ogygia und dann zu einer Gruppe von drei Inseln im Nordwesten. Die lagen so weit entfernt, daß zu Beginn des Sommers die Sonne dreißig Tage lang nur für eine Stunde hinter dem Horizont verschwand und selbst dann nur einem Zwielicht wich.

Fahrten bis zur Höhe des Polarkreises und das Erlebnis des Polartages und der Mitternachtssonne auf der Insel Thule und bei den Hyperboreern, wie man Land und Volk im hohen Norden nannte, waren für die seefahrenden Griechen jener Epoche außergewöhnlich, aber keinesfalls selten. Für die Abgesandten, die durch das Los bestimmten Männer, aber war dort das Ziel noch nicht erreicht. Drei Monde verweilten sie auf einer jener Inseln, während der sie gut bewirtet und als heilige Männer geehrt wurden und sich auf die eigentliche Bewährung vorbereiteten. Sie segelten nämlich dann nochmals fünftausend Stadien oder tausend Kilometer weiter durch das nördlich anschließende Mare Chronium oder Kronos-Meer zur großen Insel des Kronos.

Die Fahrt war wegen windstiller Zeiten, des vielfach flachen, schlammigen Grundes oder wegen starker Strudel sehr gefährlich. Einmal auf der Insel angelangt aber entschieden sich die meisten, über die dreißig Jahre, die sie sich zum Gottesdienst für Kronos verpflichtet hatten, hinaus dort zu bleiben, so wunderbar war die Natur und das milde Klima. Da es für den täglichen Bedarf an nichts mangelte, konnte sich ein jeder sorglos der Philosophie widmen. Herrlich war vor allem das Gefühl der Nähe des Göttlichen; Dämonen des Gottes begegneten den Männern nicht nur im Traum, sondern vielfach leibhaftig.

Kronos selbst lebte in einer von goldglänzenden Felsen umschlossenen Höhle, von der ein die ganze Insel erfüllender Wohlgeruch ausging. Kronos, der seinen Vater mit der Sichel entmannt und dann zur Sicherung seiner Herrschaft seinen eigenen Kindern nach dem Leben getrachtet hatte, war von ihnen unter der Führung des Zeus in einer gewaltigen Schlacht besiegt und hier in der Tiefe mit der Fessel des Schlafes belegt worden, bewacht zudem von seinem in der Nähe wohnenden Bruder Briareos, einem hundertarmigen Riesen von halbmenschlicher Gestalt. Vögel, die am Gipfel des Felsens hereinflogen, nährten den Gott mit Ambrosia. Dämonen, alte Gefährten des einst mächtigen Titanen, pflegten und bedienten ihn, kündeten aber auch Zeus die Gedanken ihres Herrn zu vielen Fragen der Weltschöpfung, auf die im Traum göttlich reine und ungetrübte Auskünfte erteilt wurden, fern aller titanischen Leidenschaften und Gefühlsregungen.

Irgendwann einmal sei, so glaubten die Römer, Saturnus, wie sie Kronos nannten, der Gewalt seines Sohnes entkommen und lange, ehe griechische Schiffe das Mittelmeer befuhren, auf dem Wasserwege an Italiens Westküste gelangt. Seine riesenhafte Gestalt – so groß, daß er seine neugeborenen Kinder unzerkaut zu verschlingen und später wieder auszuspeien vermochte – hatte er zugunsten eines menschlichen Äußeren aufgegeben und fuhr unentdeckt von seinen Häschern den Tiber hinauf bis zu der Stelle, wo der göttliche Janus seinen Herrschersitz hatte. Es war das die Stelle, an der sich später die mächtige Stadt Rom erheben sollte und wo damals undurchdringlicher Wald das Land bedeckte, in dessen Lichtungen Büffel weideten, und wo wilde Menschen – ein rohes Geschlecht, das es schon gab, ehe Prometheus seine Menschen gebildet hatte – verstreut auf Bergeshöhen lebten.

Janus nahm den flüchtigen Gott gastfreundlich auf, und der zeigte sich dadurch erkenntlich, daß er ihm und seinen Untertanen eine Menge Kenntnisse vermittelte. Er lehrte sie vor allem, Bäume zu roden, Getreide anzubauen und in Friede und Ruhe miteinander zu leben. Die Menschen vermehrten sich stark, und Janus und Saturnus teilten sich die Königsherrschaft. Als ihre Sitze errichteten sie auf dem Westufer des Tiber die Burg Janiculum und auf einem der sieben Hügeln östlich des Tibers, dem capitolinischen Berg, die Stadt Saturnia.

In dem ganzen Lande, das man später Latium, das Bergende, nannte, weil es den König Saturnus vor Jupiter-Zeus verborgen hielt, lebten die Menschen einträchtig und rechtschaffen in tiefem Glück. Saturnus hatte ihnen so reiche Tugenden anerzogen, daß beide Könige auf Gesetze, Vorschriften, Strafandrohungen, ja, jeglichen staatlichen Zwang zu verzichten vermochten. Weder Krieg, Handel noch Entdeckerdrang trieb die Menschen in ferne Länder. Auch tierisches Blut ward nicht vergossen, nicht zur Opferung und nicht zur Sättigung und Bekleidung. Die Menschen lebten von dem, was die Natur reichlich bereithielt – von Früchten und Nüssen, von Honig und Milch und von dem, was sie anbauten. Ein milder Westwind säuselte über Feld und Flur, und ewiger Frühling währte auf Erden. Krankheiten und Beschwernisse des Alters gab es nicht; die Menschen starben – wenn die Zeit gekommen war – im Schlaf.

Jähes Entsetzen und große Trauer befiel indessen die Latiner, als es sich eines Tages wie im Fluge herumsprach, daß Saturnus nicht mehr unter ihnen weilte und sichtbar nicht wiederkehren werde. So sehr wurde der König verehrt, daß man die Menschen im ganzen Land hemmungslos weinen und verzweifelt wehklagen sah. Dann sammelte Janus die Klagenden um sich und klärte sie über die wahre Natur des Entrückten auf: „König Saturnus, so wisset, hat ein schweres Geschick zu uns getrieben. Er ist der Vater des obersten Himmelsherrschers und Gemahl der himmlischen Ops. Laßt uns für ihn, den Gott mit der Sichel, einen Altar errichten und nach beendeter Wintersaat alljährlich ein Fest zu seinen Ehren feiern und anschließend ein Fest für Ops. Legt den Schmerz ab und folgt voll Vertrauen dem irdischen Sohn des Königs, Picus, der euch in des Vaters Geiste führen wird!"

Der Altar wurde unter großer Anteilnahme errichtet, und das Volk pries dort seinen weisen Lehrherrn und Meister. Die Sendung des Janus als irdischer König war auch bald erfüllt. Doch Picus, der sich mit der Tochter des Janus vermählte, herrschte noch lange und glücklich in Latium, bis er einst in die Fänge der Zauberin Circe geriet, von ihr in einen Specht verwandelt wurde und sich dann als heiliger Vogel dem Kriegsgott Mars zugesellte. Für die Menschen aber wurden die Zeiten schwerer. In Erinnerung an das verlorene Glück des „goldenen Zeitalters" feierten sie fürderhin im Dezember in tagelanger Ausgelassenheit das Fest der Saturnalien, bei dem sie sich, weil unter Saturnus alle Menschen den gleichen Rang hatten, Masken aufsetzten, die Rolle von Herr und Knecht vertauschten, Gefangene freiließen und sich mit Geschenken aller Art erfreuten.

Von Saturnus-Kronos heißt es, daß er auch den anderen Menschen Hesperiens und jenseits des Meeres die Tugenden und den Acker- und Obstbau gelehrt habe, daß er schließlich von Jupiter-Zeus begnadigt worden sei und seither als Herrscher der Abgeschiedenheit auf der fernen glückseligen, aber nur unter Lebensgefahr zu erreichenden Insel im Schlafe herrsche.

Plutarch, Moralia 941–942 (Das Mondgesicht 26, nach Posidonios); Hesiod, Theogonie 453–502; Vergil, Aeneis 7, 48–49 und 8, 319–358; Ovid, Festkalender 1, 233–248 und Metamorphosen 1, 89–112. – Zeichnung: Kronos (Pompejaner Gemälde).

*Oben: Die „Schäfer"-Trabanten des Saturnringes F: **Prometheus** innerhalb und **Pandora** außerhalb der Ringegruppe. Voyager-2-Aufnahme vom 15. 8. 1981 aus 10,5 Mio. km Abstand (NASA).*
*Unten: **Janus** vor der Saturnoberfläche. Voyager-1-Aufnahme vom 12. 11. 1980 aus 611 000 km Entfernung (NASA).* ▶

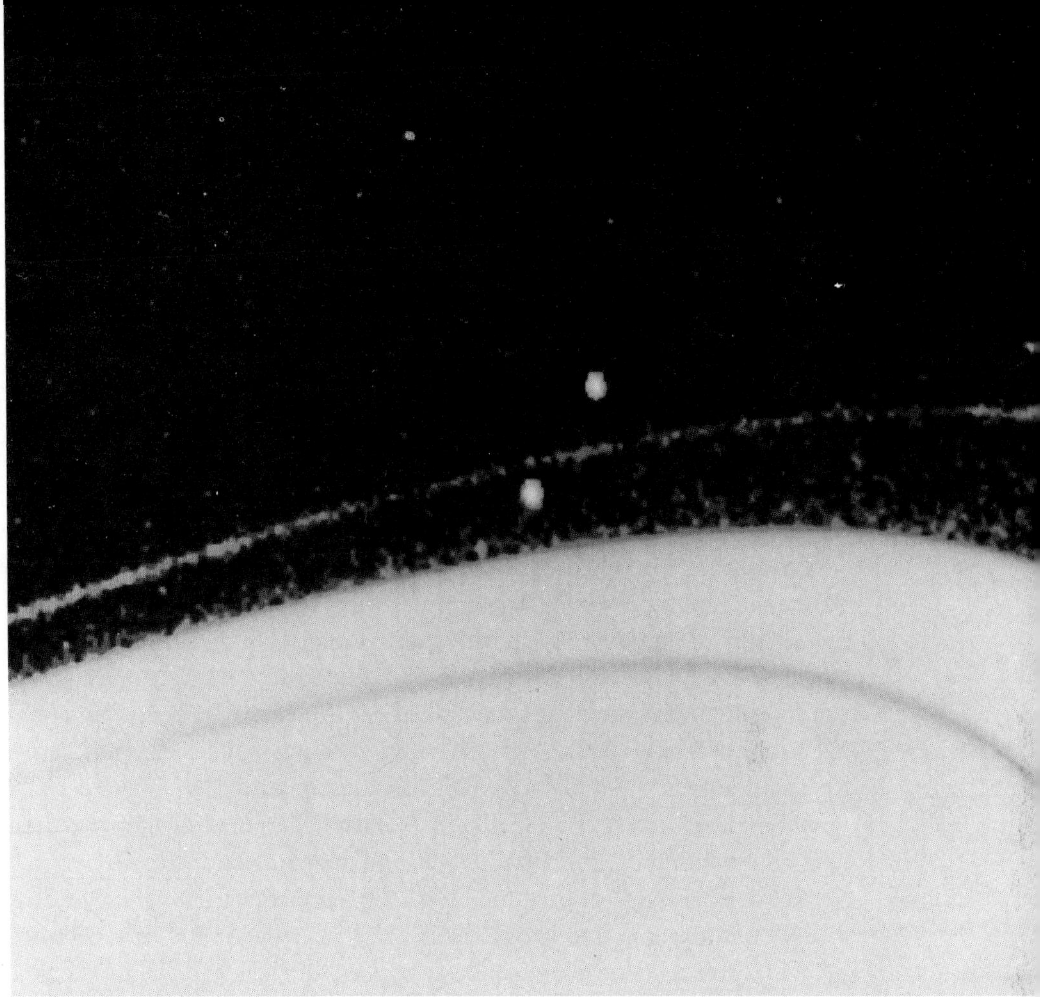

DIE INNEREN SATURNMONDE

Die Größe und die Bahn des 1966 von A. Dollfus entdeckten Saturnmondes Janus konnten 1980 nach den Aufnahmen der Sonde Voyager 1 genauer bestimmt werden, ebenso die des 1978 von J. Fountain und S. Larson auf Fotoplatten ausgemachten Mondes Epimetheus. Diese Monde haben die Grundform eine Ellipsoids, dessen Längsachse auf den Planeten weist. Janus ist mit einem Durchmesser von 220 bzw. 160 km fast so groß wie Amalthea oder Phoebe, Epimetheus mit den Maßen 140 und 100 km ist deutlich kleiner. Beide Monde bestehen vorwiegend aus Eis und haben eine narbige, mit Kratern übersäte Oberfläche. Offensichtlich sind sie Teile eines geborstenen Himmelskörpers, denn die Bahnen liegen mit einer mittleren Entfernung von etwa 151 470 bzw. 151 420 km vom Planetenzentrum nur etwa 50 km weit auseinander. Man spricht daher von koorbitalen Monden. Die Umlaufszeiten von jeweils 16 Stunden und 40 Minuten unterscheiden sich nur um 28 Sekunden. Daraus ergibt sich, daß der innere den äußeren Trabanten alle vier Jahre – nach etwas mehr als 2000 Umläufen – überholt, wobei der eine mit dem anderen aus himmelsmechanischen Gründen die Bahn austauschen muß; d. h. ehe der schnellere den langsameren Mond überholen kann, geht er nach außen und wird dort gebremst, während der langsamere Mond nach innen wechselt und dort beschleunigt wird.

Auf den Voyager-1-Aufnahmen sind noch drei weitere innere Monde entdeckt worden. Die Monde Pandora und Prometheus üben in etwa 141 700 bzw. 139 400 km Entfernung vom Planetenzentrum eine Schäferfunktion für den Saturnring F aus, d. h., sie verhindern, daß einzelne Teilchen dieses aus drei Strähnen bestehenden, nur 500 km breiten Ringes ausscheren. Die beiden mit 100 km Durchmesser etwa gleich großen Monde begegnen sich alle 25 Tage. – Der innerste Mond Atlas ist nur etwa 25 mal 40 km groß und dürfte durch Abspaltung von Prometheus hervorgegangen sein. Die Bahnen von Prometheus und Atlas, der den Ring A außen flankiert, liegen nämlich nur 1700 km voneinander entfernt. Atlas ist ein dunkler Trabant primitiver Art, der seit seiner Entstehung seinen Aufbau aus Gestein und Eis nicht mehr geändert hat. Die anderen inneren Trabanten dürften dagegen sehr häufig gespalten und wieder zusammengewachsen sein, Janus und Epimetheus etwa acht- oder neunmal, Pandora und Prometheus etwa ein dutzendmal.

Atlas

Furchterregend ist das Lied vom Kampf zwischen dem alten titanischen Göttergeschlecht und den aufbegehrenden Olympiern. Das ganze Ausmaß der Schrecken ist auf seiten der Verteidiger untrennbar mit dem Namen von deren Anführer Atlas verbunden, dem Sohn des Titanen Japetos und der Nymphe Klymene. Atlas hatte drei Brüder, Menoitios, Prometheus und Epimetheus. Menoitios, dessen Name soviel wie „berstende Kraft" bedeutet, sah es als eine Ehre an, sich entschlossen auf die Seite seines älteren Bruders zu stellen, während sich Prometheus in kluger Abwägung der gegnerischen Gewichte auf die Seite der Olympier schlug und auch seinen Bruder Epimetheus überredete, sich Zeus zu unterstellen. Allerdings währte der kräfteverzehrende Streit jahrelang mit ungewissem Ausgang; die jungen Olympier haben letztlich nur mit den entfesselten Kräften des Tartaros gesiegt, durch die Zeus, Poseidon und Hades in den Besitz kampfentscheidender Waffen gekommen sind, des Blitzes und Donners, des Dreizacks und der Tarnkappe.

Das Gericht des Siegers ließ die Titaninnen ungeschoren. Die Strafen für ihre Brüder aber waren hart. Kronos' Macht beschränkte Zeus auf die Insel der Seligen, den vom flammenden Blitz getroffenen Frevler Menoitios verbannte er, wie die meisten Titanen, in den Tartaros, wo er die Rinder des Hades zu hüten hatte. Atlas aber wurde verurteilt, für alle Zeiten das Himmelsgewölbe auf seinen Schultern zu tragen. Fern im Nordwesten Afrikas ragt jener hohe, schmale, rundliche Berg empor, von dessen stets wolkenumhüllten Gipfel aus Atlas fortan den Himmel trug.

Was wurde nun aus der stolzen Familie, was aus dem blühenden Königreich des Atlas? Stumm ertrug der Regungslose die Sehnsucht nach seiner Gattin Pleione und den gemeinsamen Töchtern, den Plejaden und Hyaden, je sieben an der Zahl, die sich vor Trauer verzehrten, bis Zeus sie aus Mitleid an den Himmel versetzte, dem Träger des Gewölbes stets vor Augen. Und sein Königreich? Ohmächtig blickte Atlas viele Menschenalter lang auf die nach ihm benannte Insel Atlantis, die sich jenseits der Säulen des Herakles genannten Meerenge zwischen Europa und Afrika mit hohen, steilen Klippen aus dem Ozean erhob, größer als Kleinasien und Nordafrika zusammengenommen. Hatte er nicht seinen Untertanen durch kluge Nutzung der reichen Tier- und Pflanzenwelt und der vielen Bodenschätze ungeahnten Wohlstand beschert? Hatte er sich nicht einst mit Poseidon so gut gestanden, daß man ihn für seinen Erstgeborenen hielt, ehe er in den schicksalhaften Kampf gegen ihn und die anderen Olympier zog und die Insel mit der prachtvollen Königsburg den sterblichen Nachfahren überließ? Nun mußte er tatenlos zusehen, wie dortzulande menschliches Gepräge die Oberhand gewann, wie Unfähige die Macht an sich rissen, wie sich Ungerechtigkeit breitmachte und die Menschen entarteten. Auch sah er die Atlanter die Mittelmeervölker von den Säulen des Herakles bis nach Tyrrhenien und Ägypten unterjochen.

Wehe den Atlantern! Zeus, der nichts mehr haßt als Gesetzlosigkeit und Willkür, versammelte die Götter, um durch gemeinsamen Beschluß das vom Pfad der Tugend abgewichene Volk büßen zu lassen. Gerade als den nun sogar nach Griechenland vorrückenden Atlantern durch die geeinte Streitmacht der Hellenen eine schwere Niederlage bereitet wurde, ließ göttlicher Zorn die Insel Atlantis im Meer versinken. Poseidon, dem die Insel bei der Aufteilung der Welt durch das Los zugefallen war, schickte gewaltige Erdbeben und Überschwemmungen über das Land und begrub es Stück für Stück unter der ihm botmäßigen endlosen gischtschäumenden Eintönigkeit.

All das hatte Atlas nicht verhindern können. Was half ihm noch sein wacher Geist, sein Wissen vom Himmel und den Tiefen des Meeres?

Einmal schien sich ihm indessen eine Schicksalswende anzubahnen. Da stieg nämlich Herakles, der kühne und listige Held mit dem Löwenfell, zu ihm hoch, um mit seiner Hilfe an die goldenen Äpfel im Garten der Hesperiden heranzukommen. Vier Hesperiden, blonde, singende Töchter aus dem Schoße der Nacht, hüteten den Garten auf einer der kleinen küstennahen Inseln, die Atlas nach dem Untergang seines großen Reiches im Atlantik noch verblieben waren. In einem von Atlas einst mit einer Mauer besonders geschützten Garten befand sich jener Baum mit goldenen Äpfeln, den Hera, weil er ihr Hochzeitsgeschenk von Mutter Erde war, zusätzlich noch von dem hundertköpfigen Drachen Ladon bewachen ließ. Angesichts so vieler Hindernisse mußte Herakles einsehen, daß er – wie es der greise Seegott Nereus geweissagt hatte – ohne die Mitwirkung von Atlas nie zum Ziele kommen würde.

„Wenn du mir einen Dienst erweist, kann auch ich dir einen großen Gefallen tun", wandte sich Herakles auf der Bergspitze an den Riesen. „Wenn du mir aus dem Garten der Hesperiden die goldenen Äpfel holst, die mein König verlangt, werde ich dir solange die Last von den Schultern nehmen." Eine Rast war Atlas nicht nur willkommen, sie war ihm jeden Preis wert, und so willigte er ein. Sobald sich Herakles gegen das blaue Gewölbe gestemmt hatte, schritt er mit dessen Waffen zu der Gartenmauer der Insel und erlegte Ladon mit vergifteten Pfeilen. Noch während der Schwanz des Ungeheuers im Todeskampf zuckte, pflückte er vor den Augen der verängstigten Hesperiden drei Äpfel von Heras heiligem Baum und kehrte zu Herakles zurück.

Es graute ihm jedoch, seine Freiheit wieder aufzugeben. „Du kannst dich darauf verlassen", versicherte er dem Sohn des Zeus, „daß ich die Äpfel deinem König selbst bringe, wenn du den Himmel noch einige Monate länger trägst." Herakles erkannte die Gefahr für sich, ließ sich aber nichts anmerken und ging zum Schein auf den Vorschlag ein. „Gut", sagte er, „aber sei so freundlich, mir noch für einen Augenblick die Last abzunehmen, damit ich mir auf dem Kopf aus einem Bausch von Stricken ein Polster zurechtlegen kann. Das Gewicht zerdrückt mir sonst noch mein Gehirn!" Atlas hatte Verständnis dafür, legte die Äpfel nieder und trat unter das Himmelsgewölbe. Herakles aber hob die Äpfel auf, sagte grinsend „Leb wohl!" und zog von dannen.

Dabei ist es dann geblieben. Und wie Atlas selbst, so wird auch sein unter den Ringplaneten versetztes Abbild immerdar mit schwerer Last beladen sein.

Hyginus, Fabeln 150; Hesiod, Theogonie 213–216 und 507–519; Herodot, Geschichten 4, 184; Platon, Timaios 24 e–25 d und Kritias 113 b–121c; Apollonios Rhodios, Die Argonauten 4, 1396–1440; Apollodoros, Bibliothek 2, 5, 11. – Zeichnung: Atlas (Marmorstatue in Neapel).

Prometheus, Pandora und Epimetheus

Ihr ganzes Dasein, alles Gute, aber auch alles Leid auf dieser Welt verdanken die Menschen zwei Brüdern aus titanischem Geblüt, Prometheus und Epimetheus. Der erste war der Geistreichere von beiden. In jener Zeit, als im Himmel die Titanen gerade ihre Herrschaft an Zeus verloren hatten und sich auf der Erde bereits weit und breit in der Luft, auf dem Land sowie im Wasser Tiere aller Art tummelten, ersann Prometheus ein neues den Göttern ähnlich gestaltetes, aber sterbliches Geschlecht. Östlich vom Parnaß begab er sich in eine Schlucht, hub dort lehmigen Boden aus, knetete ihn mit Wasser und bildete daraus aufrecht gehende, himmelwärts blickende Wesen. Pallas Athene, die ihm immer schon freundschaftlich zur Seite gestanden hatte, atmete Leben und Weisheit in die Geschöpfe, und dann waren es Menschen. Freilich zeigten sich die ersten dieser Art zunächst noch recht unbeholfen. Da lehrte Prometheus sie Häuser und Schiffe zu bauen, das Land zu bestellen und Erze zu fördern. Auch unterwies er sie in der Himmelskunde, im Gebrauch der Zahlen und der Schrift sowie in der Heilkunde und Wahrsagekunst.

Doch was nützt den Menschen das Wissen, wenn es nicht den schützenden Segen aller

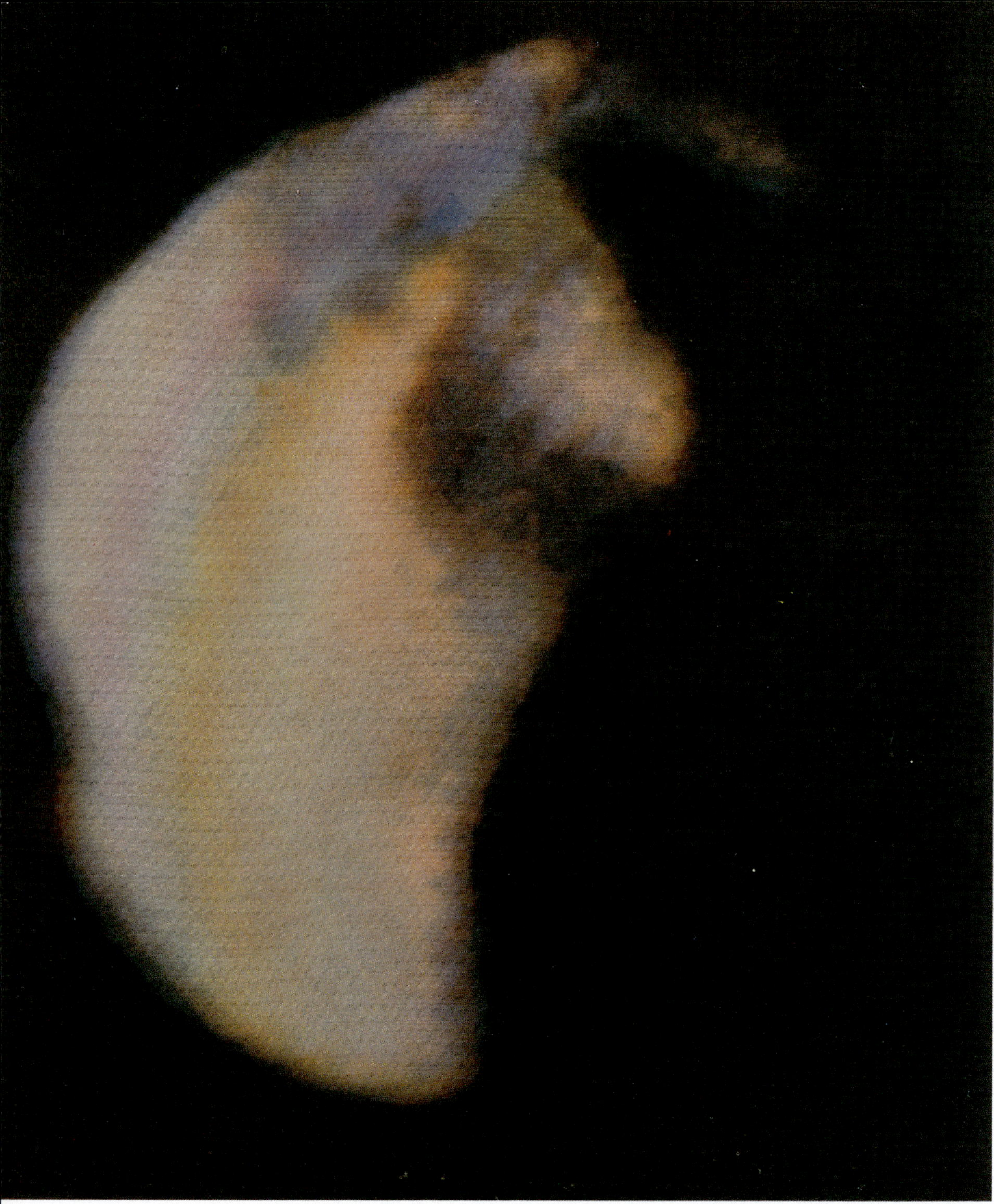

Epimetheus
Voyager-1-Aufnahme vom 12. 11. 1980
aus 175 600 km Entfernung
(NASA)
Die farbigen Streifen werden durch den Schatten
des Saturnringes F hervorgerufen.
(Da sich Farbbilder immer aus Einzelaufnahmen
mit verschiedenen Filtern zusammensetzen,
ist die Wanderung des Schattens erkennbar.)

Götter hat! So wurde denn in der Burg Sikyon bei Korinth eine Versammlung vorbereitet, auf der die Aufgaben der Menschen gegenüber den Göttern festgelegt werden sollten, vor allem die Opferpflichten. Um seine Menschen nicht zu kurz kommen zu lassen, versuchte Prometheus den Göttervater zu überlisten. Beim Zerlegen eines Opfertieres bildete er einen Haufen Fleisch, den er mit Eingeweiden umhüllte, und einen Haufen Knochen, den er mit Fett bedeckte. Als Zeus eintraf, wandte sich Prometheus arglistig an ihn: „Ruhmvollster der ewigen Götter, wähle selbst, welcher der beiden Teile dir künftig als Opfergabe wohlgefällig ist!" Obwohl der hohe Gast die List durchschaute, griff er doch in das Fett. Sobald er die Knochen gewahrte, zürnte er: „Sohn des Japetos, du willst das Fleisch der Opfertiere den Menschen zukommen lassen. Sei's so, aber zur Sühne für deinen Betrug müssen sie das Fleisch weiterhin roh essen. Denn das Feuer, das ihnen noch fehlt, sollen sie nun nicht bekommen!"

Prometheus scherte sich nicht darum und fand einen Ausweg. Flugs begab er sich zur Esse des Hephaistos im Vulkanberg Mosychlos auf der Insel Lemnos, barg eine Flamme in dem hohlen Stengel eines Doldenblüters und trug sie unerkannt zu den Menschen. Durch die Annahme des Geschenkes widersetzten diese sich achtungslos göttlichem Willen. Zeus, der ihnen nun den Brand nicht mehr nehmen konnte, ahndete den Eigensinn mit anderem Übel. Er ließ die Götter eine Frau erschaffen, die sich von den männlichen Geschöpfen des Prometheus beträchtlich unterschied. Hephaistos gab ihr aus Erde und Wasser die anmutige Gestalt, Aphrodite den Liebreiz und die Verführungskunst, Athene die Handfertigkeit, Hermes die Verstellungskunst und Redegewandtheit, und die Grazien und Horen kleideten und schmückten sie. Selbst die Unsterblichen staunten beim Anblick der „von ihnen allen Beschenkten" und daher Pandora genannten Jungfrau.

Mit dieser unheilkündenden Schöpfung, dazu bestimmt, den Drohnen gleich das starke Geschlecht allzeit um den Preis seiner Mühen zu bringen, begab sich der flinke Bote Hermes auf Geheiß seines Vaters zu Epimetheus. Nun hatte zwar Prometheus in weiser Voraussicht seinen arglosen, in der Welt der Musik lebenden Bruder davor gewarnt, jemals ein Geschenk von Zeus anzunehmen. Den Verlockungen des herrlichen Geschöpfes vermochte Epimetheus dennoch nicht zu widerstehen. Er nahm es an, und – sein Name verhieß es – „nachträglich erst erkannte er" die Folgen seines Tuns. Pandora hatte nämlich von Zeus jene Büchse mit auf den Weg bekommen, in die der vorausdenkende Prometheus alles Unheil eingeschlossen hatte, damit seine Menschen ohne beschwerliche Arbeit, quälende Krankheiten und verzehrende Leidenschaften leben konnten. Neugierig wie sie war, öffnete Pandora die Büchse und ließ das Unheil über die Erde entweichen; einzig die Hoffnung verblieb darin, als sie die Büchse eilig wieder schloß.

Die Strafe für den Überbringer des Feuers fiel noch härter aus. Kratos und Bia oder Kraft und Gewalt, die beiden erbarmungslosen Vollstrecker des Willens von Zeus, entrissen Prometheus seiner Gemahlin Hesione, schleppten ihn ins ferne Skythenland und zwangen Hephaistos, den ebenbürtigen Gott mit diamantenen Fesseln an eine steile Felswand des Kaukasus zu ketten – aufrecht und so fest, daß er sich nicht zu rühren vermochte.

Entsetzt eilte sein Schwiegervater Okeanos herbei und beschwor ihn: „Versprich mir, künftig von deinem Trotz abzulassen! Wenn ich Zeus das berichten kann, wird er meine Bitte erhören und dich von deinen Qualen befreien!" Aber Prometheus entgegnete: „Ich soll mich beugen? Weißt du nicht, daß ich Zeus zu seinem Thron verholfen habe? Und ihm, der einen Freund so behandelt, willst du umstimmen? Nimmer wird dir das gelingen!" „Ich könnte es doch immerhin versuchen", beharrte Okeanos. „Geh nur heim", wehrte Prometheus ab und ließ Okeanos unverrichteter Dinge abziehen.

So stolz konnte nur reden, wer – wie Prometheus – mit dem Blick in die Zukunft begabt war und wußte, daß er eines Tages befreit werden würde. Zeus blieb das nicht verborgen, und er beschloß, Prometheus noch qualvoller leiden zu lassen. Hermes schickte er als Herold aus, die Strafe anzukündigen. „Der Götter oberster wird deinen Hochmut schon brechen!" eröffnete Hermes dem Gefesselten. „Bald wird ein Adler deine Leber zerfressen." „Was um alles in der Welt soll ich Unglücklicher denn Böses getan haben?" entgegnete der. „Die Prellerei mit dem Opferstier etwa? Es ist doch eines Gottes unwürdig, wegen dieses Scherzes so nachtragend zu sein! Und den Menschen das Feuer zu neiden ist gleichfalls nicht weise. Gereicht es Zeus denn nicht zur Ehre, daß nunmehr die Rauchsäulen der Brandopfer zum Himmel aufsteigen?" „Ich muß mich doch wundern, ausgerechnet dich, den Voraussehenden, so ohne Reue reden zu hören", antwortete Hermes. „Merkst du nicht, wie heftig du Zeus mit deiner angeblichen Verteidigung anklagst? Schwer wird dich sein Zorn treffen!" Und da kam auch schon der blutig-rote Adler des Zeus herbeigeflogen und fraß an der unsterblichen Leber. Tag für Tag sollte es sich wiederholen, und in jeder Nacht wuchs die Leber wieder nach.

Nach schier endlosen Qualen über Generationen von Sterblichen hinweg erschien endlich der Befreier. Herakles, ein Sohn des Zeus, brachte den Adler mit einem Pfeilschuß zur Strecke. Ehe er indessen die Fesseln lösen durfte, waren noch zwei Bedingungen des obersten Richters zu erfüllen: erstens müsse ein Unsterblicher als Stellvertreter in den Hades gehen, zweitens müsse Prometheus, den ein Schwur an den Kaukasus gebunden habe, für immer einen Ring mit einem Stein des Gebirges tragen. Die erste Bedingung konnte Herakles erfüllen, da der Kentaur Cheiron, den er mit einem Pfeil unheilbar verletzt hatte, seine Schmerzen gern gegen den Aufenthalt im Schattenreich einzutauschen bereit war. Da Prometheus sich zudem freiwillig entschloß, Ring und Stein als Andenken und als Zeichen der Erlösung zu tragen, wenn er als Berater und Prophet der Götter auf den Olymp zurückkehre, hinderte Herakles nichts mehr, die Ketten des Gottes zu lösen.

Weinend vor Glück empfing die eigene Familie den Heimgekehrten, allen voran seine Gattin Hesione und sein leiblicher Sohn Deukalion, der mittlerweile Pyrrha, die Tochter von Epimetheus und Pandora, geehelicht hatte. So war denn Epimetheus, der seinem Bruder eigentlich vor Scham nicht hätte in die Augen sehen dürfen, besonders herzlich willkommen. Auch auf Erden lebte ein neues Geschlecht, das Arbeit und Leid hinnahm, ohne es Epimetheus zu zeihen.

Am gestirnten Himmel aber wird als Abbild der ringförmig verstreute Inhalt der Büchse für immer von Prometheus und Pandora gemeinsam in eng begrenzter Bahn gehalten, und Epimetheus umrundet das Paar in angemessener Entfernung.

Pausanias 10, 4, 4; Ovid, Metamorphosen 1, 80–88; Aischylos, Prometheus; Hesiod, Theogonie 507–616 und Werke und Tage 42–105; Johannes von Antiocheia, frg. 13; Lukian, Prometheus; Apollodoros, Bibliothek 1, 7, 1 und 2, 5, 4 und 2, 5, 11. – Zeichnung: Herakles befreit Prometheus (Wandgemälde der Villa Pamfili).

Janus

Großes widerfuhr den ersten Menschen in Hesperien, dem Land zwischen den Meeren. Janus, der Uranfängliche unter den Göttern, nahm sich dieses frühesten Geschlechtes an, das ein kümmerliches Dasein im Wald fristete. Ihm, der das Licht und das Leben in die Welt gebracht hatte, gefiel es, auf Erden geboren zu werden, um als weiser Herrscher den Waldbewohnern zu einem besseren Leben zu verhelfen. Er führte sie zu einer gesitteteren Lebensart, verbesserte ihre Sprache und unterwies sie gemeinsam mit dem göttlichen Saturnus, der ihm später zur Seite stand, im Acker- und Obstbau. Damit begann für die Menschen eine Zeit des Wohlstandes und des langen ungetrübten Friedens.

Über seine Herkunft hatte Janus, solange er in Hesperien herrschte, nichts verlauten lassen. So kam es, daß sich später verschiedene Meinungen dazu herausbildeten. Einige bestanden darauf, er sei in ihrem eigenen Lande geboren, andere wähnten, er müsse wie das Tageslicht aus dem Osten gekommen sein. Ja, man wollte es ganz genau wissen und erzählte, er stamme aus dem thessalischen Perrhäbien und sei, dem Mondschiff am Himmelsgewölbe gleich, über das Meer zu ihnen gekommen.

Weiter erzählte man, daß Janus noch im Perrhäberland seine Schwester Camese geheiratet habe, die ihm einen Sohn, Aithex, und eine Tochter, Olistene, geboren habe. Andere aber wollten wissen, sie habe ihm den Sohn Tiberinus geboren; der sei später im Kampf in den Fluß am Fuß des von seinem Vater bewohnten Janiculumberges gestürzt und darin ertrunken. Den Fluß habe man dann nach ihm den Tiber genannt.

Das alles lag schon weit zurück; Genaueres wußte man von einem jüngeren Abenteuer. Da lebte einmal eine Nymphe in dem Hain des Helernus unweit des Tiber, die hatte schon so mancher Jüngling vergeblich zu freien versucht. Carna, so hieß sie, war Jägerin und nährte sich von dem Wild, das sie mit Speeren erlegte. Nahte sich ihr ein Freier, so hatte die Spröde immer eine Ausrede. „Hier ist es doch viel zu hell", sagte sie etwa, „in dieser Helligkeit würde mir ja die Schamröte ins Gesicht steigen. Laß uns doch lieber eine Grotte aufsuchen. Geh nur schon vor, ich folge dir gleich nach!" Und während ihr Liebhaber leichtgläubig voranschritt, verbarg sie sich rasch in einem Gebüsch und ward nicht mehr gefunden.

Dann begegnete Janus der Jägerin und wurde sogleich von brennender Liebe erfaßt. Sobald er sie zärtlich zu umarmen suchte, wandte sie ihre alte List an und schlug vor, die Grotte auf der nahen felsigen Anhöhe aufzusuchen. „Wenn wir zusammen sein wollen, muß ich vor allem wissen, ob du mir auf der Jagd folgen kannst", fügte sie hinzu. „Laß uns also um die Wette laufen!" Sie liefen nun ein Stück des Weges gemeinsam. Doch als sie an einem Dickicht vorbeikamen, blieb Carna zurück und wählte blitzschnell ein Versteck. Sie wußte ja nicht, daß Janus jederzeit zu sehen vermochte, was hinter seinem Rücken vorging. Vergeblich hatte sie das Versteck gesucht, unmöglich war es, noch länger der Liebe des doppelgesichtigen Gottes zu widerstehen.

Als Janus sein sehnliches Verlangen gestillt hatte, streichelte er Carna noch einmal zärtlich über die Wangen und sprach: „Liebste, damit uns für immer ein Band zusammenhält, will ich künftig einen Teil meiner Macht an dich abgeben, und zwar die Herrschaft über die Türangeln." Dann reichte er ihr einen Weißdornzweig und forderte: „Nimm den als Zeichen meines Dankes. Mit ihm vermagst du Unheil von den Zugängen wegzubannen, namentlich die schrecklichen Strigen, die nachts mit sanftem Flügelschlag unbemerkt zu Säuglingen vordringen, ihnen das Blut aussaugen und dann mit heulendem Kreischen davonfliegen!"

Carna soll in der Tat sehr glücklich über die Gaben gewesen sein und sie sogleich zum Wohle der kleinen Menschenkinder verwendet haben, selbst aber nicht Mutter geworden sein. Den Kinderwunsch erfüllten Janus später die Quellnymphe Juturna und die See- und Quellengöttin Venilia. Jene gebar ihm auf seinem Herrschersitz Janiculum hoch über dem Tiber den Sohn Fontus, diese auf dem Palatinischen Berg die Nymphe Canens. An Canens hatte Janus seine größte Freude. Sie war von selten schöner Gestalt und ihre Stimme klang so wundervoll, daß sie das Wild zu zähmen vermochte und Vögel scharenweise in ihre Nähe lockte. Später ist sie die zärtliche Gattin von Picus geworden, dem irdischen Sohn von Saturnus.

Janus und Saturnus hatten, wie gesagt, beiderseits des Tiber in trauter Zusammenarbeit als Könige das Wohlergehen der Menschen gefördert. Als sie es für gesichert hielten und Picus als würdiger Nachfolger eingewiesen war, verließen sie die Ihrigen, erst Saturnus und dann auch Janus. Die ins Unsichtbare Entrückten blieben indessen ihrem Volk weiterhin besonders gewogen. Solange es sich in der Verehrung der beiden Götter vereinte, konnte es deren himmlischen Beistandes gewiß sein.

Einmal half Janus den Römern sogar dann, als sie sich zur Zeit ihres Königs Romulus durch den Raub der schönen sabinischen Marktfrauen ins Unrecht gesetzt hatten. Der sabinische König Tatius schwor damals Rache und zog mit einem Heer gegen Rom. Vom Nordosten her suchte er durch das dem Janus heilige Doppeltor in das Herz der Tiberstadt vorzustoßen. Juno stand auf der Seite der Sabiner und bahnte ihnen den Weg, indem sie die Riegel des Tores löste. Schon drohte das feindliche Heer durch das Tor zu stürmen, da entfesselte Janus – der ja, wie alle Götter, selbst handeln, aber nicht die Tat eines anderen Gottes rückgängig machen durfte – die Mächte der Tiefe und ließ in dem Torbogen plötzlich einen gewaltigen Quell glühend heißen Wassers emporschießen, das mit grünlichem Schwefel durchsetzt war und mit seiner Wucht die Angreifer in die Flucht schlug. Friedlich schlichteten Romulus und Tatius dann den Streit und teilten sich die Herrschaft.

Die dankbaren Römer errichteten an dem Ort des Geschehens ein Heiligtum mit einem Altar. Seit der Zeit ward es auch Brauch, jenes Tor nur noch dann zu schließen, wenn im ganzen Lande Friede herrschte, und das war bei den alten Römern nicht eben häufig. Dem Heer sollte, wenn es in den Kampf zog, eine willkommene Rückkehr jederzeit verheißen sein, der Friede aber, wenn er hergestellt war, für längere Zeit nicht mehr entweichen dürfen. Dem Gott des anbrechenden Tages, des glückhaften Beginnens im Himmel und auf Erden, zu Lande und zur See, dem Ursprung aller Quellen, dem Schützer des Einganges und damit aller Türen und Tore, galt nimmermüde Verehrung. Janus war es ja auch, der bei anderen Göttern Gehör verschaffte. Ihm gebührte die Eingangsformel bei allen Gebeten und Opfern. Münzen mit seinem Doppelkopf und dem auf der Rückseite dargestellten Schiff des Saturnus erinnerten an eine glückliche Zeit der Menschheit.

Athenaeus, Deipnosophistae 15, 692 d–e; Ovid, Festkalender 1, 265–282 und 6, 101–140; Ovid, Metamorphosen 14, 332–345 und 781–804; Arnobius Afer, Sieben Bücher wider die Heiden 3, 29. – Zeichnung: Janus (auf einer großen römischen Münze).

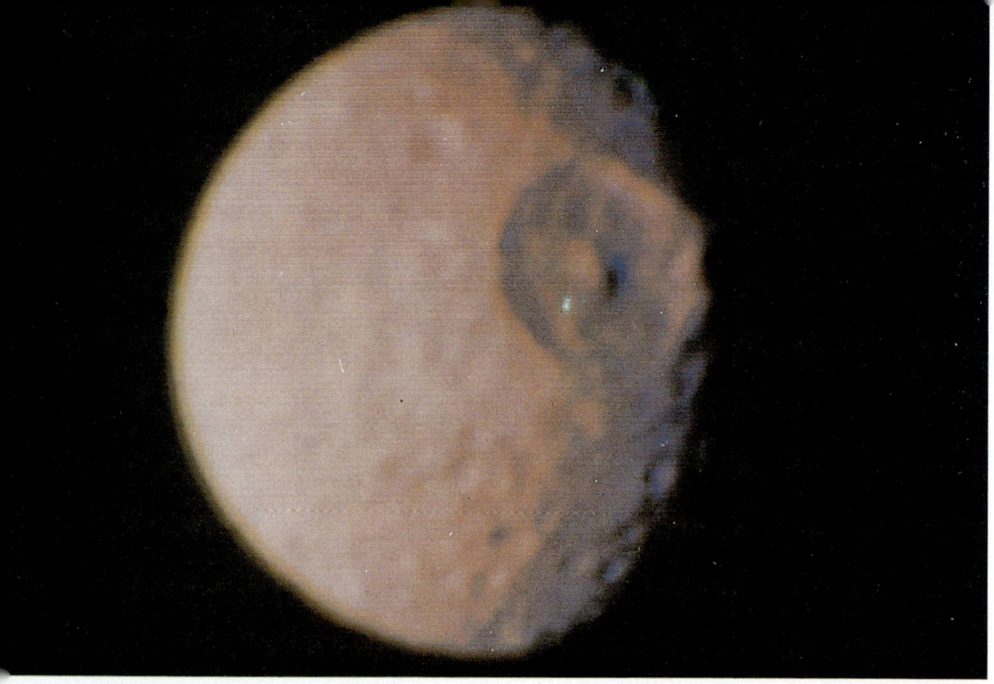

◀ *Mimas*
Enceladus
▼

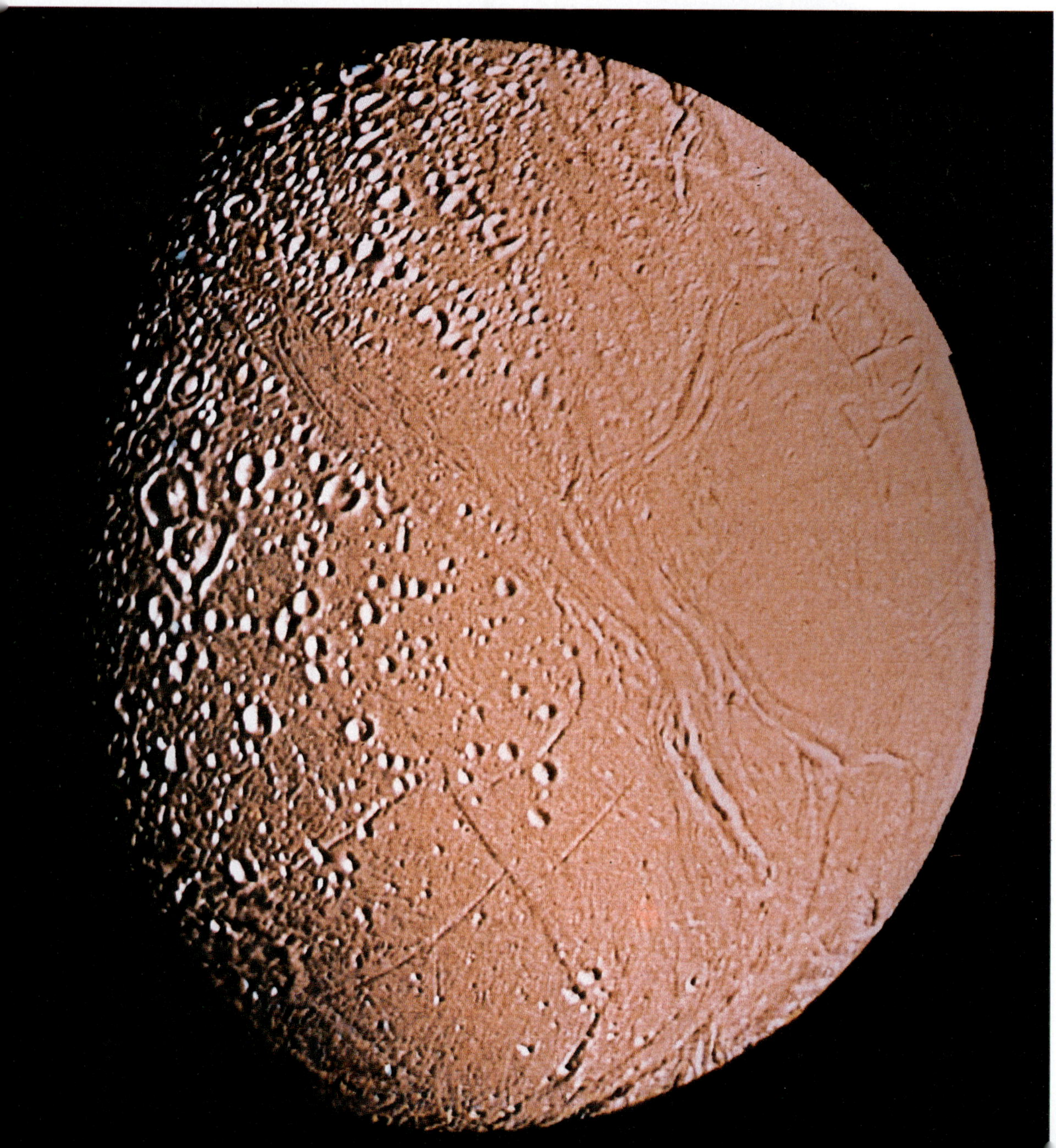

MIMAS UND ENCELADUS

Die kräftemäßige Beeinflussung im Saturnsystem zeigt sich auch am Beispiel des 392 km großen Mondes Mimas. Mit seiner 3,08 Saturnradien vom Planetenzentrum entfernten Bahn ist er für die elliptische Ausformung des 1,13 Saturnradien weiter nach innen liegenden Randes des Ringes B verantwortlich, dessen große Hauptachse auf diese Weise 140 km länger als die kleine Hauptachse ist. Die Oberfläche des vorwiegend felsigen Trabanten ist mit Kratern und zahlreichen bis zu 90 km langen Cañons bedeckt. Das Wahrzeichen der in Bewegungsrichtung weisenden Westhemisphäre ist ein 130 km großer äquatorialer Einschlagkrater mit einem 4 bis 5 km hohen Zentralberg. Dieser sich über 40 Breitengrade erstreckende Riesenkrater trägt den Namen des britischen Astronomen W. Herschel, der den Mond 1789 entdeckt hat.

Der im gleichen Jahr wie Mimas entdeckte Nachbar Enceladus weist von allen Saturnmonden die vielfältigsten Oberflächenformen auf. Sie sind durch Aufnahmen von der Sonde Voyager 2 bekanntgeworden, die sich dem 238 000 km vom Planeten entfernten Mond 1981 bis auf 87 140 km genähert hat. Obwohl Enceladus nur 500 km im Durchmesser mißt, hat er eine Aufschmelzungsphase durchgemacht, durch die seine Kruste erheblich umgestaltet worden ist. Erkennbar sind geologisch alte Gebiete mit 10 bis 20 km großen abgeplatteten Kratern, sodann Flächen mit 10 bis 20 km großen gut erhaltenen Kratern, Flächen mit 5 bis 10 km großen schalenförmigen Kratern, ferner spaltenbedeckte Gebiete mit 2 bis 5 km großen Kratern, glatte kraterfreie Ebenen und schließlich glatte Ebenen mit Rissen und Spalten. Die kraterarmen Regionen, die in der östlichen, also nicht in Flugrichtung weisenden Hemisphäre liegen, wo Kometeneinschläge sehr viel seltener sind, dürften ein Alter von nur hundert Millionen bis zu einigen hundert Millionen Jahren haben. Auf der vereisten Oberfläche des Trabanten deuten die glatten Ebenen auf Überflutungen hin und die geradlinigen Verwerfungen und gewundenen Täler auf tektonische Vorgänge, eine Ausdehnung der Eiskruste. Die für die Veränderungen notwendige Wärme dürfte durch Gezeiteneinflüsse zustande kommen, die nach jeweils zwei Umläufen oder 2,74 Erdtagen von dem erheblich größeren Mond Dione aus 140 000 km Entfernung auf den gleichen Sektor ausgeübt werden, wobei periodisch noch ein zusätzlicher Einfluß, bzw. doppelter Einfluß von dem sich bis auf 50 000 km annähernden ebenfalls erheblich größeren Mond Tethys ausgeht. Dann gelangt offensichtlich das unter einer festen Kruste erwärmte Wasser- und Ammoniakeis an die Oberfläche und überflutet sie. Die Begrenzung auf bestimmte Gegenden könnte ihre Ursache in dort vorhandenen Einschlagkratern oder Methan-Geysiren haben, durch die das Wasser an die Oberfläche dringt. Die dauernde – bis in die Gegenwart reichende – eruptive Aktivität dürfte auch die Ursache des Saturnringes E sein, der die Monde Enceladus und Tethys in sich schließt. Die Beobachtung, daß der Ring in dem Bereich der Bahn von Enceladus am hellsten ist, läßt diesen Mond eindeutig als Quelle der Ringteilchen erscheinen. Enceladus ist mit einer Albedo

◀ ***Mimas**, Voyager-1-Aufnahme vom 12. 11. 1980 aus 540 000 km Entfernung (NASA).*
***Enceladus**, Voyager-2-Fotomosaik vom 25. 8. 1981 aus 119 000 km Entfernung (NASA).*

von 1.0 der hellste Körper im Sonnensystem. Bei diesem hohen Reflexionsvermögen beträgt die Oberflächentemperatur nur −201 °C.

Bei einer Überprüfung der Voyager-2-Aufnahmen vom Saturnring E hat S. P. Synnott 1986 zwischen den Bahnen von Mimas und Enceladus noch einen winzigen, nur 3 bis $3^1/_2$ km großen Mond aufgefunden.

Mimas und Enceladus – Mimas, Enkelados

Auf den Phlegra, d. h. Brandstätte, genannten Gefilden der vom Olymp durch eine Meeresbucht getrennten Halbinsel Pallene wölbte sich einst der Leib Mutter Erdes und brachte ein Geschlecht gewaltiger, aber sterblicher Riesen hervor, die Giganten. Es waren zuletzt Dutzende, vielleicht hundert an der Zahl, alle gezeugt aus den Blutstropfen, die der Schoß Gaias bei der Verstümmelung des Himmelsvaters Uranos empfangen hatte. Kaum waren sie geboren, balgten sie sich auch schon und übten sich für Kampf und Krieg. Und wie wild sie anzusehen waren! Sie hatten gräßliche Gesichter, und das Haar hing ihnen von Haupt und Kinn lang und zottig herab. Viele hatten geschuppte Beine und an Stelle der Füße Drachenschwänze oder Schlangenköpfe.

Die Giganten tobten so sehr, daß der Boden weithin dröhnte und erzitterte. Mutter Erde hatte ihre helle Freude und hegte große Erwartungen in ihre Geschöpfe, besonders in Mimas, den wie ein Pferd Wiehernden, und Enkelados, den Tosenden. Schon bald hielt Gaia ihre Giganten für unbesiegbar. Sie rief alle zu sich und sprach: „Meine Söhne, ich habe euch eine große Aufgabe zugedacht, und ihr könnt sie erfüllen, weil ihr stark seid, weil ihr den Verrat so haßt wie ich und weil ihr die Schande nicht hinnehmen wollt, daß eure Geschwister, die Titanen, von ihren eigenen Kindern gestürzt und in den Tartaros verbannt worden sind. Nun gilt es, die Ehre unserer Familie wiederherzustellen. Zahlt Zeus und seiner Sippe die Schandtat heim! Zwar könnt ihr den Olympiern nicht das Leben nehmen, wohl aber alle Macht. Nehmt euch diese Macht und befreit die Titanen von ihren Ketten! Berge, Felsklippen und Inseln sind mein eigen, drum zögert nicht, sie als Waffen gegen die Frevler einzusetzen!"

Jubelnde Freude war die Antwort. Enkelados, als Häuptling von allen anerkannt, ließ seine Brüder Baumstämme zurechtstutzen und als Keulen und brennende Fackeln zugleich in die Hand nehmen. „Ich bin stolz auf euch!" rief Gaia der wild entschlossenen Schar zu. „Den Tapfersten von euch steht es zu, sich eine der hohen Göttinnen zur Frau zu nehmen, Aphrodite, Artemis und Athene! Und du, Enkelados, sichere dir die Herrschaft über das weite Meer!"

Von einer geglückten Überraschung hing viel ab. Den ungestüm vorwärts drängenden Riesen stellten sich indessen, noch ehe sie den Abhang des Olymp erreicht hatten, die Götter jäh von allen Seiten zum Zweikampf. Ein sonderbarer Anblick, wie sie in ihren wallenden Gewändern gegen die halbnackten Unholde antraten! Sie brauchten ja nicht allein auf die Kraft ihrer Arme und Hände zu vertrauen, sondern konnten überaus gefährlichere, mordende Waffen einsetzen, indem sich z. B. Zeus des Donnerkeils bediente, Poseidon des Dreizacks, Dionysos des weinlaubumwundenen Stabes, des Thyrsos, und Artemis ihres zielsicheren Bogens. Dunkles Gewölk ballte sich über der Ägäis zusammen, und bald bebte die Erde vom Schlachtengetümmel. Wo die Giganten kämpften, da verschwanden Klippen im Meer, trockneten Uferstrecken aus, änderten Flüsse ihren Lauf. In wilden Bewegungen mußten die Götter den von Riesenhänden geschleuderten rotglühenden Eisensteinen ausweichen und dann wieder gewaltigen Felsbrocken, die rund um den Olymp neue Berge auftürmten: den Öta, Pelion, Ossa, Athos – – –!

Doch bald fiel der erste Gigant, getroffen vom blitzenden Schwert des Ares und zerquetscht von den Rädern des Wagens, mit dem der Kriegsgott eine blutige Spur in das Schlachtfeld preßte. Da stürzte Mimas vor, seinen Bruder zu rächen. Er riß die Insel Lemnos mitsamt ihrem feuerspeienden Vulkan aus dem donnernd aufschäumenden Ägäischen Meer. Loszuschleudern vermochte er sie nicht. Die Insel platschte wieder zurück, weil Ares im gleichen Augenblick den Kopf von Mimas mit einem Speer durchbohrte. Hirnmasse drang aus der klaffenden Wunde des – so schien es – tödlich Getroffenen. Die natternköpfigen Füße aber bewegten sich tänzelnd; sie zischten dem davonjagenden Kriegsgott einen Racheschwur nach. Und die Schlangenbeine schleppten den Körper in raschen Bewegungen auf das windige, baumreiche Vorgebirge Kleinasiens gegenüber der Insel Chios.

Immer heftiger tobte der Kampf. Bis auf Hestia und Demeter nahmen sämtliche Götter, selbst die Moiren, an der Schlacht teil. Ihre Überlegenheit im Kampf schien sich zunächst zu bestätigen. Bis es sich herausstellte, daß die im Boden zerschmetterten Giganten allein durch die Berührung mit der Erde nach und nach aufs neue erstarkten. Ein Orakelspruch ließ die Götter wissen, daß die Giganten – sofern sie nicht tief unter Erdmassen begraben würden – nur dann den Tod finden könnten, wenn ein Sterblicher auf der Seite der Götter mitkämpfen würde. Da machte sich Gaia auf die Suche nach einem Zauberkraut, um ihre Söhne auch gegen Sterbliche gefeit zu machen. Aber Zeus kam ihr zuvor.

Er verbot der Morgenröte, dem Mond und der Sonne zu scheinen und schnitt eilig das Kraut selbst ab. Dann ließ er Herakles, den siegreichen, aber sterblichen Recken, durch Athene zur Teilnahme am Kampf auffordern.

Das Kriegsglück wendete sich, kaum daß er eingetroffen war. Hatte ein Gott einen Giganten niedergeworfen, so war stets auch Herakles blitzschnell mit dem Schwert oder Pfeil und Bogen zur Stelle, um ihm den Garaus zu machen. Zusehends lichteten sich die Reihen der Riesen; in Strömen ergoß sich ihr Blut durch die Schluchten. Da wich Enkelados mit den Seinen über das Meer nach Westen aus, um neue Kräfte gegen die Götter zu sammeln. Und mit ihnen zog auch Mimas, der trotz zerschmetterten Kopfes wunderbar genesen war. Weil aber die Götter den Flüchtenden rastlos nachsetzten, begab sich Mimas an der Küste Kampaniens in einen Hinterhalt. Trotzig hielt er nach Ares Ausschau, um ihn mit kühnem Schlag ins Meer zu stürzen. Der Gigant kam nicht dazu. Zeus stieß ihn, noch ehe er sich wehren konnte, mit dem lodernden Flammenstrahl eines Donnerkeils selbst ins Meer; krachend bedeckte ihn die – wer weiß, von wem geworfene – Insel Prochyta.

Den auf Kampaniens Erde niederprasselnden Blitzen hatte zuletzt nur noch Enkelados entgehen können. Auch Dionysos, dem wandlungsfähigen Kämpfer, sollte es nicht gelingen, ihn wie andere Giganten in Weinranken straucheln zu lassen und dann als Panther oder Schlange anzufallen. Er ließ daher auf Enkelados einen Hagel von Fackeln niedergehen, die mit ihrer Glut die Luft erhitzten. Dies sollte den Giganten noch nicht bezwingen, aber doch so sehr verwirren, daß er auf der Flucht nach dem Süden dem nächsten Donnerkeil des Göttervaters nicht mehr auszuweichen vermochte. Auf den brennend ins Meer Taumelnden warf Athene einen mächtigen Brocken Erde und begrub ihn unter den Landmassen, die man seither als Insel Sizilien kennt.

So sind Mimas und Enkelados, die der tödliche Pfeil des Herakles nicht mehr erreichte, am Leben geblieben, aber unter feuerspeienden Bergen für immer eingeschlossen worden. Enkelados, den stärksten aller Giganten, hat nur die geeinte Macht dreier Götter niederringen können. Und doch meldete sich, gerade als sich Gaia in unsäglicher Trauer zurückzog, noch ein vierter Bezwinger. Der Satyr Seilenos, der an der Seite seines Schülers Dionysos gestritten hatte, sprang als erster auf die neue Insel, bohrte seinen Spieß in den Lavaabhang des Ätna, aus dessen Tiefe ein Ächzen drang, und verkündete weinselig den schmunzelnden Olympiern: „Hier stehe ich auf meinem Opfer Enkelados, dem größten und letzten all unserer Gegner!“

Apollodoros, Bibliothek, 1, 6, 1–2; Claudianus, Gigantomachia; Euripides, Ion 215–220 und Kyklops 5–9; Silius Italicus, Punica 12, 147; Nonnos, Dionysiaca 48, 10–70. – Zeichnung: Gigant (auf einer unteritalischen Amphora, 4. Jhd. v. Chr.).

TETHYS

Eine zerklüftete Oberfläche zeigt der durchschnittlich 294 700 km vom Saturnmittelpunkt entfernte Mond Tethys, dessen Durchmesser mit 1060 km mehr als doppelt so groß ist wie der von Enceladus auf der innen benachbarten Bahn. Zwei Hauptstrukturen sind 1981 mit der Sonde Voyager 2 entdeckt worden, ein 420 km breiter und 16 km tiefer Krater nördlich des Äquators auf der westlichen, also in Bewegungsrichtung weisenden Hemisphäre, und ein fast 2000 km langes Kluftsystem, das sich, etwa 100 km breit und 3 bis 5 km tief, inmitten der dem Saturn zugekehrten Hemisphäre vom Südpol bis in nördliche Breiten erstreckt. Der Krater kann nur durch Einschlag entstanden sein. Da ein Aufprall jener Größenordnung den Trabanten nicht zu verformen vermocht hat, muß er seinerzeit noch warm gewesen sein. In dieser warmen Vergangenheit dürfte wie bei Enceladus eine Schweretrennung der kleineren Felsmenge von der größeren Wassermenge stattgefunden haben, die schließlich einen tiefen, eisbedeckten Ozean zurückgelassen hat. Beim Erkalten der flüssigen Zone hat sich der Eismantel um 5 bis 10 % ausgedehnt und ist dort am breitesten aufgebrochen, wo die Saturngravitation am stärksten gewirkt hat. Teile der kraterarmen Rückseite sind in jener geologisch frühen Zeit offensichtlich überflutet worden. Auf der dem Saturn zugekehrten Seite zeugt dagegen eine hohe Kraterdichte vom hohen Alter der Oberfläche. Die Oberflächentemperatur wird auf –187°C geschätzt.

An den Librationspunkten im Dreikörpersystem, den Lagrangepunkten, teilt Tethys mit zwei kleinen Monden die in 1,885 Tagen zurückgelegte Umlaufbahn. Es sind 15 bis 30 km große Fragmente eines größeren Körpers, vielleicht vom Mond Tethys selbst, als er sich in seiner Frühzeit einmal gespalten hat und sogleich wieder zusammengewachsen ist. Der Mond Telesto läuft Tethys um 60° voraus, der Mond Calypso läuft um 60° hinterher.

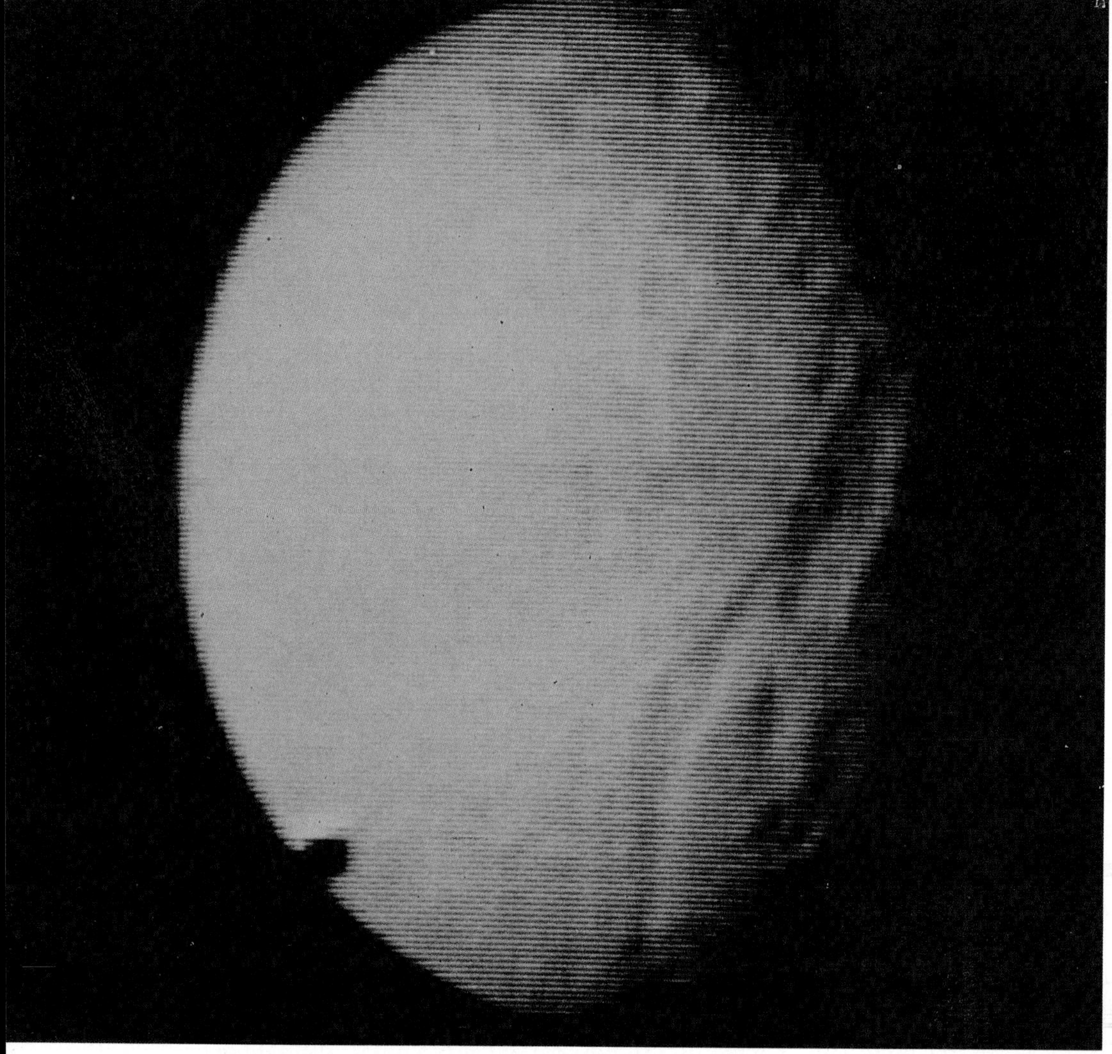

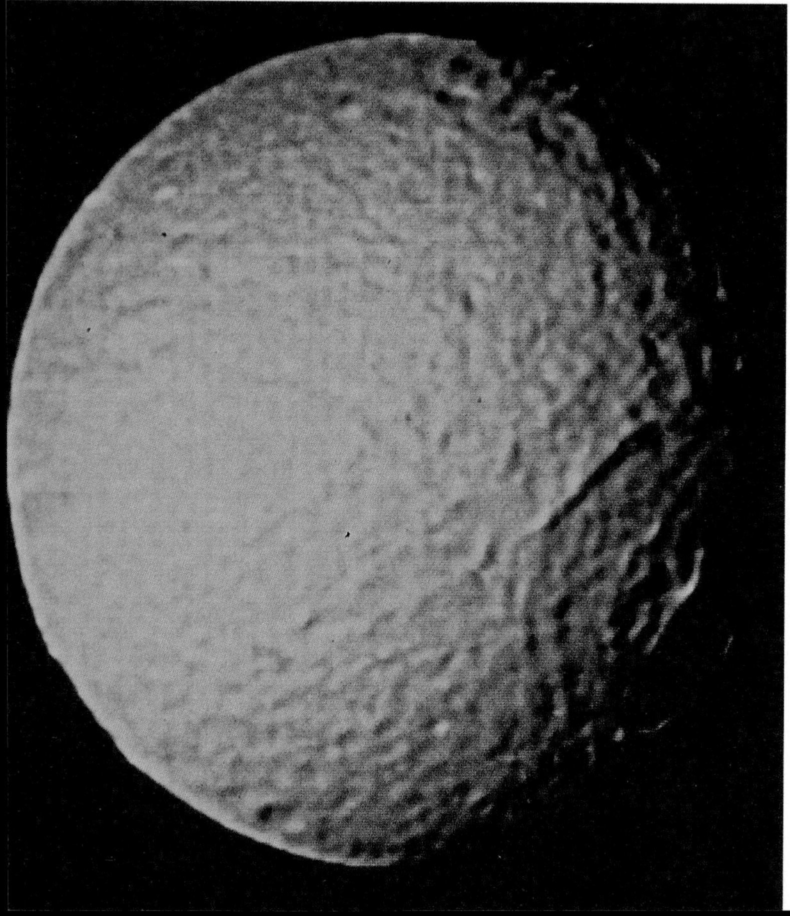

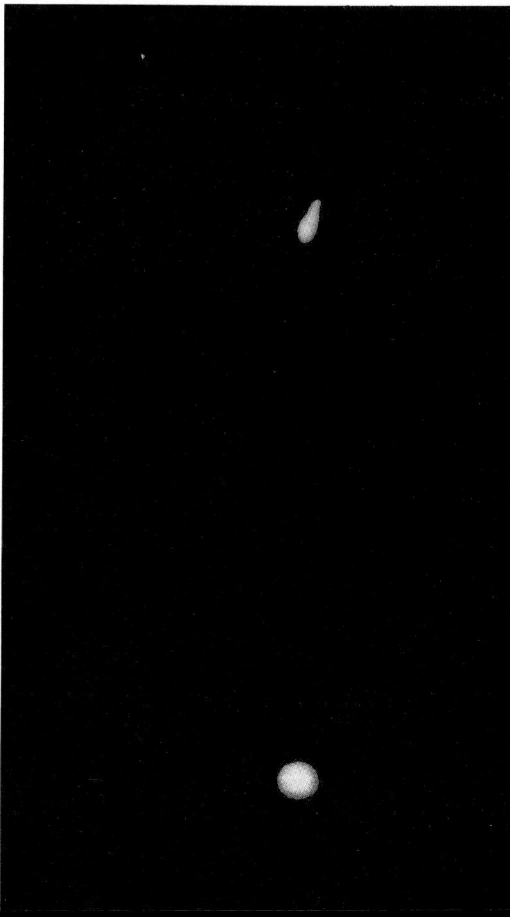

Tethys

In den Meerestiefen fern im Westen herrscht die Göttin Tethys an der Seite ihres Gatten Okeanos. Beide gehören dem gewaltigen Titanengeschlecht an, leben aber ganz zurückgezogen. Sie lassen nur selten andere als Meeresgötter den Zugang zu ihrem Palast finden und halten sich umgekehrt aus den Streitigkeiten außerhalb des Meeres heraus – nicht einmal während des Aufstandes der Kinder ihres Bruders Kronos haben sie eingegegriffen.

Dennoch reicht der Einfluß des meerbeherrschenden Paares über die ganze Erde. Okeanos umgürtet mit wallender Flut die Welt, Tethys wogt brausend an felsig-sandige Ufer und trennt die Erdteile; Flüsse und Bäche, ihre Kinder, aber breiten sich aus der Tiefe quellend wie ein feines Geäder über die weite Erde aus.

Ohne das Meer wäre die Erde wüst. Ohne die helläugige Tethys wäre sie auch ohne nächtlichen Glanz und taghelles Licht. Nachts bestimmt Tethys, welche Sterne in das Meer eintauchen dürfen und welche nicht. In jeder Tagesfrühe aber schiebt sie die Barren beiseite, auf daß die Sonnenrosse wiehernd und feuerspeiend Helios auf seinem Wagen vom Meer in den Weltraum fortziehen. Und des Abends sorgt sich Tethys, die Blaugewandete, immer aufs neue, daß Helios auf seiner jäh abfallenden Bahn nichts zustößt und nimmt ihn behutsam wieder in ihren Schoß auf. Nur einmal hat sie diese Aufgabe nicht erfüllen können – damals, als Helios seinem von ihrer Tochter Klymene geborenen Sohn Phaethon die Zügel anvertraut hatte. Der Unerfahrene stürzte so weit von der Bahn entfernt ab, daß alle Hilfe zu spät kam. Tethys vermochte nur noch voller Kummer die Joche der Sonnenrosse und die verstreut umherschwimmenden Teile des Sonnenwagens für dessen Nachbau zu bergen.

Rechtzeitig zur Stelle hat Tethys oft genug hilflos den Fluten preisgegebenen Menschen geholfen. Doch nicht immer ist ihre Hilfe willkommen gewesen. Aisakos, der Sohn des trojanischen Königs Priamos, stürzte sich von den Felsklippen seiner Heimat ins Meer, um im Tode von seinem Seelenschmerz erlöst zu werden. Sinnlos erschien ihm das Dasein

◀ *Oben:* ***Tethys mit Kluftsystem***
Voyager-1-Aufnahme vom 12. 11. 1980 aus 1,2 Mio. km Entfernung (NASA).
Unten: ***Tethys mit Riesenkrater und Tethys-Trojaner***
Rechts: Der nachlaufende Tethys-Trojaner Calypso (oben) und der voranlaufende Tethys-Trojaner Telesto (unten). Voyager-2-Aufnahmen vom 25. 8. 1981 (links aus 826 000 km Entfernung). (NASA)

ohne die heißgeliebte Nymphe Hesperie, die auf der Flucht vor ihm an einem Schlangenbiß gestorben war. Tethys fing den Lebensmüden an der Wasseroberfläche auf und ließ ihm Federn und Schwingen wachsen. Aisakos flog empor und reckte wieder und wieder im Sturzflug seinen langen Hals ins Meer; doch so oft er es auch wiederholte, den Tod vermochte der „Taucher“ nicht zu finden.

Nun kann es aber einem Sterblichen auch widerfahren, daß Tethys ihn leidenschaftlich bei sich aufzunehmen wünscht. Der Fischer Glaukos fuhr täglich hinaus aufs Meer und musterte dann am Ufer des Golfes von Euböa nahe der böotischen Stadt Anthedon seinen Fang. Der Rest des Tages sollte indes anders verlaufen als sonst. Kaum hatte Glaukos sein Netz auf einer Wiese ausgeleert, da begannen sich die Fische zu regen und ins Wasser zurückzuspringen. Er verwunderte sich und beschloß, an dieser Stelle die Grashalme zu prüfen. Er riß einige ab, zerkaute sie und schluckte den Saft. Alsbald wurde er von heftigem Verlangen nach dem anderen Reich erfüllt und folgte den Fischen in die Fluten. Da wurde ihm gewahr, daß er der Göttin Tethys verfallen war. Sie reinigte ihn mit dem Wasser von hundert sich ins Meer ergießenden Strömen von aller irdischen Schuld, gab ihm blaugrünes Haar und eine blau schimmernde Hautfarbe und ließ ihm an der Stelle der Beine einen Fischschwanz wachsen. Mit dieser Weihe nahm sie Glaukos unter die Meergötter auf. Sein Name, der die im hellen Glanz leuchtende Meerfläche bezeichnet, ward ihm zum Schicksal.

Es scheint sicher zu sein, daß Tethys sich zu solchem Tun nur aus Liebeskummer hat hinreißen lassen. Viele Jahre schon hatte sie mit ihrem Gemahl gehadert und sich ihm nicht mehr gesellt. Nirgendwo auf Erden sprudelte mehr ein neuer Quell. Da sprach die lilienarmige Hera zum Herrn des Olymp: „Immer wieder höre ich von dem Streit der beiden da unten im Meer. Das bedrückt mich zutiefst. Du weißt, daß unsere Mutter Rhea mich zu ihnen in Pflege gegeben hatte, als Vater uns alle auszurotten trachtete. Keiner könnte ihnen besser helfen als ich, zumal mir der Weg zu meinem einstigen Zufluchtsort vertraut ist. Ich will zu den beiden, die mich so liebreich erzogen haben, hingehen und versuchen, ihre Herzen zu wandeln.“ „Das hat ja noch Zeit“, versetzte Zeus, „ehe du anderen zum Lager verhilfst, wollen wir selbst es in Liebe besteigen!“ Er gebrauchte diese Ausrede, weil er Hera nicht eine so weite Reise machen lassen wollte. Aber Hera war es bitterernst um ihre Vermittlung. Auf wolkenumhülltem Liebesbett schläferte sie Zeus ein, folgte ihrer Eingebung, versöhnte mit gutem Zureden auf Dauer die beiden Meerherrscher und wurde fortan von Tethys voll Liebe als Freundin gepriesen.

Hesiod, Theogonie 131–136 und 337–370; Homer, Ilias 14, 200–353; Ovid, Metamorphosen 2, 67–160 und 2, 509–530 und 11, 767–795 und 13, 903–964. – Zeichnung: Okeanos und Tethys (Innenbild einer Silberschale aus Parabiago, 4. Jhd. n. Chr., Mailand: Pinacoteca di Brera).

Calypso und Telesto – Kalypso, Telesto

In dem weiten, endlos wogenden Westmeer waren zwei der Töchter von Okeanos und Tethys auf üppig grünenden Inseln beheimatet. Ohne Liebe, allein in der Gesellschaft einiger Dienerinnen, erfreuten sie sich dort ihres Daseins. Sie hießen Kalypso und Telesto und waren, wie alle Nymphen, bezaubernd schön und mit ewiger Jugend begnadet. Beider Haupt zierte ein kurzer Schleier, aus dem liebliche Locken wallend auf die Schultern fielen. Kalypso pflegte sich in ein blendendes Silbergewand mit goldenem Gürtel zu kleiden und Telesto in ein safrangelbes Kleid.

Sorglos war das Leben der Nymphen. Doch sorglos blieb es nicht für Kalypso, als sie eines Nachts am Strand entlangwanderte. Im fahlen Licht des Mondes gewahrte sie einen Schiffbrüchigen, der sich mit letzter Kraft an einen geborstenen Kiel klammerte und auf ihre Insel Ogygia zutrieb. Es war Odysseus, der immer noch nicht heimgekehrte Held von Troja. Neun Tage trieb er schon auf hoher See, nachdem er sein Schiff und seine wackeren Gefährten durch einen Blitzschlag des strafenden Zeus verloren hatte. Kalypso hob den Erschöpften aus den gischtschäumenden Wellen am Ufer, geleitete ihn in ihre geräumige Grotte und pflegte ihn hingebungsvoll.

Odysseus glaubte zu träumen, als er nach all den Tagen der Verzweiflung seine Umgebung musterte. Die Grotte lag im Schatten eines Haines mit Pappeln, Erlen und Zypressen, auf denen Vögel nisteten, darunter auch Habichte, Falken, Eulen und Krähen. Zur anderen Seite hin rankte ein junger blühender Weinstock, der in der Fülle seiner Trauben prangte. Rundum fiel der Blick auf weitläufige Wiesen, die von vier nahebei entspringenden und dicht nebeneinander fließenden Bächen bewässert wurden; weit und breit sprossen Veilchen und Eppich. In der Ferne – zum Ufer zu – säumte Laub- und Nadelwald das Gefilde.

Kalypso verliebte sich über alle Maßen in Odysseus. Sie bezauberte ihn mit schmeichelnden Worten, teilte auch mit ihm das nächtliche Lager im innersten Raum der Grotte, vermochte aber – und das über Jahre hinweg – sein Herz nicht zu gewinnen. Aus Dankbarkeit mehr denn aus Zuneigung streichelte er die Göttin. Auch im achten Jahr nach seiner Errettung saß er tagsüber grübelnd am steinigen Gestade und ließ Tränen auf sein von der Nymphe geschneidertes Hemd tropfen, so sehr rührte ihn das Heimweh nach seiner heißgeliebten Gattin Penelope in Ithaka.

Eines Tages vernahm Kalypso, während sie gerade singend am Webstuhl saß, Schritte vor der Grotte. Nicht Odysseus trat ein, sondern Hermes, der göttliche Herold. Er ließ sich einen Begrüßungstrunk reichen und verkündete dann mit ernster Miene: „Odysseus ist es nicht bestimmt, fern der Heimat zu sterben. Die Götter fordern dich auf, ihn umgehend freizugeben und zu den Seinen zurückfahren zu lassen!" Die Nymphe seufzte: „O ihr grausamen Götter, die ihr es den Göttinnen wehrt, sich sterbliche Männer zum Gemahl zu erwählen." Sie wollte indes den ungeduldig harrenden Gott mit den Flügelschuhen nicht im Groll scheiden lassen und beteuerte einlenkend: „Ich habe die Macht des Olymp immer anerkannt und werde mich, so schwer es mir fällt, dem Urteilsspruch von Zeus nicht widersetzen."

Odysseus blickte ungläubig auf, als Kalypso bald darauf am Strand erschien und ihm riet, ein Floß für die Heimreise zu bauen. „Ein Floß soll ich bauen und besteigen, wo doch nicht einmal mein großes Schiff den Unbilden der See standgehalten hat?" fragte er argwöhnisch und fügte hinzu: „Wie kann ich wissen, ob du nicht irgend etwas Böses gegen mich im Schilde führst?" Kalypso legte lächelnd ihre Hand auf seine Schulter und sagte: „Ich werde es nie begreifen, daß du deine alternde Gattin in der fernen Heimat meiner jugendlichen Anmut vorziehst, trotz meines Versprechens, dir die Jugend zu erhalten und Unsterblichkeit zu schenken. Aber die Götter haben mir nun geboten, deine Entscheidung zu achten. Ich schwöre dir, daß ich nur ehrliche Absichten habe."

Am Abend ließen sich beide zu einem besonders festlichen Mahl nieder, bei dem Odysseus die Kost der Sterblichen und Kalypso Nektar und Ambrosia zu sich nahm, und teilten sich dann zärtlich wie noch nie das nächtliche Lager. Am frühen Morgen reichte die Nymphe dem leidgeprüften Irrfahrer Beil, Bohrzeug und erzene Nägel, begleitete ihn in den Wald, nahm regen Anteil am Fällen der Bäume und am Zimmern des Floßes und reichte dem geliebten Mann zuletzt, als der Mast aufgerichtet war, Leinentücher zum Setzen der Segel. Vier Tage hatten die Arbeiten in Anspruch genommen. Am fünften Tag überbrachte sie Odysseus Schläuche mit Wein und Wasser, einen Korb mit Speisevorräten, ließ einen günstigen Fahrwind wehen und verabschiedete sich tapfer von dem Mann, dessen Liebe sie vergeblich gesucht hatte. „Halte dich immer nach Osten, dann gelangst du zur Insel der Phäaken, die dir ein Schiff und Geleit geben werden!" lautete ihr letzter Rat.

Kalypso lebte zunächst wieder einsam wie ihre Schwester Telesto, die sogar ihren Namen von der Weite des Wassers hatte. Aber wer sich einmal verliebt hat, wird in der Einsamkeit nie wieder glücklich, es sei denn, er zieht eigene Kinder auf. Viele Monate nach der Abfahrt des unvergeßbaren Sterblichen gebar sie ihm Zwillinge und nannte sie Nausithoos und Nausinoos oder Segler und Schiffer.

Hesiod, Theogonie 358–359 und 1017–1020; Homer, Odyssee 1, 11–87 und 5, 13–277 und 7, 245–267. – Abbildung: Hermes und Kalypso (Amphora aus Melos um 600 v. Chr., Athen).

DIONE

Dione hat mit einem Durchmesser von 1120 km etwa die gleiche Größe wie Tethys in der benachbarten, 82700 km entfernten Umlaufbahn. Dione, der äußere dieser beiden Monde, ist aber merkwürdigerweise erheblich dichter und dürfte zu gleichen Teilen aus Eis und Gestein bestehen. Der 1980 fotografisch erfaßte Teil der Oberfläche weist deutliche Anzeichen einer Umgestaltung des Eismantels durch Eruption, Ausdehnung oder Verwerfungen auf. Die Westhemisphäre ist durch bis zu 350 km lange Cañons und Einschlagkrater aller Größenordnungen gekennzeichnet, von denen der größte, Aeneas, 80 km im Durchmesser mißt und einen Zentralberg hat. Die Osthemisphäre ist durch streifenförmiges Auswurfmaterial geprägt. Von der zentralen Ringstruktur Amata aus überziehen helle, z. T. gebündelte Streifen strahlenförmig die gesamte Hemisphäre. Auch zwei kleinere Krater sind Ausgangspunkte von Streifensystemen.

Dione hat wahrscheinlich eine Spaltung erlebt und ist sogleich wieder zusammengewachsen. Drei Fragmente von 35 mal 30 km, 15 bis 20 km und 7 km Größe aber haben sich verselbständigt und einen eigenen Platz nahe der Umlaufbahn von Dione eingenommen, so daß deren Umlaufszeit etwas länger als die Diones mit ihren 2,737 Tagen ist. Der größte der drei kleinen Monde (S XII oder 1980 S 6) bewegt sich am Lagrangepunkt 60° vor dem Hauptmond, die kleineren (1981 S 7 und 1981 S 8) sind nur ein bis zwei Grad von jenen entfernt, entgehen aber auf Grund einer besonderen Dynamik einem Zusammenstoß.

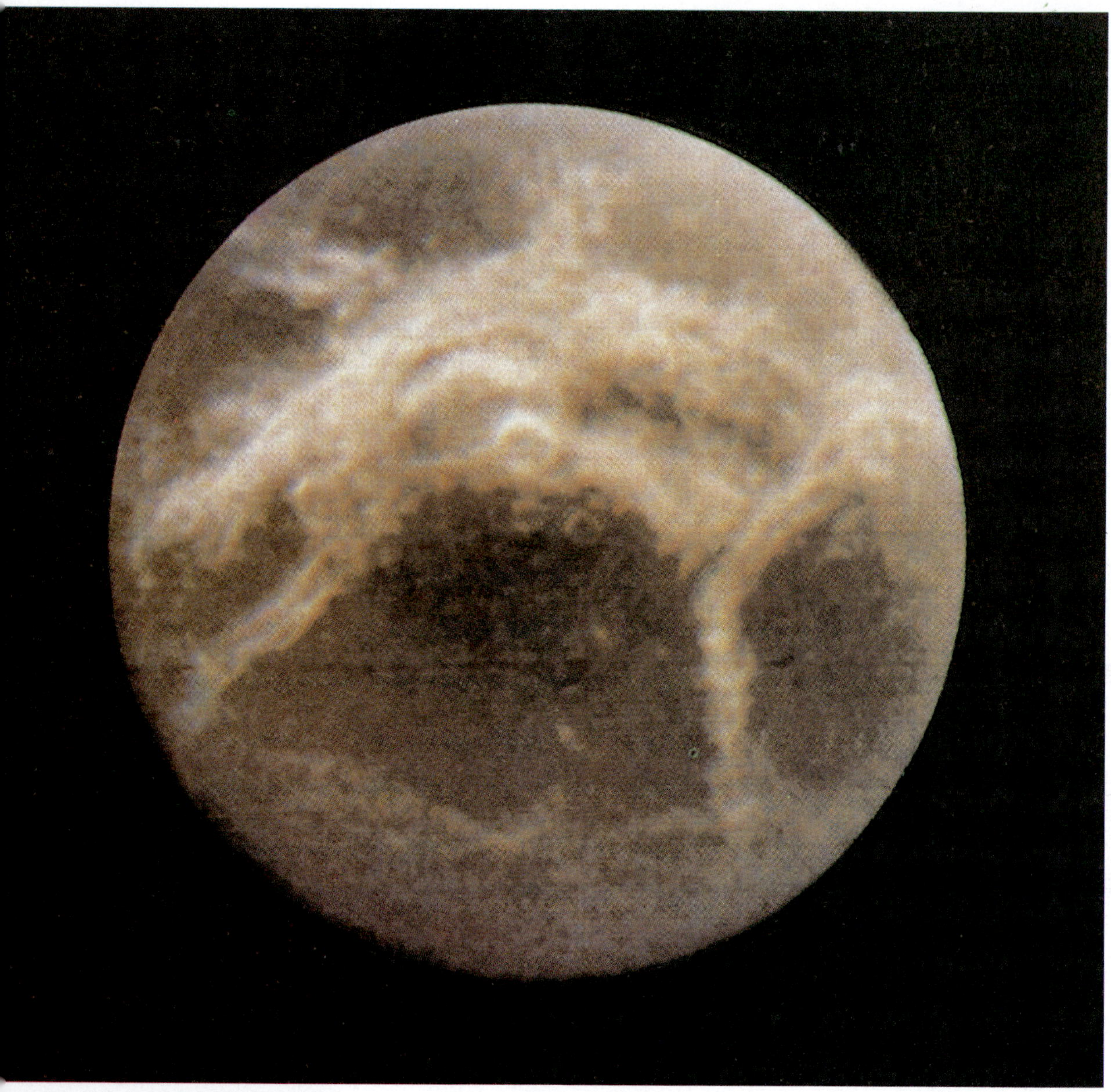

Dione und Dione-Trojaner 1980 S 6

▲ *Dione: Voyager-1-Aufnahme vom 12. 11. 1980 aus 695 000 km Entfernung (NASA).*

◀ *1980 S 6: Voyager-2-Aufnahme vom 25. 8. 1981 (NASA).*

Dione

Wehklagend, die blutüberströmte Hand vor der Brust, durcheilte Aphrodite den Saal des olympischen Palastes und sank in den Schoß Diones. Bei der Gefährtin des Zeus suchte die Liebesgöttin Geborgenheit und Hilfe wie bei einer Mutter. Es war ja so, daß in den Augen vieler Dione wirklich die leibliche Mutter der Schaumentsprossenen war, die sie gleich nach der Geburt in ihre Obhut genommen und liebevoll umsorgt hatte. „Unten in Ilion kämpfen die Achäer nicht mehr allein gegen die Troer", schluchzte Aphrodite, „sie erheben sich bereits gegen Götter. Als ich meinen heißgeliebten Sohn Äneas heimlich vom Schlachtfeld tragen wollte, griff Diomedes, des Tydeus Sohn, mich an und schleuderte seinen Speer in mein Handgelenk!"

Dione drückte die Blutende an sich und streichelte sie. „Beruhige dich, Kypris", sprach sie sanft, „laß es dir ein Trost sein, daß schon so mancher von uns Olympiern solche Schmerzen der Verwundung zu erleiden hatte. Der Tydide soll sich nur hüten, daß ihm nicht bald ein stärkerer Gott, als du es bist, entgegentritt. Wer gegen Unsterbliche kämpft, wird nicht mehr lange leben." Dione legte ihre Hände auf die Wunde, um das unsterbliche Blut zu stillen. Und siehe, schon bald kam der Fluß des Ichors zum Stehen; die Hand begann zu heilen und die grimmigen Schmerzen schwanden!

Vom anderen Ende des Saales her strahlte der Göttervater seine Gemahlin an und musterte, als sie sich erhob, ihr gegürtetes Gewand, den darüber liegenden, von der linken Schulter gehaltenen Umhang und die bis auf die Brust fallenden Locken. Gütig lächelnd rief er dann der goldenen Aphrodite zu: „Kümmere du dich um die Ehen. Vom Trojanischen Krieg aber halte dich fern. Das Schlachtfeld überlaß Athene und Ares!"

Seine eigene Ehe hatte Zeus bei diesen Worten gewiß nicht im Sinn. Wer sollte ihm auch helfen, wenn die Liebe zu seiner Gattin verkümmerte? Dione, die Tochter des Uranos oder – wie einige meinen – des Okeanos, hatte er nach dem Tode seiner ersten Gemahlin Metis geehelicht. Ob sie nun eine Titanin oder Okeanide war, jedenfalls hatte sie sich in den Götterkämpfen auf die Seite der Olympier geschlagen; mit gezücktem Schwert war sie gegen die Giganten zu Felde gezogen. Zeus war damals in Liebe zu der tapferen Frau entbrannt. Noch gehörte all sein Sinnen ihr. Aber beider Herzen waren nicht auf ewig füreinander bestimmt. Wie jeder weiß, hat sich Zeus später von Dione getrennt und Hera zur Frau genommen.

Nach der Entthronung verlieren sich Diones Spuren im dunkeln. Es besteht der schreckliche Verdacht, daß sie es war, die die Gattin des lydischen Königs Tantalos, eines Freundes von Zeus, geworden ist. Denn Dione war der – freilich umstrittene – Name jener leidgeprüften Frau, deren ganze Familie binnen kurzer Zeit göttlichem Fluch zum Opfer fiel. Tantalos hatte, so heißt es, den Göttern bei einem gemeinsamen Festmahl Speise gereicht, die mit dem Fleisch seines eigens dafür geschlachteten Sohnes Pelops vermengt war. Zeus war empört. Um ein für allemal klarzustellen, daß ein solches Opfer die Götter nicht ehren kann, weihte er das Königtum des Frevlers dem Untergang und schickte ihn selbst in die Unterwelt, wo er zu ewigem Hunger und Durst verdammt wurde. Pelops wurde zwar durch göttliche Kunst wunderbar wiederhergestellt und Unsterblichkeit verliehen, um so grausamer aber vollendete sich das Schicksal seiner einzigen Schwester Niobe in Theben. Als sie einmal prahlte, sieben Söhnen und sieben Töchtern das Leben geschenkt zu haben, während Leto nur Apoll und Artemis geboren habe, ließ die beleidigte Göttin alle vierzehn Kinder sterben. Niobe floh weinend in die Heimat ihrer Eltern und wurde dort von Zeus aus Mitleid zu Stein verwandelt.

Welcher Weg Dione auch beschieden gewesen sein mag, in der menschlichen Verehrung überdauerte das Bild von der liebenden Gemahlin des Göttervaters. Bei Dodona, einer Stadt in Epirus inmitten üppiger Getreidefelder und saftiger Wiesen am Fuße des Tomaros-Gebirges, war dem Götterpaar in ältesten Zeiten eine gemeinsame Kultstätte errichtet worden. Eine schwarze Taube, so erzählten die Priesterinnen, sei aus dem ägyptischen Theben herangeflogen gekommen, habe sich auf einer Eiche niedergelassen und in menschlicher Stimme die Errichtung eines Orakels gefordert. Mit dieser Stimme hatte nach Meinung der Augen- und Ohrenzeugen die weibliche Hälfte des Wesens von Zeus, also Dione gesprochen. Ihr wurde daher die hohe, weitverzweigte Eiche geweiht. Eine Priesterin erlauschte fortan aus dem Rascheln des vom Winde bewegten Laubes, dem Geklapper aneinanderstoßender in den Zweigen aufgehängter Kupfergefäße und vor allem aus dem Gurren der dort nistenden Tauben göttlichen Willen und in die Zukunft weisenden Rat. Später errichteten die Menschen hier einen Tempel mit einem Kultbild. Es zeigte auf gemeinsamem Throne Zeus, dessen Haupt mit Eichenlaub bekränzt war, und an seiner Seite Dione.

Homer, Ilias 5, 370–430; Gigantomachie auf dem Altar von Pergamon der Berliner Staatlichen Museen; Apollodoros, Bibliothek 1, 1, 3; Hyginus, Fabeln 9 u. 82 u. 83; Herodot, Geschichten 2, 55. – Zeichnung: Dodonäischer Zeus und Dione (auf einer epirotischen Silbermünze).

RHEA

Der mit einem Durchmesser von 1530 km zweitgrößte Saturnmond ist durchschnittlich 527 000 km vom Planetenzentrum entfernt und benötigt für den Umlauf viereinhalb Tage. Rhea hat eine ähnlich helle Oberfläche wie Dione und auch eine ähnliche Dichte (1,3 g/cm^3, Dione 1,4 g/cm^3). Das läßt darauf schließen, daß der Mond eine Kruste aus Wassereis hat, insgesamt aber zur Hälfte aus Eis und Gestein besteht. Die dem Saturn zugekehrte Hemisphäre ist heller als die Rückseite und – wie die aus nur 74 000 km Entfernung gewonnenen Bilder von der Sonde Voyager 1 aus dem Jahre 1980 zeigen – erheblich stärker verkratert. Während diese Hemisphäre vorwiegend kleinere Krater, etliche mittlere Krater mit Zentralerhebungen, einen 300 km großen Krater sowie längliche Gräben und Brüche aufweist, stellt sich die Rückseite mit nivellierten Kratern und Streifenstrukturen eher einförmig dar. Die hellen Streifen dürften durch neuere Eisauswürfe aus dem Innern hervorgerufen worden sein.

Rhea

Würzige Düfte stiegen von der Insel Samothrake qualmend zum Himmel auf und erfüllten Rhea, die große Göttin, mit Freude. Das Rauchopfer brachte ihr Liebling, der Sänger Orpheus dar. „Hehre Rhea... Allverehrte, Glänzendgestaltete... Allkönigin Rhea", klang eine liebliche Stimme in ihren Ohren. Sie selbst hatte dereinst fünf Zauberinnen, Schwestern und Helferinnen der in den Bergen schmiedenden Zwerge, der ihr dienenden Daktylen, nach Samothrake geschickt, damit sie Orpheus in die Mysterien einweihten. „Urmutter aller Geburten", so hörte sie Orpheus beten, „Mutter der Götter und sterblichen Menschen, denn aus dir ist die Erde, der breite Himmel dort oben, die Lüfte, wie auch das Meer. Schnellaufende, glänzende Luftgestalt, komm o selige Göttin! Rette mit freundlich denkendem Rat, führe den Frieden mit heilenden Gaben, die du Verderben und Todesgeschick an die Grenzen der Erde verbannst."

So wie hier in der Ägäis priesen Demütige überall auf dem alten Erdenrund, in Phry-

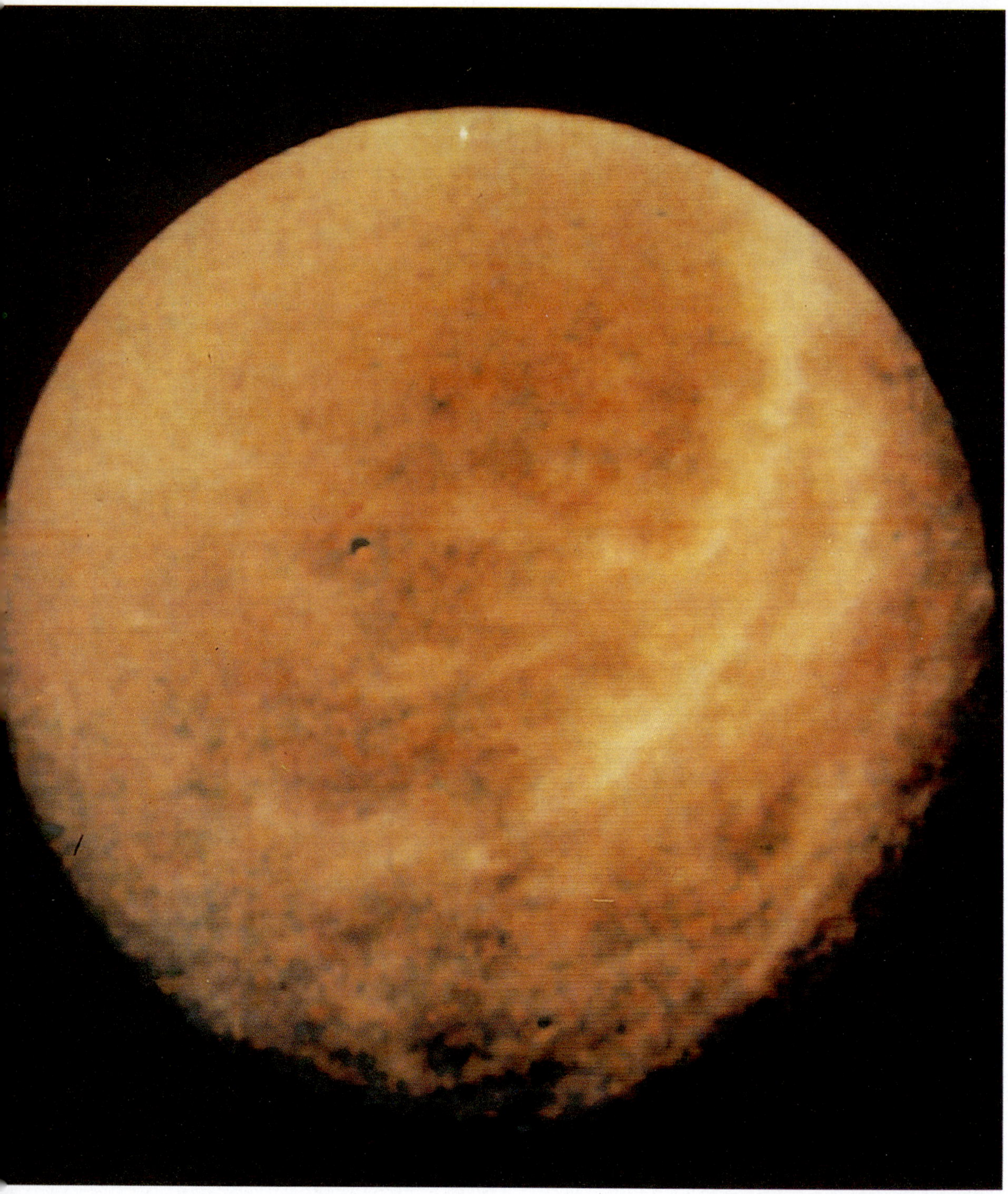

Rhea
Voyager-1-Aufnahme
vom 12. 11. 1980 aus
1,3 Mio km Entfernung (NASA).

gien, Lydien, Kreta, Arkadien, Elis und Attika, sie, die große Mutter, dankten ihr tosend, baten um Fruchtbarkeit, verzehrten sich vor Kummer an dem ihr widerfahrenen Leid.

Wahrlich groß war ihr Leid an der Seite des Kronos gewesen, mit dem gemeinsam sie vorzeiten über das weite All geboten hatte. Von ihren Kindern, den Olympiern, waren sie im Himmel und auf Erden entmachtet worden und herrschten nurmehr fern im Westen über das Reich der Seligen, eine Insel im Okeanos, wo laue Winde über Gefilde mit goldenen Blüten streichen und ihren goldglänzenden Palast umwehen.

Ihr schweres Leid, war es nicht schon am Anfang des ehelichen Bundes mit ihrem Bruder durch eigenen Frevel heraufbeschworen worden? Damals, als Kronos ihren gemeinsamen Vater entthronte, damals, als sie zusammen ihren ältesten Bruder Ophion mit seiner Gemahlin Eurynome im Okeanos gefangensetzten?

Kam nicht schon bald die Strafe, als sie die Tochter des Okeanos, Philyra, in den Armen ihres Gatten erblickte? Nun, lächeln hatte sie doch müssen, als der jäh Ertappte, von Scham erfüllte, in Hengstgestalt davongaloppierte!

Unermeßliches Leid erst brachte die Weissagung Gaias an Kronos, er werde von einem seiner eigenen Kinder vom Throne gestoßen werden. Um diesem Spruch zu entgehen, verschlang ihr Gatte ein Neugeborenes nach dem anderen, sobald es ihm von der bangen Mutter auf die Knie gesetzt worden war. Hestia, Demeter, Hera, Hades und Poseidon waren bereits in seinen gewaltigen Schlund gerutscht, als sie mit Zeus schwanger ging.

Diesmal siegte ihre Mutterliebe. Sie beschloß, den Furchtbaren zu überlisten, mochte er auch zürnen, mochte gar der ihn bedrohende Spruch in Erfüllung gehen. Sobald sie das Zeuskind heimlich in Arkadien ausgetragen und willigen Nymphen in Kreta in Pflege gegeben hatte, reichte sie statt seiner dem Vater einen in Windeln gewickelten Stein. Kronos verschluckt ihn arglos. Doch eines guten Tages mußte sein geschwollener Leib nach der Einnahme eines Brechmittels die Geschwister des Zeus wieder hergeben, allen voran aber den Stein, der am Fuß des Parnaß niederfiel.

Zeus selbst stellte dann den Stein im Heiligtum von Delphi auf und überließ den Dank an seine Mutter den Sterblichen. Dort, wo der Tempel Apolls inmitten der schimmernden Säulen und Satteldächer der heiligen Stätte emporragte, führte linkerhand vom Ausgang der Weg zur Gruft des Sohnes von Achill und dann treppauf zu dem im Schatten einer Eiche aufgestellten Stein. Ehrfürchtig nahten sich Priester und Verehrer Tag für Tag dem Stein und gossen Öl auf ihn. An allen Festen legten sie zudem ungesponnene Wolle gebündelt auf ihn nieder. Gab es ein schöneres Sinnbild des Dankes für ihre Mutterliebe? Rhea nahm es mit Wohlgefallen wahr.

Am liebsten aber blieb ihr doch der Sang des opfernden Orpheus, der sie abermals verzückte: „Aus dir ward entbunden der Stamm unsterblicher Götter und sterblicher Menschen, dir dienen die Flüsse, das ganze Meer, hochgeehrte Göttin des Herdes! Segenspenderin heißest du, weil du gerne den Menschen alle Arten von Gütern gibst. Komm zur Feier, Erhabene, des herrschenden Kronos Gemahlin, ehrwürdige Tochter des Himmels, Lebenserhalterin, Freundin rasender Leidenschaft – erscheine freudigen Sinnes, freundlich durch fromme Gefühle gestimmt!“

Orpheus, Hymnen (Übers. Plassmann); Pindar, Olympische Oden 2, 68–77; Apollonios Rhodios, Die Argonauten 1, 503–506; Hesiod, Theogonie 453–500; Pausanias 10, 24, 4–6. – Zeichnung: Rhea und Kronos (von der Kapitolinischen Ara, Rom).

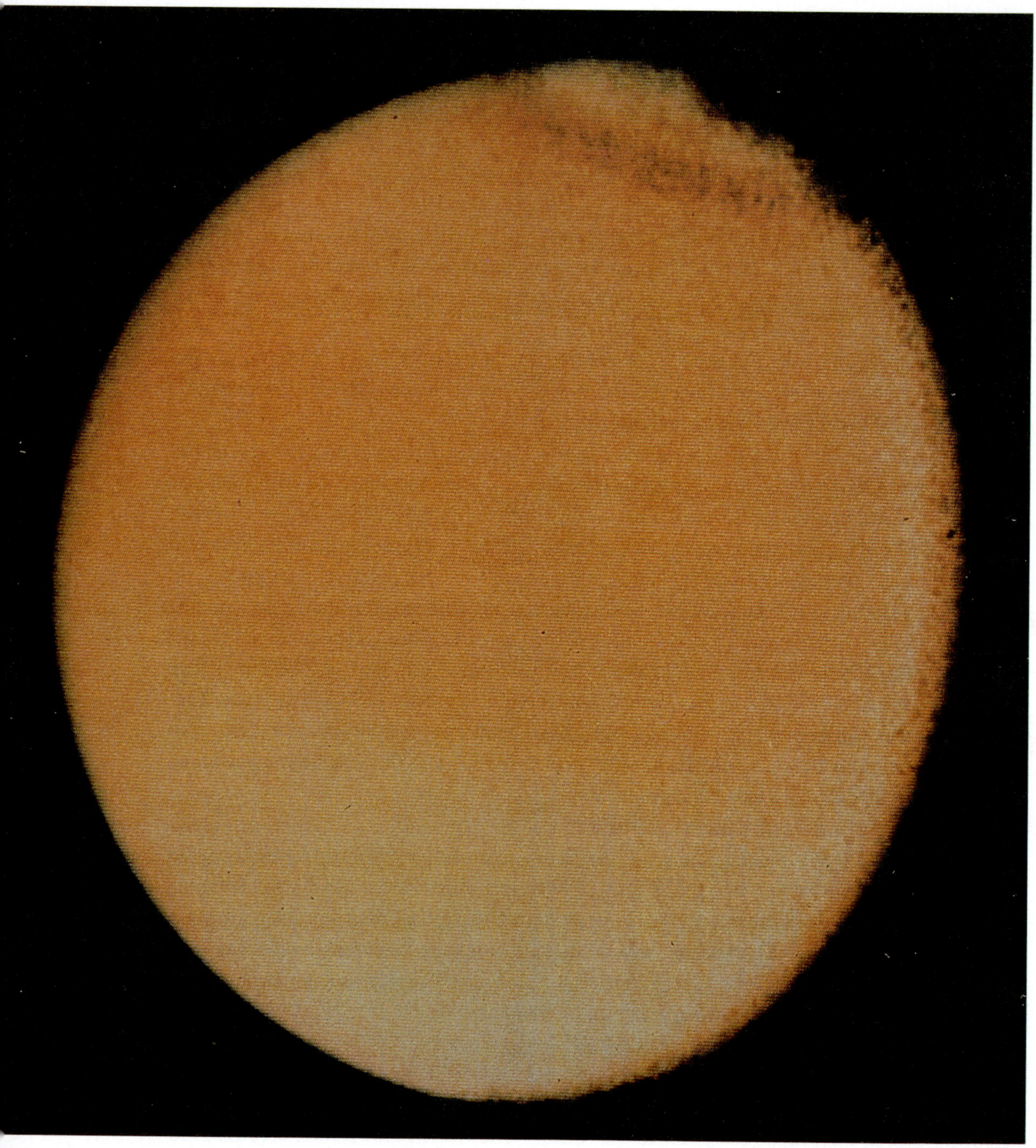

Titan
Voyager-2-Aufnahme vom 23. 8. 1981 aus 2,3 Mio km Entfernung (NASA)

TITAN

In einer Entfernung von 20,26 Saturnradien vom Mittelpunkt des Planeten, das sind 1 221 800 km, verläuft die Bahn von Titan, des bei weitem größten Saturnmondes. Mit einem Durchmesser von 5150 km ist er der zweitgrößte Trabant des Sonnensystems. 15,91 Tage benötigt er für den gebundenen Umlauf um den Planeten. Wegen seiner Helligkeit von $8.^m3$ bei mittlerer Opposition ist Titan als erster Saturnmond schon 1655 von Huygens entdeckt worden. Das Rückstrahlungsvermögen (die Albedo) liegt mit 37 % zwischen dem des Saturn (0,42) und der Erde (0,34). Titan hat als einziger Mond des Sonnensystems eine dichte Atmosphäre, die den Blick auf Einzelheiten der Oberfläche versperrt. Die Grenze der optischen Durchlässigkeit liegt 200 km über der Titanoberfläche; zwischen 200 und 300 km Höhe sind mindestens drei Dunstschleierschichten angeordnet und in 400 km Höhe noch eine ultraviolettes Licht absorbierende Schicht. Die Gesamtatmosphäre besteht, wenn man den Argon-Gehalt außer acht läßt, zu 99 % aus Stickstoff und 1 % aus Methan und anderen Kohlenwasserstoffen, sowie Kohlenstoff-Stickstoff- und Kohlenstickstoff-Wasserstoff-Verbindungen, darunter polymerem Cyanwasserstoff (Blausäure), der wahrscheinlich die orangerote Färbung der Dunstschicht mit verursacht. 1983 konnte auch Kohlenmonoxid nachgewiesen werden. Da die Rotationsachse Titans 27° gegen die Ekliptik geneigt ist, müßte im Sommer durch erhöhte UV-Einstrahlung in den oberen Atmosphäreschichten die Produktionsrate organischer Verbindungen höher sein. Tatsächlich zeigen die Nahfotos der Voyagersonden von 1981 eine Asymmetrie zwischen sommerlicher orangeroter Nordhemisphäre und winterlicher gelblicher Südhemisphäre. Die Temperatur beträgt in 70 km Höhe −173°C, in 30 bis 50 km Höhe −203°C und in Bodennähe −178°C. Die Temperaturunterschiede zwischen Tag- und Nachtseite sind nur gering und betragen selbst in den Breiten nicht mehr als 3°. An sich reicht der Druck am Boden von 1,6 bar zur Kondensation des Stickstoffs nicht aus, doch geht aus neuesten Modellrechnungen hervor, daß die Beimischung von Methan eine starke Gefrierpunkterniedrigung bewirkt. Danach könnte es auf Titan einen kilometertiefen Ozean aus 75 % Ethan, 20 % Methan und 5 % Stickstoff geben. Angesichts der geringen Löslichkeit in dem so zusammengesetzten Ozean dürfte der Boden aus einer Schicht festen Azetylens bestehen, unter der sich die Eiskruste befindet. Da Titan eine Dichte von 2 g/cm^3 hat, dürfte er zu gleichen Teilen aus Eis und Fels bestehen. In der Atmosphäre haben sich chemische Prozesse vollzogen, die der biologischen Entwicklung auf der Erde vorausgegangen sind, die niedrigen Temperaturen haben jedoch die Bildung flüssigen Wassers unmöglich gemacht.

Titan

Die Geschichte von Kronos' bzw. Saturns mächtigem Bruder Titan spielt in so weit zurückliegender Zeit, daß schon Griechen und Römer über die Namen und die Abfolge seines Geschlechts geteilter Meinung waren. Vielleicht hat ihm einmal als Gott des hellen Tageslichts zusammen mit seinem Bruder, der das Licht in der Nacht oder im Winter verkörperte, höchste Verehrung gegolten. Die bekannteren Überlieferungen sprechen indessen von den Titanen nur in der Mehrzahl und rechnen zu der Vielzahl ihrer Namen auch Kronos-Saturn. Sie alle seien vom Himmel (Uranos) gezeugt und aus dem Schoße der Erde (Gaia) hervorgegangen, so liest man. Die Kreter jedoch, die den Namen ihrer Insel von einem der Kureten genannten dämonischen Sprößlinge Rheas ableiten, sollen unweit ihrer Hauptstadt Knossos die Fundamente des Hauses der Rhea und einen ihr geweihten Zypressenhain gezeigt und weiter behauptet haben, ein Kuret sei der Vater und dessen Gemahlin Titaia die Mutter der nach ihr so benannten Titanen gewesen. Mit der Auffassung, daß Rhea selbst eine Titanin gewesen sei, läßt sich diese Meinung schwerlich vereinbaren.

Euhemeros aus Messene, der in seiner „Heiligen Schrift" von den Taten der Götter als großen Königen der Vorzeit kündet, weiß es anders. Nach dem Tode des Vaters Uranos, so schildert er als erster, seien dessen Söhne Titan, Kronos und Japetos trotz des dem Vater geleisteten Eides, sich jeweils mit einem Drittel der Herrschaft über die Erde zufrieden zu geben, in einen Streit um die Gesamtherrschaft über alle Menschen geraten. Zwischen Kronos und Titan nahm der Streit sogar gewaltsame Züge an. Titan, der äußerlich nicht so stattlich wirkte wie sein blondgelockter Bruder, mußte aber bald erkennen, daß die Mehrzahl der Götter in diesem Kampf nicht auf seiner Seite stand. Insbesondere waren ihre Mutter Gaia und ihre Schwestern Demeter und Rhea (römisch Ceres und Ops), deren letztere Kronos zur Frau genommen hatte, dem jüngeren Bruder zugetan.

Um die Königswürde wenigstens für seine Kinder, die Titanen, zu retten, suchte Titan das Gespräch mit Kronos und schlug ihm vor: „Bruder, laß uns den Streit beilegen. Deinen Anspruch auf das Königtum über alle Menschen werde ich nicht mehr bekämpfen, ja, ich will dir sogar willig und in freundschaftlicher Gesinnung den ersten Platz einräumen, wenn du nur einverstanden bist, daß die Herrschaft nach deinem Tod auf meine Söhne übergeht. Damit das auch wirklich gesichert ist, müßtest du dich natürlich einverstanden erklären, keine männlichen Nachkommen aufzuziehen!" Kronos war von dem Zugeständnis des Bruders so überrascht, und der Gedanke, mit seinem Bruder fürderhin in Frieden leben zu können, reizte ihn so sehr, daß er – ohne über die Folgerungen des entsetzlichen Plans näher nachzudenken – einwilligte. „Wir wollen es so halten, wie du vorschlägst, Bruder", sagte er und reichte Titan die Hand, „ich beanspruche die Herrschaft nur für mich, nicht für meine Söhne. Und wer weiß, ob ich überhaupt Söhne haben werde."

Es war indessen bereits das erste Kind, das Rhea zur Welt brachte, ein Knabe. Wie die Geier lauerten die Titanen der kreißenden Göttin auf, entrissen ihr das Neugeborene und schlachteten es erbarmungslos ab. Dann wurden Zwillinge geboren, Hera und Zeus oder – in der Sprache der Römer – Juno und Jupiter. Die Titanen hatten allerdings mit Zwillingen überhaupt nicht gerechnet und machten sich, sobald sie die zuerst geborene Tochter als solche erkannt hatten, davon. Voller Freude ließ die Mutter daher ihren Sohn eiligst heimlich außer Landes bringen und unerkannt aufziehen. Desgleichen wußte die Mutter die Geburt von Poseidon, auch Neptun genannt, zu verheimlichen. Dann wurde sie wieder von Zwillingen entbunden, und weil die Geburt eines Mädchens zuerst erfolgte, gelang es erneut, den Sohn Pluton bzw. Dis zu verbergen.

Es dauerte nicht lange, da kam es Titan – wer weiß wie? – dennoch zu Ohren, daß sein Bruder Söhne habe, die im Verborgenen aufgezogen würden. Da sammelte er seine Söhne, legte mit ihnen und der Hilfe weiterer Männer, insgesamt sechzig an der Zahl, den Bruder samt seiner Frau in Fesseln und ließ sie in weiter Ferne einmauern und bewachen.

Sobald Zeus aufgewachsen war und vom Schicksal seiner Eltern erfahren hatte, stellte er auf Kreta eine gewaltige Streitmacht auf und zog über das Meer wider die Frevler. Er setzte Titan für immer außer Gefecht und besiegte auch alle seine Söhne. Dann befreite er seine Eltern von ihren Fesseln, gab seinem Vater die Herrschaft zurück und kehrte nach Kreta zurück. Die Titanen schlugen sich, noch immer in Erwartung ihrer künftigen Macht, auf die Seite des Kronos und schienen so seine Herrschaft gesichert zu haben. Ein Orakelspruch, der ihn davor warnte, von einem Sohn vom Thron gestoßen zu werden, aber ließ die Ruhe trügerisch erscheinen. Um der Gefahr vorzubeugen, suchte Kronos seinen ältesten Sohn von einem Versteck aus zu ermorden.

Der Kronide entdeckte aber noch rechtzeitig den Hinterhalt und beschloß den Gegenangriff. Er lud die Götter zu sich auf den Olymp, ging kurz auf die Verschwörung gegen ihn ein und versprach: „Wer mit mir jetzt Kronos und seine Titanen bekämpft, der soll für immer seine Ehren behalten, wer aber von Kronos nicht gefördert wurde, den werde ich zu Ehre und Würden erheben." Tatsächlich gelang es Zeus, nicht nur seine Geschwister und aus der Tiefe die Kyklopen, die hundertarmigen Riesen, sowie Styx und ihre Kinder auf seine Seite zu ziehen, sondern auch die Front der Titanen aufzubrechen. Okeanos und Tethys, Themis, Mnemosyne und Rhea, ja, auch Kronos' Sohn Prometheus bekämpften ihn nicht; Hyperion wechselte später zu ihm über.

Dennoch sollte der Kampf, in dem sich Blitze- und Felsenschleuderer auf den Gipfeln des Olymp im Norden und des Othrys im Süden Thessaliens einander gegenüberstanden, volle zehn Jahre dauern. Dann hatte Zeus seine Widersacher überwältigt. Sein Onkel Titan und sein Vater Kronos hatten nacheinander von der Bühne der Herrschaft abtreten müssen. Denn unrecht Gut gedeihet nicht. Der schlimme Pakt wider das Leben noch Ungeborener hatte dem einen, der Verrat am eigenen Sohn und Retter dem anderen zuletzt die Verbannung gebracht.

Zeus aber blickte voller Mitleid auf das noch immer vom Kampfe lodernde und bis zur Unkenntlichkeit verwüstete Land Thessalien. Da ließ er, der Regenmacher, das Gebiet zwischen Olymp und Othrys von gewaltigen Flutwellen überschwemmen, auf daß es dereinst wieder bewohnbar sein würde.

Oracula Sibyllina III 110–154; Ennius, Euhemeri Sacra Historia; Diodorus Siculus, Geschichtsbibliothek 5, 66; Hesiod, Theogonie 390–403 und 617–731; Nonnos, Dionysiaca 6, 226–230. – Abbildung: Titan (Frühkorinthisches Tontäfelchen, Berlin).

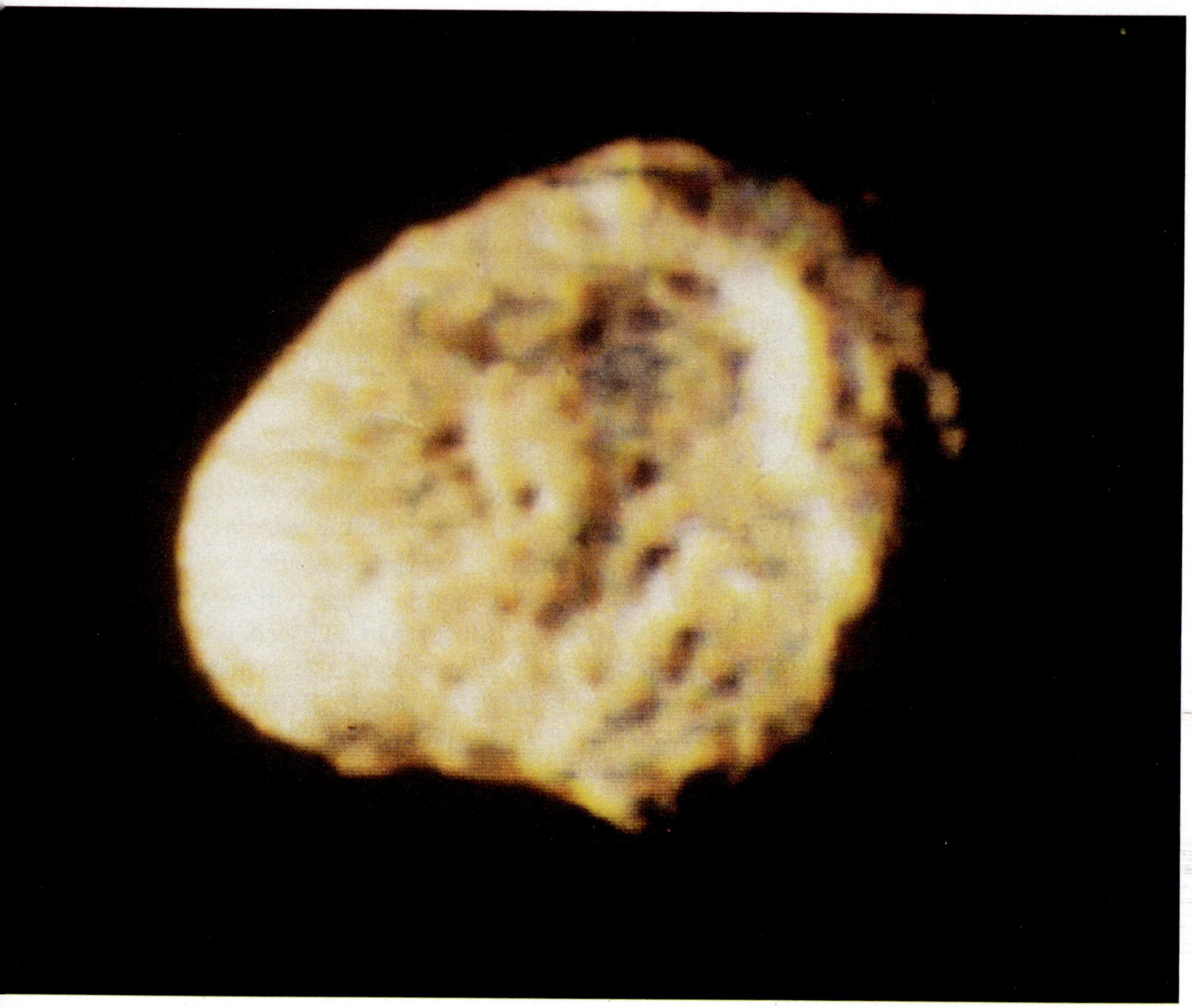

Hyperion
Voyager-2-Aufnahme vom 24. 8. 1981 aus 500 000 km Entfernung (NASA).

HYPERION

Die äußere Form dieses 1 481 100 km vom Saturnmittelpunkt entfernten Mondes, der für einen Umlauf 21,279 Tage benötigt, ist unregelmäßig. Mit einer Längsachse von 410 km, einer Ostwestachse von 260 km und einer Nordsüdachse von 220 km weist er die Form einer etwas abgeplatteten Tonne auf und ähnelt darin Amalthea. Beide Monde sind vielleicht einmal kugelförmig gewesen und durch Zusammenstoß mit einem in das Planetensystem eingedrungenen Objekt gestutzt worden. Bei Amalthea ist innerhalb eines langen Zeitraumes die Längsachse durch Gezeitenkräfte auf den Jupiter ausgerichtet worden, Hyperion aber ist offensichtlich erst in geologisch jüngerer Zeit zerstört worden, denn von den bisher bekannten nicht sphärischen Monden ist er der einzige, dessen Längsachse noch nicht zum Planeten weist und der wahrscheinlich in nicht gebundener Rotation um die kleine Achse rotiert. Hyperion könnte andererseits erst lange, nachdem er seine jetzige Gestalt erhalten hat, durch ein kosmisches Projektil aus der bereits eingenommenen Längsachsen-Orientierung geworfen worden sein. Darauf deutet ein 120 km breiter und 10 km tiefer Großkrater hin. Einige Einschlagkrater sind 40 bis 50 km groß, viele etwa 10 km. Anzeichen für die einstige Abspaltung sind Böschungen. Der 1848 entdeckte Hyperion ist einer der dunkelsten Monde des Saturn. Obwohl sein Inneres zu einem erheblichen Teil aus Eis zu bestehen scheint, muß der Eismantel doch mit äußerst dunklem Gestein durchsetzt sein. Bei den Steinen könnte es sich um Schuttbrocken handeln, die von Phoebe stammen, hauptsächlich den Nachbarmond Japetus erreicht haben, z. T. aber auch Hyperion und dann dessen Oberfläche verdunkelt und gerötet haben.

Hyperion

„Hoch oben wandelnd“ – wie schon sein Name sagt – durchdrang der vom Himmel gezeugte und von Mutter Erde geborene Hyperion die Welt mit seinem Glanz. Herrlich war er anzusehen! Königliche Würde strahlte seine Gestalt aus, golden war sein kurzgelocktes Haar, golden glänzte sein fußlanges Gewand. Wo immer er sich zeigte, mußte sich die eisige Kälte zurückziehen und das Dunkel der Nacht auf die Schattenseite aufglühender Berge und Schluchten verkriechen. Ohne ihn hätte das Menschengeschlecht nie zum Leben erweckt werden können, gäbe es keine Jahreszeiten, keine Kenntnis vom Lauf des Mondes und der anderen Gestirne.

Die Entwicklung seiner hervorragenden Fähigkeiten verdankte Hyperion zu einem guten Teil seiner ältesten Schwester Theia, der Basileia oder Königin, wie sie auch genannt wurde. Denn sie hatte, klug und einsichtig wie sie war, schon früh die gemeinsame Erziehung ihrer Geschwister übernommen und ihnen die Liebe einer Mutter ersetzt. Hyperion war ihr Lieblingsbruder, aber das ließ sie sich wohlweislich vor ihren anderen fünf Brüdern und fünf Schwestern nicht anmerken. Erst als Kronos gegen seinen Vater die Himmelsherrschaft für die Titanen erstritten und sich eine Schwester zur Frau genommen hatte, fanden auch die Geschwister Theia und Hyperion in Liebe zusammen.

Sie bekamen nacheinander drei Kinder, den kräftigen, rotwangigen Helios, die zarte, bleiche Selene und die rosenfingrige Eos. Die wurden anfangs allseits wegen ihrer Schönheit und Verständigkeit gepriesen. Dann aber schlug die Bewunderung mehr und mehr in Neid um, und schließlich sahen die Brüder die Himmelsherrschaft durch Hyperion gefährdet. Sie verschworen sich untereinander, lockten ihren strahlenden Bruder mit seinem noch knabenhaften Sohn zum Fluß Eridanos und stießen beide in die reißende Flut. Selene, die ihren Bruder über alle Maßen liebte, sprang ihnen in jäher Verzweiflung nach und ertrank ebenfalls.

Theia wäre vor Gram schier das Herz gebrochen. Da erschien ihr Helios im Traum und sagte: „Mutter, ich kann es nicht länger ertragen, deine lieben großen Augen mit Tränen gefüllt zu sehen. Laß das Weinen, denn wir drei Ertrunkenen leben fort und werden bald neu erstrahlen. Die Titanen aber wird die verdiente Strafe treffen!“

Wirklich wurde der Frevel schon bald gerächt. Zeus nahm den Titanen alle Macht und warf sie in den tiefen, finsteren Tartaros. Helios und Selene aber leuchteten fern von ihnen als prächtige Gestirne am Himmel auf.

Auch Hyperion war zu neuem Leben erwacht und zog wieder in seinen goldenen Palast ein. Da er bei Zeus nicht in Ungnade gefallen war, luden ihn die Brüder zu sich ein, um ihn zu bitten, bei der Wiederherstellung des Königtums von Kronos behilflich zu sein. Hyperion begab sich auch zu ihnen. Doch sein Glanz ließ die Brüder auf einmal ihr Elend und ihre Unzulänglichkeit so deutlich erkennen, daß sich einige sogar vor dem Licht zu verbergen suchten.

Da erhob sich Okeanos vor den Versammelten, wandte sich dem grauhaarigen Kronos zu und sprach: „Brüder, im fernen Westen, wo ich zu Hause bin, habe ich nicht gegen Zeus gekämpft. Ich sehe die Lage, so sehr mich auch das Schicksal meiner Tochter und meines mit ihr verehelichten Bruders schmerzt, etwas abgewogener als ihr. Laßt uns so einsichtig sein, die Unterwerfung als besiegelt anzusehen. Die neuen Götter in ihrer jugendlichen Schönheit sind uns nun einmal überlegen. Es ist doch ein ewiges Gesetz, das der erste an Schönheit auch der erste an Macht sein sollte."

Unmut und Widerspruch wurden laut, sobald Okeanos geendigt hatte, nur seine Tochter Klymene pflichtete ihm bei. Hyperion aber versagte sich einer Stellungnahme und erhob sich wortlos zu den Sternen. Er fühlte selbst seinen Glanz schwinden, auch für ihn war unter Zeus' neuer Herrschaft kein Platz mehr. Kälter und kälter wurde ihm, und schließlich war es nur noch das gleißend glutvolle Licht seines Sohnes, das ihn wärmte und leuchten ließ.

Diodorus Siculus, Geschichtsbibliothek 3, 57 und 5, 67; Hesiod, Theogonie 371–374; John Keats, Hyperion, A Fragment, 1820. – Zeichnung: Satyrn bei Sonnenaufgang (auf einer sabinischen Vase).

Japetus
Voyager-2-Aufnahme vom 22. 8. 1981 aus 1,1 Mio km Entfernung (NASA).

JAPETUS

Auf einer 14,°7 gegen den Planetenäquator geneigten Bahn zieht Japetus in 77 Tagen und 8 Stunden um den durchschnittlich 3 561 300 km entfernten Saturn. Die Oberfläche dieses wohl überwiegend aus Eis bestehenden Mondes, der nicht ganz so groß wie Rhea ist, gliedert sich in eine dunkle und eine helle Hälfte. Dunkles Material nimmt fast die gesamte westliche, in Bewegungsrichtung weisende Hemisphäre ein, sowie einen kleinen Teil angrenzender äquatorialer Regionen der Osthemisphäre, die im übrigen hell und mit Kratern übersät ist. Die dunkle Oberfläche, wohl die dunkelste des Sonnensystems, reflektiert nur 4 bis 5 % des Sonnenlichts, die helle dagegen 50 %. Zur Erklärung des Unterschiedes gibt es drei Hypothesen. Bei einem endogenen Ursprung des dunklen Gebietes wäre durch die vielen Meteoriteneinschläge auf der in Bahnrichtung gelegenen Seite dunkles Material aus dem Innern nach außen gedrungen und hätte die Oberfläche überflutet. Dafür spricht die Beobachtung, daß es im Grenzgebiet einige helle Inseln, also höher gelegene, nicht überflutete Gebiete gibt, darunter eine 300 km große äquatoriale runde Insel, und daß sich in dem hellen Grenzgebiet viele Krater mit dunklen Böden befinden. – Bei einem exogenen Ursprung des dunklen Gebietes wäre durch eine von dem äußeren Mond Phoebe ausgehende Spirale Schutt auf die in Bahnrichtung gelegene Hemisphäre so dicht niedergegangen, daß er sie vollständig bedeckt hätte. So wäre am ehesten erklärbar, warum auf der dunklen Seite nirgends ein Meteoriteneinschlag im Eis eine sichtbar helle Spur hinterlassen hat, wie es etwa auf Callisto der Fall ist. Beide Hemisphären haben eine rötliche Färbung, die im hellen Gebiet durch die Vermischung dunklen Materials mit Eis, im dunklen Gebiet möglicherweise durch kohlensäurehaltiges Material zustande kommt. – Genau umgekehrt lautet eine dritte Hypothese, nach der die gesamte Oberfläche einmal schwarz wie Asphalt gewesen und dann vereist ist. Auf der in Bahnrichtung gelegenen Seite ist das Eis später durch Partikelbeschuß weggefegt worden.

Japetus – Japetos

Wuchtig, wie ein mächtiger Schild, reckt sich der Vesuv gen Himmel. Üppige Fruchtbarkeit über der Asche der Hänge und der umgebenden kampanischen Landschaft, aber auch die Ruinen von Pompeji und Herculaneum an seinem Fuße künden von der leben- und todbringenden Gewalt des Berges. Nordwestlich führt der Weg entlang des einst Crater genannten Golfes durch Neapel zu der Landspitze mit den Phlegräischen Feldern, ein mit unzähligen vulkanischen Kratern und Kraterseen, heißen Quellen und Entgasungsöffnungen übersätes Hügelland. Wen wundert's, daß die Einwohner eben hierher den sonst auf einer Halbinsel östlich des Olymps vermuteten Schauplatz des Kampfes der Götter mit den Giganten verlegten, daß sie unter der Erde den Feuergott Vulcanus bei der Arbeit wähnten und das ganze Land mit der Unterwelt in Verbindung brachten?

Von der Landspitze fällt der Blick auf die kleine Insel Prochyta, jetzt Procida, ein durch unterirdische Glut losgerissener Teil der dahinter gelegenen Insel Inamine, heute Ischia. Das sind Namen, die für immer mit der Erinnerung an Erdbeben, Feuer und Fluten verbunden sind. Zeus, so heißt es, hat zwei Riesen unter der Erdmasse dieser Inseln in den Tartaros verbannt: den Giganten Mimas unter Prochyta und den Titanen Japetos unter Inamine. Einige glauben zwar, unter Inamine sei der Gigant Typhon eingeschlossen, die meisten aber sehen im Ätna die Bergmasse, mit der Zeus den Typhon verschüttet hat.

Der erdgeborene Japetos gehörte also zum uralten göttlichen Geschlecht der Titanen, das, was die Kreter meinen, in ihrer Landschaft um Knossos zu Hause war. Vom Rande der Welt im fernen Westen führte er Klymene, die schöne Tochter seines Bruders Okeanos heim und zeugte mit ihr vier Kinder, denen die Menschen im Guten wie im Bösen viel zu verdanken haben, den gewaltigen Atlas, den ehrbegabten Menoitios, den schlauen Prometheus und den törichten Epimetheus. Wie Kronos Stammvater des Göttergeschlechts gewesen ist, so Japetos durch Prometheus der Urvater des Menschengeschlechts! Zu dessen Nutzen hat er an der Seite von Kronos und Titan noch lange geherrscht. Erst der Kampf gegen den aufbegehrenden Zeus hat seinem Walten ein jähes Ende bereitet. Blindlings auf die eigene schwellende Muskelkraft vertrauend, hat er sich dessen tödlichen Blitzen schutzlos ausgesetzt und ist in den Tartaros gestürzt worden, so fern und so tief, daß ihn weder die Strahlen des Sonnengottes, noch die lauen Winde zu erquicken vermögen.

Wehe, sollte er je freikommen! Er hat sich verschworen, dann den Kampf gegen Zeus und seine Götter wieder aufzunehmen. Wenn sich also Japetos unter Inamine ächzend bewegt und Rauch und Flammen aus seinem aufrührerischen Mund durch Erdspalten ausstößt, dann bebt nicht nur die Erde, dann zittern auch die Menschen und mit ihnen die olympischen Götter.

Silius Italicus, Punica 12, 133–151; Diodorus Siculus, Geschichtsbibliothek 5, 66; Hesiod, Theogonie 507–511; Oracula Sibyllina 3, 108–113; Homer, Ilias 8, 478–481. – Zeichnung: Zeus und Japetos (Westgiebel des Artemis-Tempels auf Korfu, um 590 v. Chr.).

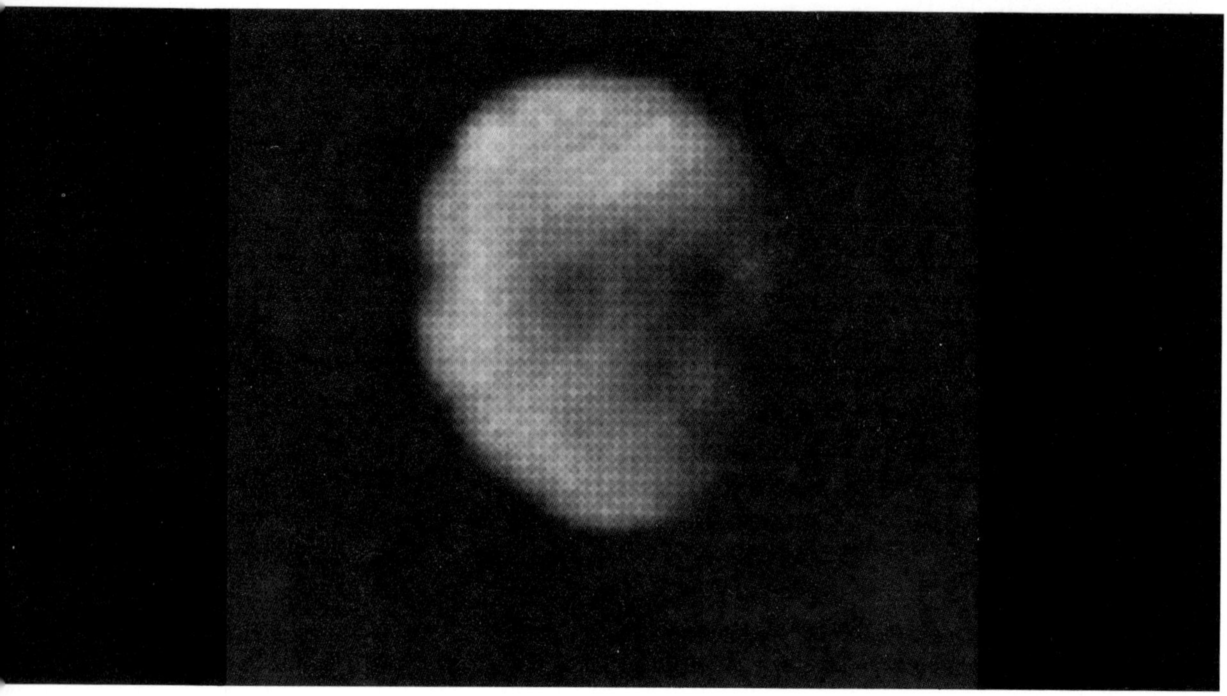

Phoebe
Voyager-2-Aufnahme vom 4. 9. 1981
aus 2 Mio km Entfernung (NASA).

PHOEBE

Der 1898 entdeckte und 1981 von der Sonde Voyager 2 aus 2 Millionen km Entfernung fotografierte Mond Phoebe hat zwar mit einem Durchmesser von nur 220 km eine fast kugelförmige Gestalt, gilt aber dennoch als ein eingefangener Asteroid, aus folgenden Gründen: Erstens reflektiert die Oberfläche nur 6 % des Sonnenlichts; sie hat jene dunkle, rötliche Färbung, wie sie für eine Gruppe primitiver Asteroiden typisch ist. Das unterscheidet Phoebe von Japetus, der nur einseitig so dunkel und rötlich ist. Zweitens liegt die Bahn mit einer mittleren Entfernung von 12 954 000 km vom Planetenzentrum weit ab von der aller anderen Saturnmonde und stimmt mit einer Neigung von 150° zum Planetenäquator eher mit der Ekliptik als mit der Äquatorebene Saturns zusammen. Drittens findet der Umlauf um den Planeten, der eineinhalb Jahre währt, im Gegensatz zu allen anderen Saturnmonden rückläufig, also von Osten nach Westen statt. Viertens ist aus den Oberflächenformationen eine Rotationszeit von neun Stunden berechnet worden. Damit hat Phoebe als einziger Mond keine gebundene Rotation, kehrt also dem Saturn nicht immer die gleiche Seite zu.

Phoebe – Phoibe

Phoibe – der Name stellt sie unter den Schwestern des Kronos als die „glanzvoll Strahlende“ heraus. Wohl kein Irdischer hat die jugendliche Anmut und Stärke dieser Göttin so eindrucksvoll veranschaulicht wie der hellenistische Schöpfer ihres Abbildes am Großen Fries des Pergamon-Altars. Stolz hebt sie da ihr Haupt, wach, ja, durchdringend ist ihr Blick, jeder Zoll ihres Körpers verrät die ihm innewohnende spannungsgeladene, berstende Kraft. Als schlichten Schmuck trägt sie an einem ihrer bloßen Arme ein gedrehtes Band; ihre hohe Stirn ziert ein goldenes, mit edlen Steinen besetztes Diadem. Von dem Haarknoten auf dem Hinterkopf fallen lange Locken über den Nacken auf ihr Gewand herab, einem geknitterten, also wohl aus glänzender Seide gefertigten Chiton. Über den bis zu den Füßen reichenden Chiton trägt sie einen zusammengerollten, wie ein Schurz um den Leib geschlagenen und über die linke Schulter gezogenen Umhang.

Wer vermöchte hinter diesem Abbild gesitteten Ernstes und kämpferischer Entschlossenheit die Schwester des alten Kronos und seiner geschlagenen und verbannten Titanen zu erkennen? Wer hielte diese Frau, und mag sie als Göttin noch so sehr über das Alter erhaben sein, für eine Mutter, ja Großmutter? Und doch ist sie fürwahr die Gemahlin des Titanen Koios, ihres Bruders, und von ihm die Mutter der herrlichen, sternenglänzenden Asteria und der allzeit freundlichen und wohlgesinnten Leto, die wiederum Zeus mit ihrem Liebreiz bezaubert und ihm die Zwillinge Artemis und Apoll geboren hat, die Göttin der Jagd und den Gott des Lichts und der Künste.

Der Künstler stellt Phoibe zu einer Zeit dar, wo die Erben der Titanen sich gegen die von der rächenden Mutter Gaia geschickten Giganten zu verteidigen haben. In einem Urgewalten entfesselnden Ringen auf den nur durch eine Meeresbucht vom Olymp getrennten Gefilden von Phlegra stellt sich Phoibe gegen ihre Mutter auf die Seite ihrer Kindeskinder. Auf dem Pergamonfries sieht man sie inmitten der Olympier gegen das wilde und grimmige Geschlecht sterblicher Riesen streiten.

Phoibe selbst stürmt mit einer mannshohen lodernd brennenden Fackel gegen einen zurückweichenden geflügelten, schuppigen, schon ältlichen Giganten, der, gelähmt vor

Entsetzen, nicht mehr rechtzeitig sein Wurfgeschoß schleudern kann und über einen sterbenden, vom Pfeil getroffenen Mitkämpfer zu stürzen droht. Rechts von ihr kämpft Asteria, die einem von ihrem Hund an der Flucht gehinderten Giganten mit Schlangenbeinen am Schopfe packt und zugleich mit der anderen Hand das Schwert ins Herz stößt.

Und etwas weiter sieht man ihre Tochter Leto inmitten ihrer Kinder Artemis und Apoll im Kampf, Leto, die eine große Fackel gegen einen just gestürzten Riesen mit Flügeln und Vogelkrallen stößt, Artemis, die gerade den Bogen gegen einen schönen, jungen Giganten spannt, und Apoll, der soeben das Auge eines Giganten getroffen hat.

Wir wissen vom Sieg der Olympier und von der Aufnahme von Artemis und Phoibos Apollon in den Olymp. Für die besondere Liebe Phoibes zu dem nach ihr genannten Enkel soll es außer der Hilfe im Kampf noch einen weiteren Beweis geben. Es heißt zwar oft, daß Phoibos Apollon sich mit Hilfe der Artemis des Orakels von Delphi gewaltsam bemächtigt hätte, andere aber wollen wissen, daß Phoibe, die nach Gaia und Themis das delphische Orakel innehatte, dies ihm als Gabe zu seinem Geburtstag abgetreten habe. Mit Sonne und Mond haben die Griechen später Phoibos und seine Großmutter gleichgesetzt.

Hesiod, Theogonie 136 und 404–409; Aischylos, Eumenides 1–8; Beschreibung der Skulpturen aus Pergamon, I. Gigantomachie. Hrsg. von der Generalverw. d. Kgl. Museen zu Berlin. 2. Aufl. Berlin 1902. – Zeichnung: Phoibe (Fries des Pergamonaltars in Berlin).

8.
URANUS

Uranus, ein Planet mit dem fünfzigfachen Volumen der Erde und einem äquatorialen Durchmesser, der mit etwa 50 800 km ein Drittel so groß ist wie der des Jupiter, ist mit bloßem Auge gerade noch sichtbar. Dennoch ist er jahrzehntelang als Fixstern verzeichnet worden, bis er 1781 von dem britischen Astronomen William Herschel endlich als Planet erkannt wurde. Denn die im Mittel 2,87 Milliarden km von der Sonne entfernte Umlaufbahn um die Sonne legt Uranus nur mit der halben Geschwindigkeit Jupiters zurück und benötigt dafür 84 Jahre. Einzigartig im Sonnensystem ist seine Umdrehungsbewegung. Die Rotationsachse ist gegen die Ebene der Umlaufbahn um 98° geneigt, so daß der Planet in seiner Umlaufbahn in der Weise rollt, daß jeder Punkt der Oberfläche die Sonne einmal im Zenit hat. An den Polen herrschen von einer Sonnenwende zur anderen, also 42 Jahre lang, Tag und Nacht, während in mittleren Breiten die Zyklen der Sonnenbestrahlung wegen der Rotation sehr unterschiedlich sind. Die Rotationszeit am Äquator beträgt 16 Stunden und 48 Minuten. Bei der geringen Dichte von 1,30 g/cm^3 hat die rasche Rotation eine starke Abplattung des Planeten zur Folge, die etwa ebenso groß ist wie die Jupiters. Uranus hat die 14,6fache Masse der Erde.

Nach den Meßergebnissen der Sonde Voyager 2 vom Januar 1986 dürfte er einen Gesteinskern von der Größe der Erde haben, über den sich ein heißer, 11 000 km tiefer ionischer Ozean aus Sauerstoff-Wasserstoffverbindungen und Ammoniak breitet, und schließlich eine zu 83 % aus Wasserstoff, zu 15 % aus Helium und zu 2 % aus Methan zusammengesetzte Atmosphäre mit Tiefsttemperaturen von –221 °C. Die Atmosphäre mit ihren orangefarbenen Wolken bewegt sich in der Rotationsrichtung des Planeten. Da die rote Farbe von der 4 bis 5 km dicken Methanhülle absorbiert wird, ist die äußere Erscheinung des Planeten wäßrig-grün. Helle Emissionen aus atomarem und molekularem Wasserstoff erzeugen auf der Tagseite ein Elektroglühen. Konvektionsströme in der ozeanischen Hülle haben ein Magnetfeld erzeugt, das 60 Grad gegen die Drehachse des Planeten geneigt und 35mal stärker als das der Erde ist. Protonen aus dem Strahlungsgürtel des Planeten wirken auf das 1977 entdeckte Ringsystem des Uranus ein, indem sie Wasserstoffatome aus dem Methaneis herausschlagen. Die Eisbrocken – alle größer als ein Meter – sind somit dunkel wie Kohle. Sie gliedern sich, wie wir ebenfalls seit der Naherkundung durch Voyager 2 wissen, in elf scharfkantige, also noch junge Ringe, die 42 000 km vom Zentrum des Uranus in einem 9500 km breiten Band angeordnet sind. Die inneren Ringe bewegen sich in kreisförmigen, z. T. gegen den Uranusäquator geneigten Bahnen, während der äußerste, der 69 km breite, von Hirtenmonden flankierte ε-Ring elliptisch verformt ist. Außer diesen Ringen sind 1986 noch 50 aus Staubpartikeln zusammengesetzte Vollringe und vier Teilringe bekanntgeworden, insgesamt also 65.

Uranus

Nach-Voyager 2-Aufnahmen
vom 17. 1. 1986 aus 9,1 Mio km Entfernung.
Fotomontage mit Ringsystem
im reflektierten Licht
und neuentdeckten Kleinstmonden
(NASA).

Uranus – Uranos

Am Anfang allen Seins war das dunstige Chaos. Aus ihm hoben sich die Nacht, die Finsternis der Unterwelt, genannt Erebos, und der finstere Abgrund tief darunter, genannt Tartaros, heraus. Der Dunkelheit der Nacht aber entstieg die Sehnsucht der Liebe, die das Weltei bebrütete, auf daß sich das Urgeschlecht in ein männliches und weibliches teilte, um Himmel und Erde, Uranos und Gaia, als erste göttliche Kräfte hervorzubringen. Weit spannte sich der Himmel und erwärmte die Mutter Erde mit ihren kahlen, noch nicht von Göttern bewohnten Gebirgen und dem brausenden, noch nicht von Poseidon beherrschten Meer. Ein einziger Frühling war's, ohne die stürmischen Wehen des Ostwinds. Unersättlich und brünstig liebend hielt der Himmel die Erde in befruchtender Umarmung umfangen.

Von den Ergüssen des Himmels benetzt, gebar Mutter Erde das gewaltige Geschlecht der Titanen, sechs männliche und sechs weibliche Götter, allesamt erhabene Gebieter über das unermeßliche All, darunter auch Kronos, Erzeuger des Zeitraums; ihm fehlte die Liebe zum Vater. – Weiter entsprossen dem Schoß der Erde die Kyklopen, drei einäugige Riesen, die Donner, Blitz und Strahl verkörperten, Brontes, Steropes, Arges. – Das dritte von Uranos und Gaia gezeugte Geschlecht war das der Hekatoncheiren, der hundertarmigen, Winter und Stürme bringenden Riesen Kottos, Briareos und Gyes.

An den Titanen hatte Uranos wohl seinen Gefallen; die danach Gezeugten jedoch waren ihm von Geburt an zuwider, ja, die jüngst geborenen Riesen fürchtete er gar. So ließ er denn alle, die Kyklopen wie die Hekatoncheiren, in den Tartaros werfen, jenen finsteren Ort, der mit ehernen Pforten verriegelt ist und von der Erde aus so weit nach unten entfernt ist wie der Himmel nach oben sich breitet.

Die Verbannung dieser ihrer Kinder aber vermochte Gaia nicht hinzunehmen. Aufs tiefste verletzt und bebend vor Wut gegen ihren Gemahl, sammelte sie die Titanen um sich und stachelte sie auf: „Sechs eurer Brüder hat euch der Frevler, der sich euer Vater nennt, genommen. Wenn ihr ein Ehrgefühl im Leibe habt, dann müßt ihr die uns zugefügte Schmach rächen! Sobald ihr gewillt seid, meldet es mir!“

So furchtbar wirkten diese Worte, daß es den Göttern vor Schreck schier die Sprache verschlug. Nur der unerforschliche Kronos, der keine Ehrfurcht gegenüber dem Vater kannte und seine Aufsässigkeit geschickt zu verbergen wußte, entgegnete der Mutter kurz und entschlossen: „Das Werk der Rache magst du getrost mir übertragen; es wird mir sogar eine Freude sein, den Vater für sein schimpfliches Tun zu bestrafen!“ Gaia sah ihrem Sohn fest in die Augen; dann weihte sie ihn in ihre grausamen Pläne ein und reichte ihm eine eherne scharf gezahnte Sichel.

Noch am gleichen Tag sollte Kronos sein Werk vollführen. Es war zu nächtlicher Stunde, als sich Uranos, wie gewohnt, voll sehnsüchtigem Verlangen nach Liebe zu Gaia begab und sie zu umarmen suchte. Gaia lag darnieder und wandte ihr Gesicht ab, als Uranos mit sinnlich getrübtem Blick die Vereinigung mit ihr suchte. In diesem Augenblick erhob sich Kronos, die Sichel in der Rechten, aus dem Hinterhalt, sprang zwischen die Eltern, ergriff blitzschnell mit der Linken das steife Fleisch, das ihn gezeugt hatte, hieb es mit kühnem Schwung ab und warf dann beides, Fleisch und Sichel, hinter sich, als er eilends über das Meer entwich.

Uranos krümmte sich auf und nieder und brüllte vor Schmerz; nimmer mehr würde er selbst sich noch rächen können. Doch mit dem Blut, das die klaffende Wunde des Entmannten in Strahlen wild spritzend vergoß, gelangte noch so viel Samen in den Schoß der Mutter Erde, daß er über Jahre hinweg immer neue Brut in die Welt setzte.

Und furchtbar war diese Saat! Erst entstanden die fratzengesichtigen Rachegöttinnen, die Erinyen. Sie, die Dienerinnen der Unterwelt, pflegten in dunklen Gewitterwolken zu erscheinen und mit Blitz und Donner Mord, Meineid und Verletzung der Gastfreundschaft zu strafen, am unbarmherzigsten aber Verwandtenmord zu verfolgen. Mit ihren Peitschen, so wird es überliefert, zerfleischten sie jeden Sohn, der seinen ermordeten Vater nicht rächte oder trieben – wenn kein Rächer da war – selbst den Täter in Wahnsinn und Tod.

Aus anderen Blutstropfen erwuchsen hernach die Giganten, gewalttätige, mit Keulen und Felsbrocken bewaffnete, aber sterbliche Riesen, dazu bestimmt, der Mutter gegen die olympischen Götter dienstbar zu sein. Wieder andere Tropfen zeugten die melischen Nymphen, jene in Eschen wohnende Gottheiten, die den blutigen Mord bezeichneten, wurde doch der Schaft der Mordlanze aus Eschenholz gefertigt.

Das abgetrennte unsterbliche Fleisch aber trieb lange im Meer, bis es schließlich, von weißem Schaum bedeckt, an die ionische Insel Kythera und von dort nochmals forttreibend an Zyperns Küste gespült wurde, wo die Göttin der Liebe dem Schaume entsproß.

Aristophanes, Aves (Die Vögel) 693–702; Hesiod, Theogonie 116–199; Apollodoros, Bibliothek 1, 1–4. – Zeichnung: Uranus-Caelus (Berliner Statuette).

DIE URANUSMONDE

Die Uranus-Trabanten sind in der Reihenfolge ihrer Größe und ihrer Entfernung vom Planeten entdeckt worden. Oberon und Titania, die beiden äußeren und größten, wurden schon 1787 von W. Herschel ausfindig gemacht, sechs Jahre nachdem er den Planeten selbst entdeckt hatte. Umbriel, der nur eine Helligkeit von $15^{\mathrm{m}}.3$ hat, und Ariel kamen 1851 als Entdeckungen seines britischen Landsmannes Lassell hinzu. Dann dauerte es fast hundert Jahre, bis 1948 für den amerikanischen Astronomen Kuiper der fünfte Mond Miranda als lichtschwacher Punkt ($17^{\mathrm{m}}.0$) auf Fotoplatten erkennbar wurde. Seit 1977 gab es Anzeichen für weitere Uranusmonde innerhalb der Bahn von Miranda. Im Dezember 1985 und Januar 1986 sind mit Voyager 2 tatsächlich zehn weitere Monde entdeckt worden, von denen zwei (1986 U7 und 1986 U8) Schäfersatelliten des Uranusringes ε sind.

Die äußeren Trabanten sind von beachtlicher Größe. Nach neuesten Berechnungen beträgt der Durchmesser von Oberon 1553 km, von Titania 1593 km, von Umbriel 1191 km, von Ariel 1167 km und von Miranda immerhin 483 km. Die inneren sehr dunklen Monde sind nur 170 km bis 20 km groß. Die nach der Orientierung der Uranusachse ausgerichtete rückläufige Bewegung beschert den äußeren Monden eine den Jahreszeiten des Uranus entsprechende sehr unterschiedliche Sonneneinstrahlung und eine noch verwickeltere Abfolge von Tag und Nacht. Ohnehin erreicht diese Monde nur ein Dreihundertsiebzigstel soviel Licht wie den Erdmond. Auf ihren fast kreisrunden Bahnen sind die äußeren Trabanten 586 600, 438 700, 267 300, 191 800 und 130 100 km vom Planetenzentrum entfernt, die inneren zwischen 86 000 und 49 300 km.

Die Nahaufnahmen von Voyager 2 vom Januar 1986 zeigen Oberon mit großen, alten Kratern übersät, deren Böden zumeist mit eruptivem dunklen Material beschichtet sind. Helle Strahlensysteme und ein fünf Kilometer hoher Berg zählen zu den weiteren Besonderheiten.

Titanias Oberfläche ist kraterreich, aber auch durch lavaüberflutete Ebenen und spektakuläre Verwerfungen – bis zu 1500 Kilometer lang und 80 Kilometer breit – geprägt, die durch Spannungen in der Mondkruste infolge der Vereisung im Innern entstanden sind.

Umbriel, eine eintönige dunkelgraue Scheibe mit unscheinbaren alten Ringstrukturen und wohl nur einem hellen eisbedeckten großen Ringwall, hat als einziger der großen Monde keine geologische Aktivität erlebt. Die Mondkruste ist zu dick, als daß beim Einschlag von Materiebrocken helles Material hätte herausgeschleudert werden können.

Ariel, der Mond mit der hellsten Oberfläche, ist wie Titania durch Verwerfungen, und zwar noch größeren Ausmaßes, gekennzeichnet. Die hier nicht so zahlreichen Krater sind teilweise bis zu zehn Kilometer groß. Die Kraterböden auf der zum Uranus gerichteten Mondseite sind durch ausgeflossene Lava eingeebnet. Auf einigen der glatten Böden entlang der Achse der Verwerfungstäler wechseln sich parallel verlaufende langgestreckte Erhöhungen und Vertiefungen ab, ein Zeichen dafür, daß zähflüssiges Material in Schüben nach außen gedrungen ist.

Miranda hat eine abgeflachte und eine ausgebeulte Hemisphäre und von allen Monden die zerklüftetste Oberfläche. Zu der wunderlichen Vielfalt von Strukturen gehören alte Kraterregionen und junge lavaüberflutete Gebiete, tiefe cañonähnliche Einschnitte und ein

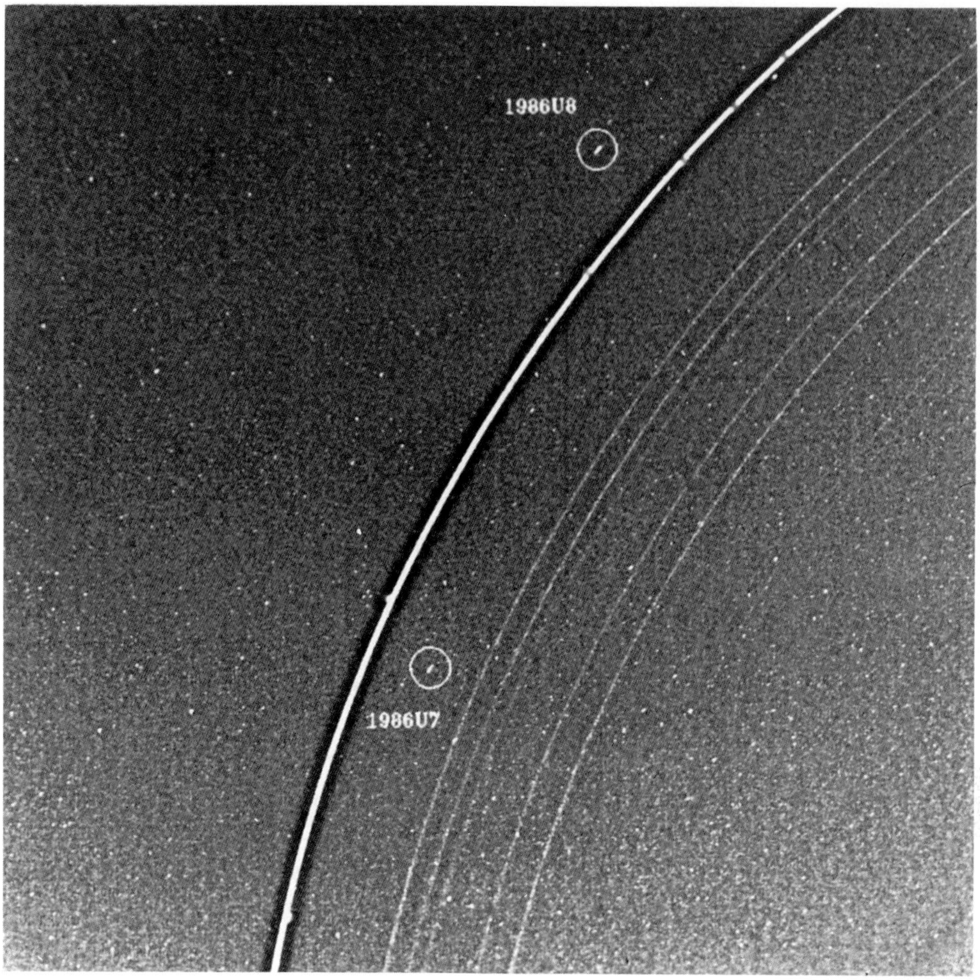

▲
Ringsystem des Uranus
mit „Schäfer"-Trabanten des Epsilonringes:
1986 U7 innerhalb und
1986 U8 außerhalb des Ringes
Voyager-2-Aufnahme vom 21. 1. 1986 aus 3,1 Mio km Abstand (NASA).

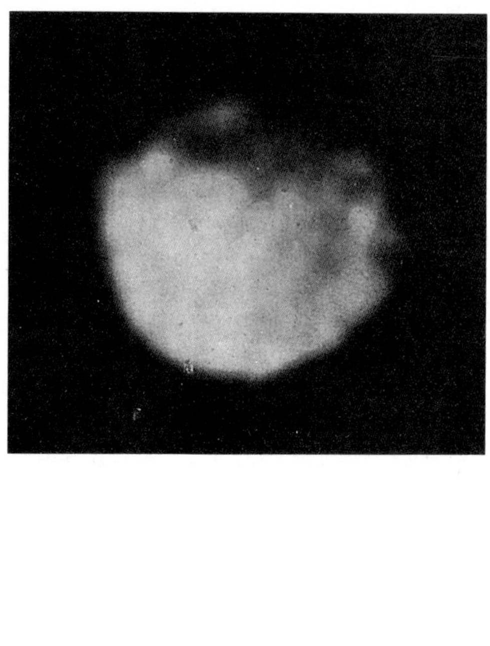

Der Mond 1985 U 1 ▶
500 000 km Abstand.

25 Kilometer hohes Gebirge und vor allem zwei durch Faltungsprozesse entstandene gradlinige rennbahnähnliche Gebilde, die man Circus maximus genannt hat, und ein sich bis zum Südpol erstreckendes trapezförmiges Gebilde. Die Oberflächenstrukturen erklärt man sich mit den Folgen des Zusammenwachsens einzelner Teile, in die der ursprüngliche Himmelskörper durch den Aufprall eines Planetoiden zerplatzt war.

Sterbliche und Geister

Der verstirnte Kronos-Saturn hat seine Gemahlin, seine Brüder und Schwestern, seine Neffen und Nichten um sich geschart, Ares-Mars seine Söhne und Zeus-Jupiter seine unsterblichen Geliebten. Nicht so der verstirnte Uranus. Der Himmelsgott ist nach dem Urfrevel seiner Verstümmelung von den anderen Göttern weit abgerückt, unermeßlich weit zumal von Gaia. Nur einer vermag sich ihm zu nahen, sein Ahn Eros, der Sämann der Liebe. Ursprünglich unsichtbar, hat er im Schoß Aphrodites Gestalt gewonnen, um zum schönsten aller Götter heranzuwachsen. Mit goldenen Schwingen durchmißt er seither, schnell wie die Wirbel der Windsbraut, das All, entflammt alle, die er mit seinen Pfeilen trifft, mit der Glut der Leidenschaft und hebt ihre Herzen in den Himmel. Ja, wer von all jenen, die sich einmal bis über beide Ohren verliebt haben, vermöchte das nicht zu bezeugen?

So sind es denn allesamt Menschen oder Geister unter und über der Erde, die der große blaue Planetengott für immer als seine Begleiter gewählt hat. Außen erfreuen ihn ein keuscher Luftgeist, ein kecker Erdgeist und das Elfenherrscherpaar. In geringerem Abstand aber umgeben ihn sterbliche Frauen, von deren Liebe und Leid, Freuden und Schmerzen ein Dichter kündet, dem auf Erden der Himmel immer offengestanden hat, William Shakespeare aus Stratford on Avon.

Hesiod, Theogonie 116–128; Aristophanes, Aves (Die Vögel) 693–701.

Miranda und Ariel

Kühl wehte der Seewind über das kleine Eiland im Westen des Atlantiks, irgendwo in der Nähe der Bermudas. Die Morgensonne blinkte über den rauschenden Baumkronen. Miranda, ein liebliches Mädchen von fünfzehn Jahren, kam, wie immer um diese Zeit, mit

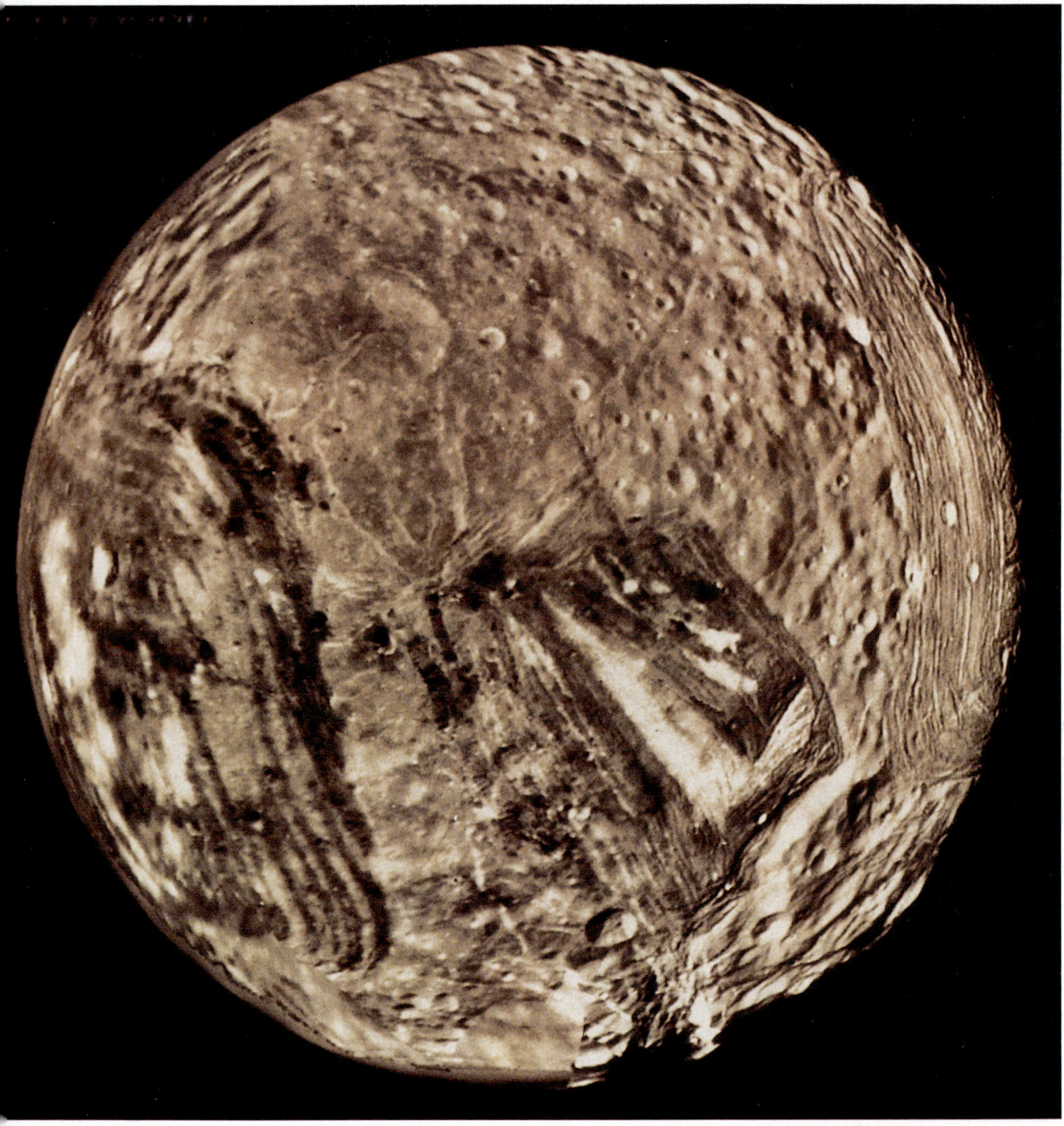

Miranda
Voyager-2-Fotomosaik
vom 24. 1. 1986 aus Abständen
zwischen 30 000 und 40 000 km
(NASA).

einem Krug frischen Quellwassers aus dem nahen Lindenwäldchen zur Klause zurück, wo sie mit ihrem Vater wohnte. Außer ihm gab es weit und breit keinen Menschen, und sie konnte sich auch nicht entsinnen, je einem anderen Menschen begegnet zu sein. Ihrem Vater allein galt ihre ehrfürchtige Zuneigung, ja, er dünkte sie, ein halber Gott zu sein. Zauberer war er und hatte das kleine Stück Land, das einmal felsig-dürr und nur an den Hängen der Schlucht mit Bäumen bewachsen war, mit seinen gelehrten Sprüchen immer schöner gemacht, zu einem richtigen blumen-, düfte- und musikerfüllten Zaubergarten.

„Ich habe unseren kleinen Elfen Ariel heute noch gar nicht gesehen“, rief Miranda ihrem Vater entgegen, der vor der Klause über seine Bücher gebeugt saß und fast unwillig aufblickte.

„Ariel ist schon halb abwesend; in wenigen Tagen ist er ja für immer frei“, seufzte dieser.

„Ariel will uns wirklich verlassen?“ fragte Miranda entsetzt.

„Ich habe dir doch schon oft erzählt“, erklärte der Vater, „daß wir, als du gerade drei Jahre alt warst, auf diese Insel hier verschlagen worden sind und daß sich unser schmucker Luftgeist damals in einer schlimmen Lage befunden hat. Er war von der ehemaligen Inselhexe, deren Bett er verschmäht hatte, in den Spalt einer Fichte eingeschlossen worden und konnte sich aus eigener Kraft nicht befreien. Das Ächzen des Armen war so herzzerreißend, daß ich keinen Augenblick zögerte, mit meiner Kunst den Bann zu lösen. Da hüpfte und schwebte er in seiner wiedererlangten Freiheit! Zum Dank wäre er gar bereit gewesen, für mich ins Feuer zu tauchen. Nun, ich verpflichtete ihn, mir zwölf Jahre zu dienen, genau so lange, wie er eingeschlossen war. Eben diese Zeit nähert sich jetzt dem Ende.“

„Ach, was soll ich nur machen, wenn mein lieber lustiger Freund nicht mehr da ist?“ jammerte Miranda weiter. „Und wer wird mich dann vor Caliban warnen?“ fügte sie hinzu, als sie zum Garten hinabblickte, wo dieser Halbmensch, ein Sohn der Inselhexe, Steine für einen neuen Weg heranschleppte.

„Oh, das Ungeheuer wird dir nicht mehr nachstellen“, versicherte der Vater. „Ariels Aufgabe werde ich übernehmen. Wann immer du nicht in meiner Nähe bist, werde ich ihn im Auge behalten, diesen Undankbaren! Früher durfte er trotz seines Fischgeruches bei uns wohnen, und ich habe ihn liebevoll erzogen, als wäre er dein Bruder. Seitdem er dir Angst eingejagt hat, lasse ich ihn nur noch schwer arbeiten!“

„Können wir denn nicht Ariel überreden, freiwillig noch länger bei uns zu bleiben?“ bohrte Miranda beharrlich weiter.

„Zwecklos!“ meinte der Vater kopfschüttelnd und blickte seine Tochter, ein Bild knospender Reife, traurig an. „Du bist, genau wie du heißt, bewundernswert. Ich wünschte so sehr, daß sich außer mir, Ariel und dem Caliban auch andere an deiner Schönheit freuen könnten! Immer hatte ich gehofft, dich unter Menschen bringen zu können, indem wir mit Ariels Zutun in unsere Heimat Mailand zurückkehren und ich dort wieder Herzog werden würde. Doch leider hat es keine Gelegenheit dazu gegeben, und ich werde es wohl nie meinem Bruder heimzahlen können, daß er mich mit Hilfe des Königs von Neapel gestürzt und daß er uns beide dann auf ein abgetakeltes, verrottetes Schiff weit außerhalb des Hafens verbannt hatte. Ja, auch dich, mein einziges Kind, wollten sie los sein, obwohl du gerade erst drei Jahre alt warst. Ich hätte mich nach dem Tode deiner Mutter zurückgezogen, mich der Magie gewidmet und das Regieren ohnehin ihm überlassen, warf mir mein treuloser Bruder vor. Aber die Magie hat uns geholfen! Hätte ich nicht mit Zauberformeln das Schiff unsichtbar zu dieser Insel steuern können, wären wir binnen kurzem jämmerlich ertrunken!"

Der Vater wurde in seinem Redefluß jäh unterbrochen. Denn auf einmal sahen die beiden im Licht der Frühlingssonne die durchsichtige Gestalt Ariels vor sich im Grase schimmern. Er war ja so zart, daß man ihn auf einer Hand hätte halten können, und war doch jederzeit in der Lage, seine wohlgeformten Glieder so fest und auch so groß wie die eines Menschen erscheinen zu lassen. „Meister", verkündete er strahlend, „ich habe unermüdlich Ausschau gehalten und soeben Wichtiges entdeckt. Denk nur, eine Flotte nähert sich unserer Insel. Es ist die Flotte des Königs von Neapel. Alles, was Rang und Namen hat, befindet sich an Bord, der König selbst, der Prinz und auch dein Bruder, der Verräter, der Mailand an Neapel gekettet hat!"

Der Zauberer stieß einen Freudenschrei aus, und mit ihm jubelte Miranda. Das war die günstige Gelegenheit, von der er eben noch gesprochen hatte. „Großartig! Das ist unsere Rettung!" rief er aus. „Flieg' los, mein lieber Elf, und entfache den Ostwind, den wir haben, zu einem gewaltigen Sturm!"

Und siehe! Während noch Vater und Tochter auf dem Weg zur Küste waren, da toste das Meer, und der Himmel schien Schwefel zu regnen. Vor den Augen der beiden zerbarst das königliche Schiff. Die Reisenden sprangen von Bord, die Besatzung sah man mitsamt dem Schiff untergehen.

Miranda war fassungslos. Sie konnte nicht begreifen, daß ihr Vater den Untergang so vieler armer Menschen mit sichtlicher Genugtuung verfolgte. Erstmals in ihrem Leben begann sie an ihm zu zweifeln und fragte mit tränenerstickter Stimme: „Ist Ariel an dem Unwetter schuld? Habt ihr das wirklich gewollt?"

Der Vater legte ihr die Hand auf die Schulter, suchte ihren Blick und sprach: „Ja, wir haben den Sturm entfacht, und wir haben es – das wirst du später einsehen – zu deinem Besten getan." Er wischte ihr die Tränen aus den Augen und beruhigte sie: „Du solltest doch wissen, daß wir lieber helfen und heilen als zerstören. Warte nur einige Tage, dann wirst du nicht nur das Schiff heil vorfinden, sondern auch sehen, daß alle, die darauf waren, gerettet worden sind."

Anderntags, als die übrige Flotte nach einer vergeblichen Suche nach Überlebenden längst zurückgefahren war, heftete Miranda noch immer den Blick aufs Meer. Wie sie denn auf einer Anhöhe nahe der Klause ratlos zwischen kindlichem Vertrauen und bedrückenden Grübeleien schwankte, vernahm sie auf einmal eine liebliche Melodie. Ein herrlicher, edler junger Mann trat in ihr Blickfeld, der den Klängen zu folgen schien. Miranda erschrak und glaubte zu träumen; doch auch der junge Mann war von dem Bild vollkommener tugendhafter Schönheit, das er erblickte, so entzückt, daß er es für eine überirdische Erscheinung hielt. Um so heißer traf beide beim ersten Wortwechsel der Liebesstrahl. „Niemanden könnte ich lieber haben als dich", so ließ Miranda ihr Herz sprechen, „das weiß ich, obwohl ich ja keinen Mann sonst kenne außer meinem Vater." Der junge Mann wußte nicht, wohin vor Glück, daß sie noch nicht umworben war und gab sich als Ferdinand, schiffbrüchiger Prinz von Neapel, zu erkennen: „Sobald wie möglich werde ich dich als Prinzessin heimführen oder, falls mein Vater bei dem Schiffbruch – was Gott verhüten möge – den Tod erlitten hat, als Königin." Und beide beteuerten sich gegenseitig, nur noch zusammen leben zu können.

Sie ahnten ja nicht, daß Ariel sie absichtlich zusammengeführt und mit seiner Musik verzaubert hatte. Der Vater hatte von seiner Klause aus die von ihm eingeleiteten ersten Schritte auf dem Wege zu der erstrebten Ehe seiner Tochter zufrieden verfolgt, gedachte aber den allzu schnell geschlossenen Bund einer Prüfung zu unterziehen. Als Ferdinand ihn um die Hand seiner Tochter bat, stellte er sich mürrisch und trug ihm auf, zunächst einmal im Wald an die tausend Holzklötze zu schichten: „Wenn dir das an einem einzigen Tag gelingt, können wir über deinen Antrag nochmals reden!"

Dann erlebte der Magier, wie sich der Prinz der für ihn ungewohnten Arbeit bis zur Erschöpfung hingab und sie unter den sorgenden und tröstenden Worten der von ihm vergötterten Miranda vollbrachte. Da die Bewährungsprobe so gut bestanden war, gab er dem Paar seine Einwilligung, ermahnte aber Ferdinand, um des Segens in der Ehe willen bis zur Hochzeit die Keuschheit zu wahren.

Damit niemand auch nur in Versuchung käme, sorgte Ariel für geistige Zerstreuung und versetzte das Paar mit Possen und magischem Blendwerk in ein Traumland. Doch Ariel, der mal unsichtbar auftrat, und dann wieder in Gestalt einer Jungfrau mit Fischflossen oder Vogelflügeln, hatte sich auch um die anderen Schiffbrüchigen zu kümmern. Er berichtete seinem Herrn, wie diese unter dem Bann in dem Lindenwäldchen unweit der Klause lebten und dem Wahnsinn nahe Ränke und Mordpläne schmiedeten. Dieser verzichtete auf weitere Rache und wies Ariel an, den König und sein Gefolge vom Bann zu befreien und die Seeleute aus dem Tiefschlaf zu wecken.

Die seit dem Schiffbruch erlittenen Qualen hatten den König geläutert. Bei der Wiederbegegnung mit dem Verbannten gab er ihm denn auch reumütig und ohne Umschweife sein Herzogtum zurück. Versöhnt ließ der Herzog den König nicht länger im Ungewissen und führte ihn zu Sohn und Braut. Da gab es auf beiden Seiten Freudentränen, und beide Herrscher gaben dem Paar den Segen. Als Hochzeitsort wurde Neapel vereinbart, und man zögerte nicht, sogleich das magisch wiederhergestellte Schiff zu besteigen. Seinem treuen Ariel, der die Stunde seiner Freiheit ungeduldig erwartete, trug der Zauberer als letzte Aufgabe auf, für stille See und gewogenen Wind zu sorgen. Damit entließ er ihn, den es, nun ganz freiwillig, auch anderen Menschen zu helfen drängte, wehmütig aus seinen Diensten. Der Zauberei, die ihn mächtiger als ein gekröntes Haupt gemacht hatte, entsagte er für immer. Um das Wohl seiner Tochter in der Ehe brauchte er sich nicht zu sorgen. Ariel hatte beizeiten den Segen Junos für das Paar erwirkt; Ehre, Reichtum, Frohsinn, ein langes Leben und Ruhm an den Kindern war ihm gewiß.

William Shakespeare, The Tempest (1611).

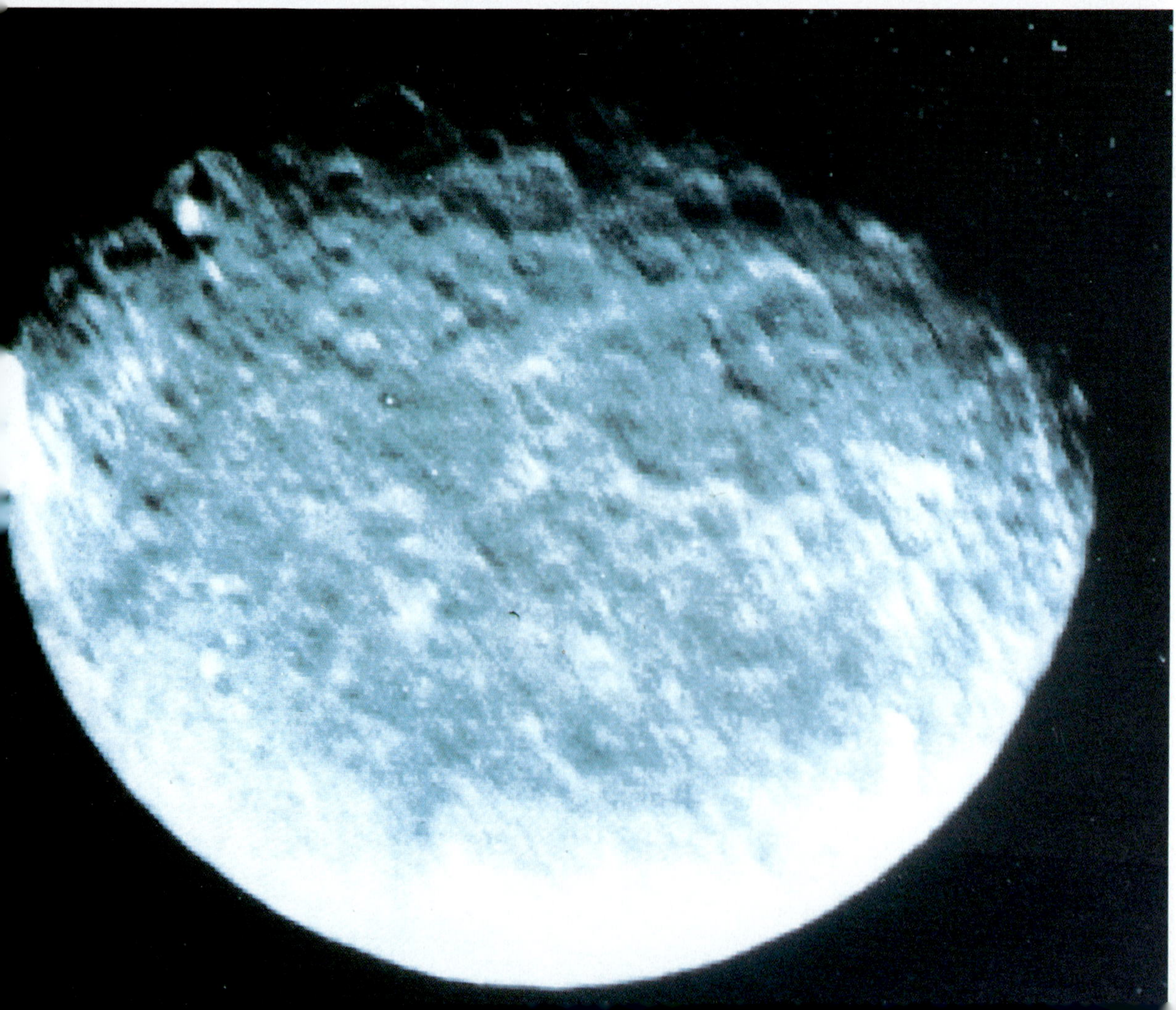

Ariel und Umbriel

Daß gute Geister einen Menschen beschützen und böse ihn plagen können, wer wollte das bestreiten? Hören wir nur, wie es einer jungen Engländerin mit Ariel und Umbriel ergangen ist! Das waren, wohlgemerkt, Geister und keineswegs – wie der Klang der Namen vermuten lassen könnte, Gottes Engel. Ariel war ein Luftgeist oder Sylphe, Umbriel hingegen ein Erdgeist oder Gnom. Wenn sich da gleich zwei so verschiedene Geister um eine Erdenbürgerin bemühten, so lag das einmal in ihrem Äußeren begründet – denn Belinda aus London war außergewöhnlich schön – vor allem aber in ihrem Wesen.

Des Menschen Seele ist ja nicht selten zwiespältig, jenseits der Schwelle des Todes ist sie indessen stets von einer Art. Schöne Seelen gereifen zu Sylphen. So wie jener Ariel, der der tugendhaften Milanesin Miranda zu Eheglück und königlichen Würden verhalf, lieben sie es alle, Späße und Schabernack zu treiben, sind aber gleichwohl sehr um das Wohl des Menschen besorgt, solange sie keusch leben. Und Belinda, die Anmutige, war keusch. Sie zeigte sich in feiner Gesellschaft und ließ sich gern bewundern. Keine verstand es wie sie, im wallenden Purpurkleid durch den Saal zu schreiten und die Blicke auf das Silberkreuzchen zu lenken, das die weiße Haut des tiefen Ausschnitts zierte. Die Lippen und Locken, die Wangen und Wimpern der Holden, sie waren verschönernd zu Waffen geschmiedet. Ihr Lächeln, ihre Worte bezauberten, ihre Augen sandten gluterregende Blitze aus. Aber in den Armen eines Mannes hatte Belinda noch niemals gelegen. So nimmt es nicht wunder, daß Ariel ihr gern jeden Schutz gewährte.

Umbriel, der so ganz andere Geist, hatte es nicht weniger auf sie abgesehen. Er hauste, wie alle Gnomen, in dichten Wäldern und tiefen Schluchten oder unter der Erde. Er war, wie Ariel, klein, vermochte auch die Gestalt zu ändern, nicht jedoch das Geschlecht. Waren Sylphen und Sylphiden das Abbild makellos wohlgestalteter Menschen, so hatte er einen übermäßig großen Kopf, und seine leuchtend frohen Augen verbargen voll Tücke die ihm eigene Bösartigkeit. Er wußte sehr wohl, daß Belinda die Welt herausforderte und wartete nur auf einen günstigen Zeitpunkt, um sie in Schmerz und Raserei zu versetzen.

Tatsächlich machte Ariel in Belindas Sternen einen Tag aus, an dem große Gefahren drohten. Noch im Morgentraum versuchte er die Erwählte zu warnen, nur ja nichts an dem Tag zu unternehmen. Vergeblich! Es ist nicht der Menschen Art, auf ein Traumbild etwas zu geben. Da rief Ariel viele seiner Sylphen und Sylphiden zu Hilfe. Gemeinsam mußte es gelingen, alles Übel von Belinda abzuwehren!

In der Glut der Morgensonne schon weilte Belinda in froher Runde an Bord eines bunt bemalten Bootes, und auf dem goldenen Mast hielt Ariel Wache. Mit Musik ging die

◀ *Oben: **Ariel**, Voyager-2-Fotomosaik vom 24. 1. 1986 aus 130 000 km Entfernung (NASA).*
*Unten: **Umbriel**, Voyager-2-Aufnahme vom 24. 1. 1986 aus 557 000 km Entfernung (NASA).*

Fahrt, wie so oft, themseaufwärts zum Schloß der Königin Anna, Hampton Court. Bald schritt, was Rang und Namen hatte, über beblümte Wiesen und durch eine Säulenhalle in den Palast mit den Zinnenmauern. Die Königin hörte Berichte an und manch nützlichen Rat; man machte sich allseitig bekannt und verfiel auf das Plaudern. Von den geladenen Damen aber lenkte eine alle Blicke auf sich, das war Belinda, unsichtbar umschwirrt vom guten Ariel.

Am Nachmittag war es, als sich Belinda mit zwei Rittern die Zeit beim Kartenspiel vertrieb. Der eine Edelmann war in sie verliebt. Schmachtend vergaß er, die richtige Karte zu ziehen und verlor. Ariel konnte es nur recht sein, daß Belinda dessen Liebespein übersah und sogar schadenfroh lachte. Kaffee wurde gereicht, und Belinda machte dem nicht unterlegenen Ritter schöne Augen. War das ein Strahl der Liebe? Ariel wollte es genauer wissen und vergaß vor Erregung für eine Weile den nötigen Schutz. Nicht minder erschrak der besiegte Baron. Mit flackernden Augen gewahrte er, was sich da anbahnte. Jetzt galt es zu handeln, jetzt wollte er sein eigen wissen, was er an Belinda am meisten liebte, ihre beiden großen schwarzen Locken, die sie, kunstvoll gerollt und gebrannt wie sie waren, über ihren Nacken gleiten ließ! In jäher Anwandlung griff der Gedemütigte zur Schere, durchbrach, als Belinda gerade eine Tasse an die Lippen setzte, die Schutzwehr der Sylphen und trennte mit kühnem Schnitt die Locken ab.

Während sich Ariel seufzend entfernte, sah der Gnom Umbriel seine Stunde gekommen. Mit einer Zauberrute in der Hand schwebte er auf schwarzen Flügeln durch das weite Schattenreich, in dessen Dämmerlicht Dunstschleier mit Teufeln, Schlangen und Gespenstern quollen. Er strebte zu der Herrin dieses finsteren Ortes und fand sie, die furchtbare Erinys, in einer schummerigen Grotte auf erhöhtem Sitze hockend vor, bewacht von zwei vergrämten Jungfern. Unterwürfig nahte sich der Wicht; schmeichelnd trug er seine Bitte vor: Heil dir, Beherrscherin der Frauen. In deiner Macht liegt es, die Unbotmäßigen mit Streit und Leid zu strafen. Wenn jemals jemand unsere Rache verdient hat, so ist's eine Britin, die uns nicht fürchtet und andere dazu verführt, uns zu verspotten – ihr Name ist Belinda. Die unversöhnlich Grollende auf dem dunklen Thron verzog keine Miene, überdachte nur kurz das ihr Hinterbrachte und reichte dann Umbriel wortlos alles, was er begehrte, einen Beutel mit Seufzern, Schluchzen und Leidenschaft und einen Krug mit Angst, Kummer und Wut.

Ach, wie wandelte sich nach der Ankunft Umbriels der vordem so friedliche Palast an der Themse! Kaum waren die Furien aus Beutel und Krug entlassen, geriet Belinda, die Hände am bloßen Nacken, in Wut. Sie stachelte die Männer auf, ihre Locken zurückzufordern, und bald sah man die vornehme Gesellschaft in einen offenen Kampf der Geschlechter verstrickt, in dem so mancher Lord mit Haarnadeln, Korsettstangen oder auch nur mit einem giftigen Blick bezwungen wurde. Der Lockenräuber wurde von Belinda selbst zur Strecke gebracht – mit einer gezielt in seinen Mund geworfenen Prise Schnupftabak!

Auf einem Sims saß Umbriel mit einem vor Bosheit strahlenden Gesicht und lenkte seine Geisterschar in dem ganz und gar vergeblichen Kampf. Denn die Lockenpracht war irdischem Zugriff längst entzogen und prangte als Stern am Himmel.

Alexander Pope, The Rape of the Lock (1714); John Milton, Paradise Lost 6, 371 (1674); Theophrastus Paracelsus zu Hohenheim, Liber de Nymphis, Sylphis, Pigmaeis, Salamandris et de ceteris Spiritibus (1591).

Titania und Oberon

Da ist einmal große Not über das Land gekommen. Schwere Nebel quollen weit und breit, Flüsse, selbst kleine Bäche stiegen über die Ufer, Frost fiel auf die Blüten. Die Jahreszeiten stimmten nicht mehr: in den Sommern fehlte die Hitze, in den Wintern die Kälte, und alle Menschen schienen das Lachen und Singen verlernt zu haben. Sind es nicht die Elfen, die durch umsichtige Pflege dafür sorgen, daß in der Natur alles seine rechte Ordnung hat und schädliche Einflüsse abgeschirmt werden? Warum kamen sie ihren Aufgaben nicht mehr nach?

Die Antwort hätte jede Elfe gewußt. Ihr König Oberon und ihre Königin Titania, deren Macht sich von Indien aus in alle Himmelsrichtungen erstreckte, lagen im Streit. Von Mißgunst geplagt und vom Zank verbittert, gingen sie getrennte Wege. Die Elfenschar war geteilt und kannte nur noch Herr oder Herrin.

In einer lauen Nacht vor Sommersanfang geschah es dann, daß die beiden Scharen in einem Wald bei Athen zusammentrafen. Aus verschiedenen Richtungen waren sie einem Bach gefolgt, bis sich der König und seine Gemahlin unversehens gegenüberstanden. In alter Herrlichkeit verharrten sie da, jugendfrisch wie eh und je, er in einem engen, kniefreien, und sie in einem weiten, langen Gewand, und blickten sich entschlossen an. Die vielen Elfen rundum mit ihren im Mondlicht glitzernden Gliedern stellten vor lauter Spannung das Musizieren ein. Würde das Herrscherpaar die Gunst der Umstände nutzen und sich wieder vertragen? Gab es denn noch einen Grund zur Eifersucht, nachdem sich die von Oberon verehrte Amazonin Hippolyta und der Athener Fürst Theseus, dem Titania schwärmerisch zugetan war, in Liebe gefunden hatten? Hatte nicht nun, wo der König und die Königin von weither zu deren Hochzeit gekommen waren, der alte Zwiespalt seinen Sinn verloren?

Ach, leider begannen die beiden wieder zu zürnen! Sie wurden so laut, daß die Elfen ängstlich in den Schatten der Bäume huschten. „Alle Plagen für Mensch und Getier kommen nur von unserm Streit!“ klagte Titania zuletzt etwas leiser. Dann lenkte Oberon ein: „Es liegt ganz in deiner Hand, das zu ändern“, meinte er, „du brauchst mir nur deinen indischen Knaben, dessen Haupt du so schön mit weißen Blüten geschmückt hast, zum Pagen zu geben.“

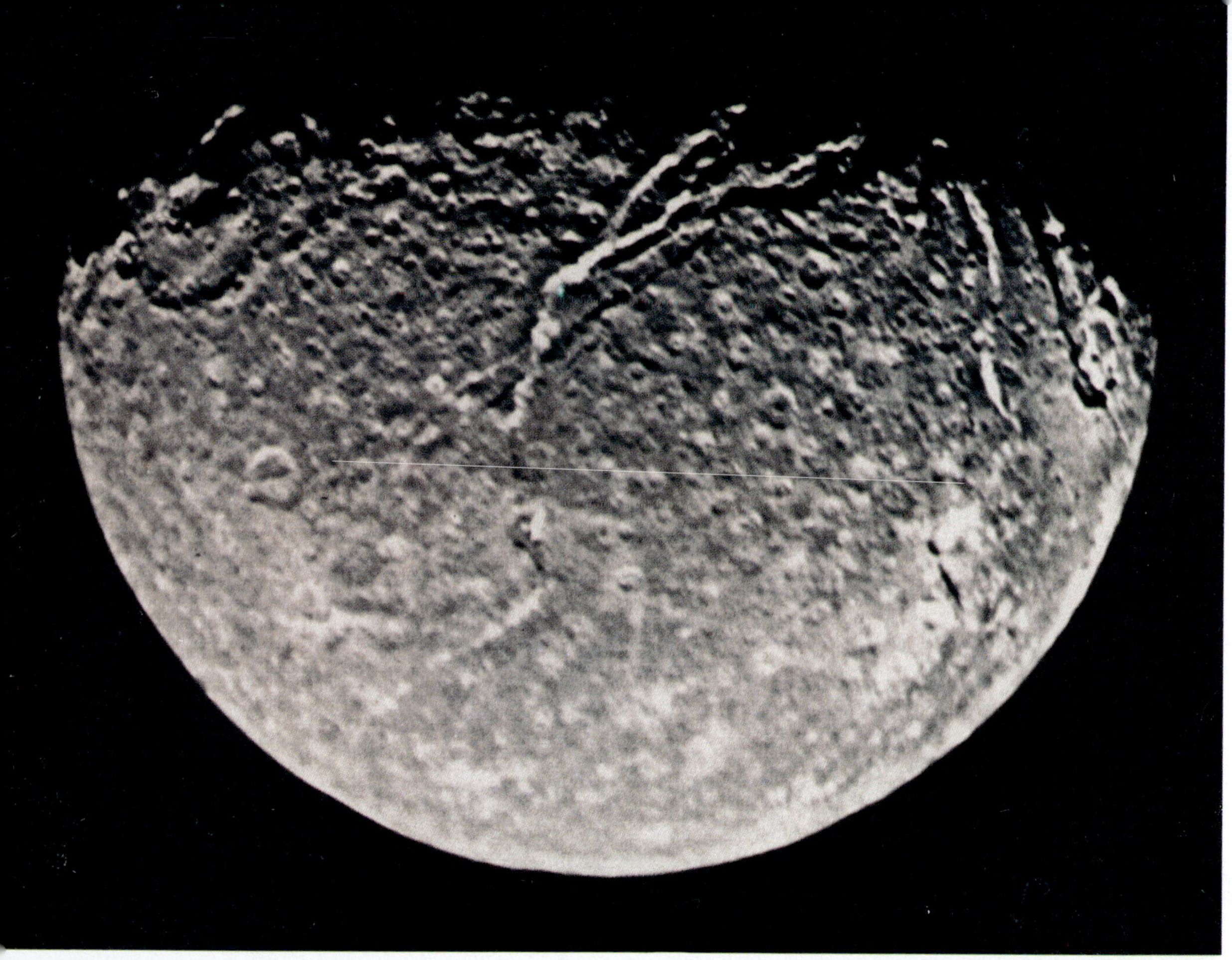

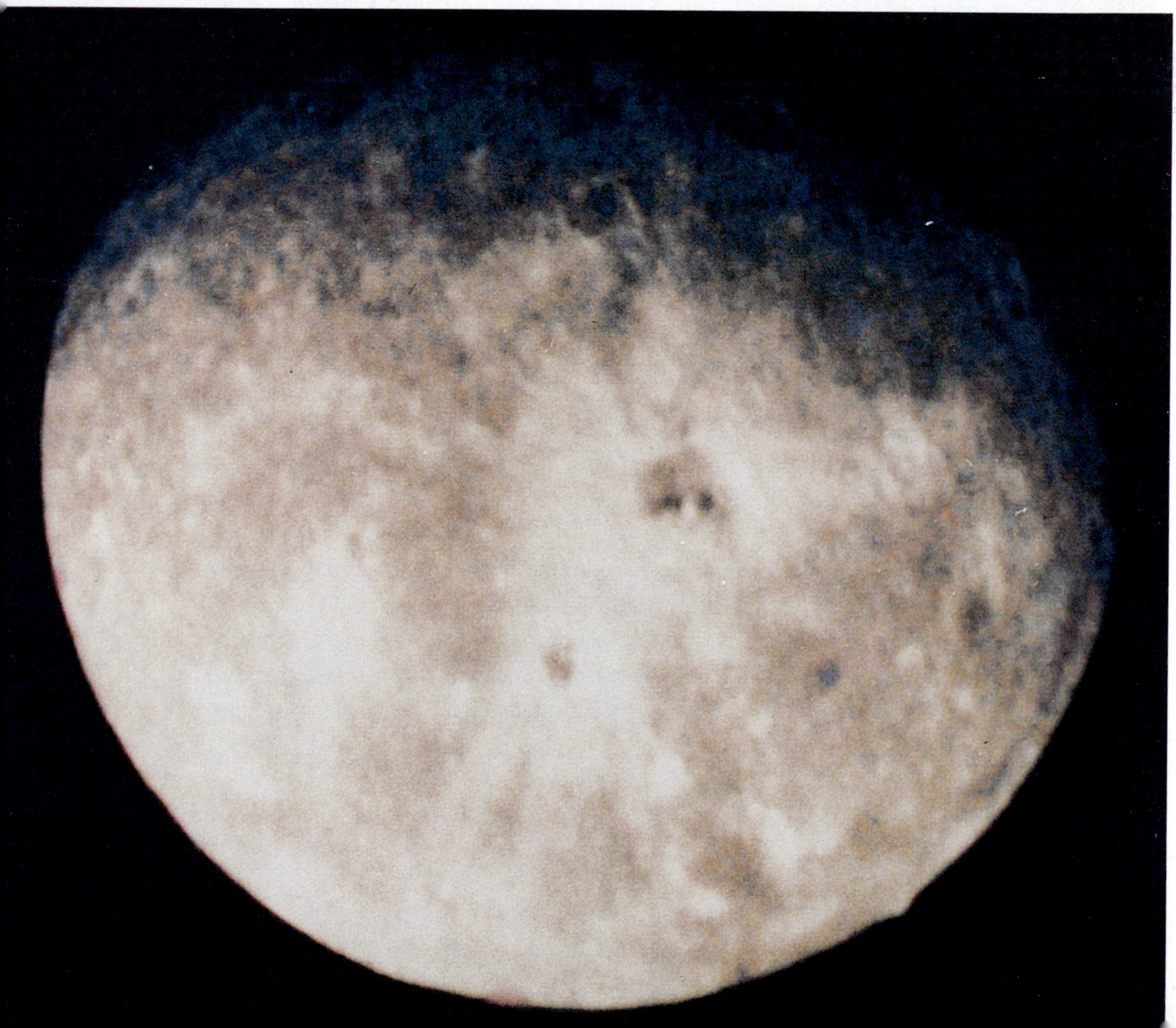

„Das schlag' dir aus dem Kopf!" empörte sich Titania und legte schützend ihre Hand auf den braunhäutigen Knaben mit dem Leopardenfell, der abwartend halb hinter ihr stand. „Auf den hier eifersüchtig zu sein, ist ja wirklich eine Grille. Du weißt genau, daß er der Sohn meiner Freundin ist, die bei seiner Geburt gestorben ist. Ich habe ihn erzogen, und er bleibt bei mir. Laß es gut sein und komm mit mir zum Elfenreigen!"

„Gern komme ich mit, und alles soll wie früher sein, nur gib mir den Knaben!" beharrte Oberon.

„Niemals, nicht um das Elfenreich!" schrillte Titania, gab ihrem Gefolge das Zeichen zum Aufbruch und zog unverzüglich vondannen.

Als Oberon dann ganz betroffen am Boden kauerte, besann er sich auf seine Zaubergaben. Hatte er nicht unlängst dem Ritter Hüon von Bordeaux mit zauberkräftigem Becher und Horn und einer Wunderrüstung die Liebe der Tochter des Kalifen von Bagdad gewonnen? Zu seinen eigenen Gunsten verfiel er auf ein Mittel, das es mit durchtriebener Bosheit anzuwenden galt. Er rief seinen Diener, einen nackten, zottelhaarigen Kobold herbei und wandte sich an ihn: „Sag mal, Puck, erinnerst du dich noch an die Blume auf einem Vorgebirge fern im Westen, die Cupido einst versehentlich mit seinem Pfeil getroffen hatte?" Der Troll bejahte es und spitzte die Ohren, als der Meister fortfuhr: „Dann hol mir die Blume. Denn jeder, der ihren Saft im Schlaf auf seine Lider geträufelt bekommt, muß unweigerlich für den in Liebe entbrennen, den er nach dem Erwachen zuerst erblickt. Ich könnte damit Titania einen Possen spielen und ihr den Knaben doch noch abspenstig machen."

Der stets zu dummen Streichen aufgelegte Kobold ließ sich das nicht zweimal sagen. Mit seinen kleinen durchsichtigen Flügeln schwang er sich in Windeseile davon und kehrte noch in der gleichen Nacht mit den gewünschten Tropfen zurück. Oberon beträufelte damit unbemerkt seine Gemahlin, die auf einer Blumenwiese schlief, während Puck einem nächtlichen Wanderer, der sich ganz zufällig auf das Lager der Königin hinbewegte, heimlich einen Eselskopf aufsetzte. Schadenfroh gestimmt, verbargen sich die beiden hinter Bäumen und verfolgten die weitere Entwicklung. Tatsächlich erwachte Titania gerade dann, als sich der Halbmensch ihr neugierig nahte, tatsächlich umgirrte sie ihn dann und ließ ihn in ihrer Verblendung – damit er nur bei ihr bliebe – von den Elfen mit Früchten und Honig bedienen, mit Perlen, Blumen und Musik erfreuen.

Während Titania gerade den Eselskopf mit einem Blumenkranz schmückte, trat Oberon mit gespieltem Zorn auf sie zu: „Kaum lasse ich dich aus den Augen, brichst du mir wieder die Treue, und jetzt gar mit einem Esel." Sich räuspernd fügte er hinzu: „Du machst dich zum Gespött im ganzen Feenland!" und schalt weiter, bis Titania Tränen der Scham in den Augen standen.

„Gib mir etwas Zeit", bat sie kleinlaut.

„Und du gibst mir den Jungen?"

Titania nickte. In dieser Lage schien ihr das als Gegengabe für die Nachsicht ihres Mannes angemessen. Oberon war zumute, als fiele ihm ein Stein vom Herzen. Aber es rührte ihn auch sein Gewissen. Titania tat ihm auf einmal leid. Rasch berührte er ihre Augen mit

*Oben: **Titania**, Voyager-2-Aufnahme vom 24. 1. 1986 aus 369 000 km Entfernung (zweiteilige Bildkomposition (Nasa)*

◀ *Unten: **Oberon**, Voyager-2-Aufnahme vom 24. 1. 1986 aus 660 000 km Entfernung (NASA)*

einem Heilkraut. Wie aus einem tiefen Schlaf erwachend, sprach sie mit verklärtem Blick: „Mein Oberon, Schlimmes hat meinen Sinn getrübt. Halt mich fest in deinen Armen und laß mich nicht mehr los!"

König und Königin waren versöhnt. Schon begann die Morgenröte das Dunkel zu verscheuchen und mahnte sie und alle Elfen zum Aufbruch. Jauchzend entrückten sie mitsamt der ganzen Elfenschar im Dämmerlicht. Der Eselmensch aber, dem Puck zuvor noch rasch seine alte Gestalt zurückgegeben hatte, wurde bald vom Hörnerklang des vorbeiziehenden Hochzeitspaares Theseus und Hippolyta aus seinem Alptraum geweckt. Und mit ihm sollte die ganze Natur wie aus einem langen Schlaf erwachen. Um Wind und Wetter, Feld und Flur sorgten sich wieder die Elfen, weil sich der ewig junge Oberon und die ewig blühende, rosengekrönte Titania erneut in Liebe gefunden hatten. Und Theseus sollte eine überaus glückliche Ehe führen, weil Oberon es sich nicht nehmen ließ, jeden Raum seines Palastes mit Wiesentau zu weihen.

William Shakespeare, A Midsummer Night's Dream (1595); Huon de Bordeaux (ca. 1220).

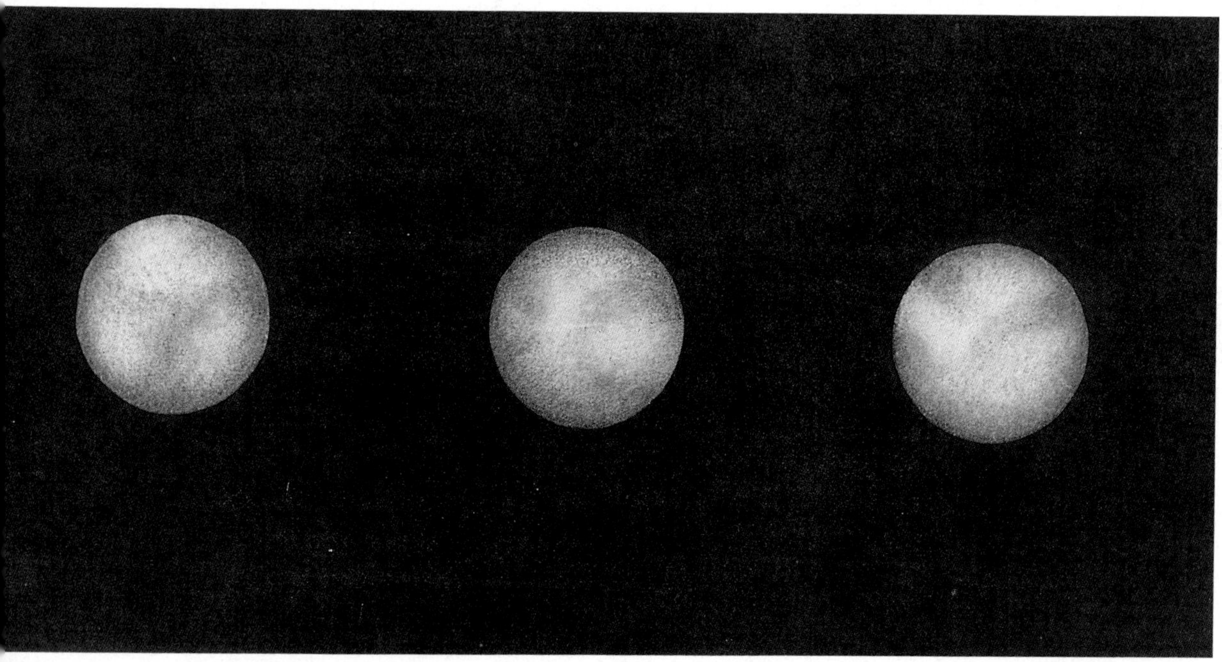

***Neptun**, Zeichnungen von A. Dollfus am 60-cm-Refraktor auf dem Pic du Midi am 15., 17. und 21. 3. 1948 (780fache Vergrößerung)*

9.
NEPTUN

Der 1846 von dem Berliner Astronomen Galle nach Berechnungen Leverriers entdeckte Planet Neptun ist mit 48 000 km Durchmesser nur etwas kleiner als der Uranus und damit der viertgrößte Planet. Im Vergleich zur Erde ist sein Volumen 43mal, eine Masse 17,2mal und die Schwerkraft 1,23mal so groß. Dennoch hat Neptun nur die Helligkeit der Größenklasse 7,7 und erscheint im Fernrohr als Scheibchen von wenig mehr als 2" Durchmesser. Denn viereinhalb Milliarden km von der Sonne entfernt durchwandert er einmal in 165 Jahren seine fast kreisförmige, 1°46' zur Ekliptik geneigte Umlaufbahn. Die Rotationszeit beträgt nach neuesten Berechnungen 17 Stunden und 50 Minuten. Die blaugrün leuchtende Wolkenoberdecke reflektiert 50 % des Sonnenlichts. Die Temperatur beträgt dort −170°C. Zur Wärme des Sonnenlichtes, das dort immerhin noch 4000mal so stark wie das ist, was die Erde vom Mond empfängt, kommt auch noch etwas Wärme aus dem Innern hinzu. Neptun dürfte wohl ganz ähnlich aufgebaut sein wie Uranus. Die Atmosphäre enthält nachweisbar Methan und Wasserstoff. Daß Neptun im Infrarotspektrum gelegentlich auffällig heller erscheint, könnte durch die Bildung einer hohen dünnen Wolkenschicht in der Atmosphäre verursacht werden. Eine solche Wolke könnte aus gefrorenem Methan oder Argon bestehen. Es wird vielfach angenommen, daß die feste Oberfläche aus gefrorenem Methan und Ammoniak besteht. Nach den Erfahrungen des Voyager-2-Vorbeifluges am Uranus muß jedoch mit einer wesentlich differenzierteren Oberflächengestaltung gerechnet werden. Ungeklärt ist, ob auch Neptun einen Ring hat. Bei einer Sternbedeckung im Jahre 1984 ist 62 600 km bis 63 760 km vom Planetenzentrum entfernt festes Material entdeckt worden, jedoch, wie schon bei einer Bedeckung von 1981, nur diesseits der Planetenscheibe. Das übrigens bei sieben anderen Bedeckungen gar nicht beobachtete Objekt könnte also allenfalls zu einem unregelmäßigen Ring aus vielen Teilen gehören, die sich beim Zerbrechen eines Mondes oder eingefangenen Asteroiden gebildet haben. Nach einer anderen Hypothese handelt es sich bei dem Objekt lediglich um einen inneren Neptunmond (1981 N 1). Am wahrscheinlichsten ist eine weniger extreme Theorie, derzufolge das Objekt ein fragmentarischer Ringbogen ist, der unter der Annahme zweier noch unentdeckter Monde stabil gehalten wird, von denen der eine im Lagrange-Punkt steht, also mit Neptun und dem Bogen ein Drei-Körper-System bildet, und der andere als Schäfermond innerhalb der Umlaufbahn des Objektes und damit schneller rotiert. Das Rätsel dürfte gelöst werden, wenn die Sonde Voyager 2 im August 1989 am Neptun vorbeifliegt.

Neptun – Poseidon

Wer kennt ihn nicht vom Bilde, den schwarzlockigen, vollbärtigen, grimmig blickenden Gott Poseidon oder Neptun? Seine Herrschaft über das weite graue Meer, heißt es, reicht bis in die Zeit zurück, als er und seine Brüder Zeus und Hades nach der Entmachtung ihres Vaters Kronos die Welt aufgeteilt und unter sich verlost hatten. Damals war ihnen nur die Erde mit dem Olymp als gemeinsamer Besitz verblieben. Und auf der Erde genügte es nicht, sich allein auf die Macht des Herrn des Äthers, Zeus, zu verlassen; das ließ Poseidon oft genug mit Überflutungen oder Erdbeben die Sterblichen recht unsanft wissen. Zu den Beben kam es, wenn er sich eiligen Schrittes über das Land bewegte oder vom Meer aus mit der mächtigen Waffe des Dreizacks gegen die Küsten stieß. Den Dreizack hatte der streit- und rachsüchtige Gott entweder von den Telchinen bekommen, jenen dämonischen Inselbewohnern, die ihn aufgezogen hatten, oder – wie andere sagen – von den Kyklopen zum Dank für ihre Befreiung während der Titanenkämpfe.

Seit dem Sieg über die Titanen war der Olymp der Sitz des herrschenden Göttergeschlechtes. An der Tafel des Palastes reichte Hermes Nektar und Ambrosia. Poseidon hatte einen eigenen Mundschenk von der Erde geholt, lange bevor Zeus es ihm mit Ganymed nachtun sollte. Er hieß Pelops und hatte als besonderes Merkmal eine elfenbeinerne Schulter. Das hatte folgende Bewandtnis. Einst glaubte sein Vater, der lydische König Tantalos, den Göttern eine besondere Ehre dadurch erweisen zu sollen, daß er ihnen bei ihrem Besuch auf dem Berg Sipylos seinen soeben geschlachteten Sohn zur Speise vorsetzte. Die Götter aber verachteten das Opfer und ließen die Fleischstücke wieder zusammensetzen und mit Leben erfüllen. Nur eine Schulter war schon verzehrt worden und mußte durch Elfenbein ergänzt werden. Der neugeschaffene Pelops erstrahlte in solcher Schönheit, daß Poseidon sich in ihn verliebte und schließlich entführte.

So angenehm es an der Göttertafel auch war, hielt sich Poseidon doch nur bei wichtigen Beratungen dort auf. Die meiste Zeit verbrachte er zusammen mit seiner Gemahlin Amphitrite in seinem eigenen Palast, den er in strahlender Schönheit auf dem Meeresgrund bei Ägä in Euböa errichtet hatte. Beim Anblick der wie galloppierende Rosse springenden Meereswogen wundert es nicht, daß Poseidon ein großer Pferdeliebhaber war und daher in seinem Palast einen geräumigen Stall eingerichtet hatte, in dem er erzhufige Rosse mit goldenen Mähnen hielt. Sie dienten ihm für seine weiten Erkundungsfahrten. Dann legte er sich nämlich ein goldenes Gewand an und ließ sich in einem goldschimmernden Wagen von den Rossen, die sein Sohn Triton anzuspannen pflegte, pfeilschnell über die Wogen tragen. Hei, wie die Meerwesen da nacheinander auftauchten und den Wagen tänzelnd ein Stück begleiteten!

Seine Leidenschaft für Pferde brachte Poseidon auf den Gedanken, den Pferderennsport zu stiften. Seine Pferde sollten die edelsten Tiere sein! Der Herr des Meeres ging sogar so weit, gelegentlich selbst Roßgestalt anzunehmen, auch als Liebhaber, so daß er entsprechenden Nachwuchs erhielt. Immer schon schwer durchschaubar war sein Verhältnis zu dem Ungeheuer Medusa, einer der Gorgonen, die jenseits des Ozeans im äußersten Westen wohnten. Ihr Haupt war mit Drachenschuppen übersät, sie hatte Hakenzähne so groß wie Hauer, eherne Hände und goldene Flügel. Auch hatte sie – und das wird Poseidons Begierde geweckt haben – den Unterleib eines Pferdes nach der Art eines Kentauren.

Sterbliche aber erfüllte der Gedanke an Medusa selbst im Osten auf den Inseln des Ägäischen Meeres mit Entsetzen; ihr Anblick mußte jedermann versteinern. Vergeblich würde ein Kampf gegen sie sein. Ein Held, der es darauf abgesehen hätte, würde nie zurückkehren. Das mochte der König der Insel Seriphos im Sinn gehabt haben, als er seinen ihm lästigen Pflegesohn Perseus verpflichtete, das Haupt Medusas herbeizuholen. Doch Perseus, dessen leiblicher Vater Zeus war, nahte sich furchtlos der todbringenden Geliebten Poseidons. Geschickt wandte er den Blick ab und sah ihr Haupt nur als Spiegelbild auf einem ehernen Schild. Die Tat konnte unter diesen Umständen freilich nur gelingen, weil die Göttin Athene sein Schwert führte, als er Medusa das Haupt abschlug. Kaum war das geschehen, da entsprang dem Leichnam ein Zwillingspaar, der schon zum Manne gereifte und mit einem goldenen Schwert bewaffnete Krieger Chrysaor sowie das geflügelte Roß Pegasos. Während Chrysaor als Vater des dreiköpfigen Riesen Geryon bekannt wurde, hatte sich Pegasos auf dem Musenberg Helikon in Böotien mit einem Hufschlag, der die Quelle Hippokrene hinterließ, unvergeßbar gemacht.

Noch ein anderes Mal zeugte Poseidon ein Zwillingspaar, dessen einer Teil Pferdegestalt hatte. Das geschah zu der Zeit, als er von heftigem Verlangen nach der Göttin Demeter gepackt wurde, die auf der Suche nach ihrer von Hades entführten Tochter Kore durch die Lande irrte. Auf einer Weide am Fluß Ladon in Arkadien suchte sich Demeter den Zudringlichkeiten dadurch zu entziehen, daß sie sich in eine Stute verwandelte. Poseidon aber ließ sich nicht täuschen. Er bestieg sie in der Gestalt eines Hengstes, und Demeter gebar ein Zwillingspaar, und zwar eine Nymphe und das Roß Arion, dessen dunkle Mähne dem schwarzen Haupthaar des Gottes glich.

Wenn sie auch die Erde als gemeinsamen Besitz ausersehen hatten, so legten doch viele der Götter Wert darauf, bestimmte Gebiete ihr eigen zu nennen und dort eine besondere Verehrung zu beanspruchen. Poseidon hatte es ganz besonders auf die Stadt Athen abgesehen und stieß seinen Dreizack gegen das rauhe Gestein des Sitzes des ersten attischen Herrschers, Kekrops. Zugleich quoll mitten in der damals Kekropia genannten Burg Akropolis Meerwasser hervor, ein untrügliches Zeichen für die Macht Poseidons. Die Göttin Athene war damit allerdings nicht einverstanden und pflanzte als ihr eigenes Zeugnis einen Ölbaum daneben. Der Streit wurde vor die Götterversammlung gebracht. Der als Zeuge geladene drachenschwänzige Herrscher Kekrops bezeugte das Aufsprießen des Ölbaumes und führte damit eine Entscheidung zugunsten Athenes herbei, der die Stadt fortan ihren Namen verdankte. Poseidon aber war so erbost, daß er die ganze Ebene von Thria nördlich von Athen unter Wasser setzte.

Der Gott des Meeres wandte sich etwas weiter nach Westen und begehrte Korinth mit dem Isthmos. Nun aber bestritt ihm Helios den Besitz. Da vermittelte der Riese Briareos, ein Sohn von Mutter Erde, zwischen beiden und entschied, daß der Isthmos dem Poseidon gehören solle, die Höhe von Korinth aber Helios.

Poseidon wollte aber doch zu gern eine Stadt besitzen und warf seine Blicke auf das im Peloponnes südlich von Athen gelegene Trözen, wo damals sein Sohn Athepos die Herrschaft ausübte, geriet aber hier wieder in Streit mit Athene. Diesmal entschied Zeus, daß beide die Stadt gemeinsam besitzen sollten.

Auf Argolis, das weite Land östlich von Trözen, legte Athene keinen Wert, doch auch hier vermochte Poseidon seinen Besitzanspruch nicht durchzusetzen, da sich ihm Hera, die Gattin des Zeus, entgegenstellte. Unter dem Vorsitz von Inachos, dem Vater des damaligen Herrschers von Argolis, übten verschiedene Flußgötter das Schiedsrichteramt aus und sprachen das Land Hera zu. Aus Rache ließ Poseidon die Flüsse seiner Richter fortan zur Sommerzeit austrocknen.

Den Wassermangel bekam noch der Urenkel des Inachos, Danaos, zu spüren, als er mit seinen fünfzig Töchtern auf der Flucht aus Ägypten in Argolis eintraf. Er schickte als erstes seine Töchter aus, Wasser zu holen. In der Nähe von Lerna wollte eine von ihnen, Amymone, einen Hirsch erlegen, traf mit ihrem Pfeil aber versehentlich einen schlafenden Satyr, einen lüsternen Quellgott mit Bocksohren. Der fuhr auf und suchte sogleich den Mädchen Gewalt anzutun. In ihrer Not rief Amymone Poseidon zu Hilfe. Der erhörte die Bitte und schleuderte seinen Dreizack, der zwar den Satyr verfehlte und im Felsen steckenblieb, jenen aber vertrieb. Amymone gab sich aus Dank ihrem Befreier hin und erzählte ihm dann von ihrem Auftrag. Poseidon meinte trocken: „Dann zieh doch den Dreizack aus dem Felsen heraus!“ Kaum hatte sie das getan, sprangen dort drei Wasserstrahlen heraus. Die Quelle wurde zunächst Amymone und später Lerna, also nach dem Ort benannt.

Hatte sich Poseidon nun mit den Griechen ausgesöhnt? Es schien so, denn im Trojanischen Krieg ergriff er für sie und gegen die Troer Partei. Der troische Herrscher Laomedon hatte nämlich einst beim Bau der unbezwingbaren Mauer um seine Feste die Hilfe Poseidons in Anspruch genommen und ihm dann nicht nur den Lohn vorenthalten, sondern ihn auch mit der Drohung, ihm die Ohren abschneiden zu lassen, schmählich davongejagt. In dem großen Krieg entlud sich der Groll Poseidons gegen die Stadt, obwohl dort inzwischen der Sohn herrschte. Die Achäer vergaßen aber bei all ihren Erfolgen, wie empfindlich Poseidon war und verschanzten sich während eines Waffenstillstandes mit Mauer und Graben unmittelbar vor seinem eigenen Mauerbau, ohne ihm zuvor zu opfern. Poseidon überflutete dieses Machwerk, auf Anraten von Zeus allerdings erst nach dem Krieg. Dann aber ließ er auch manchen Griechen auf der Heimfahrt vom Kurs abkommen.

Am schlimmsten traf es Odysseus, der mit seinen Gefährten zunächst auf die Insel der Kyklopen, der einäugigen Riesen, verschlagen wurde. Dort nahm es Odysseus auf sich, einen von ihnen, der ein Sohn Poseidons war, zu blenden. Polyphem, so hieß er, flehte seinen Vater an: „Vater, mächtiger Erderschütterer, laß die Tat des Odysseus an mir nicht ohne Vergeltung. Laß nicht zu, daß er zu den Seinen zurückkehrt, als sei nichts geschehen. Sollte ihm überhaupt die Heimkehr vergönnt sein, dann laß ihn ohne Begleiter und erst so spät zurückkehren, daß er bei sich zu Hause Unglück vorfindet!" Poseidon entschied sich für den Wunsch seines Sohnes und erfüllte ihn wortgetreu. Odysseus hätte wohl auch den Rest seines Lebens im Elend zubringen müssen, wenn er nicht auf dem Heimatboden Poseidon zuletzt doch durch Opfergaben wieder versöhnt hätte.

Homer, Ilias 7, 445–463 und 13, 18–30 und 15, 187–201 und 21, 435–460; Homer, Odyssee 9, 116–536 und 11, 129–131; Pindar, Olympische Oden 1, 25–81; Apollodoros, Bibliothek 2,3,2 und 3,14,1; Pausanias 2,1,6 und 2,15,5 und 2,30,6 und 8,25,4–8; Hyginus, Fabeln 169. – Zeichnung: Amphitrite, Poseidon (rotfigurige Schale).

TRITON

Einen Monat nach der Entdeckung Neptuns hat der schon öfters erwähnte britische Astronom W. Lassell dessen ersten Trabanten Triton aufgefunden. Er ist mit etwa 4000 km Durchmesser der viertgrößte Trabant des Sonnensystems. Er bewegt sich rückläufig in 5,877 Tagen um den 355 300 km entfernten Planeten. Bei Beobachtungen im infraroten Spektralbereich ist 1983 in der Tritonatmosphäre außer Methan auch Stickstoff nachgewiesen worden. Die Oberfläche der dem Neptun zugekehrten Hemisphäre dürfte aus einer Methaneisschicht bestehen, während die von der Sonne beschienene Seite ein flaches Meer aus flüssigem Stickstoff darstellt, auf der einzelne Methaneisinseln schwimmen. Durch die Präzession der Bahnebene kommt es zu einer starken Änderung der Sonneneinstrahlung in einzelnen Gebieten Tritons und zu einer Freisetzung von Methan und Stickstoff vor allem in dem periodisch wiederkehrenden dreißig Jahre währenden extremen Sommer, wodurch das Volumen der Atmosphäre auf das Dreißigfache anwachsen kann. Der amerikanische Astronom W. B. McKinnon hat 1984 die Hypothese aufgestellt, daß Triton ursprünglich ein selbständiger vereister Planet gewesen sei, der von Neptun eingefangen worden sei und dabei eine Phase innerer Erwärmung erlebt habe, die das Eis zum Schmelzen gebracht habe.

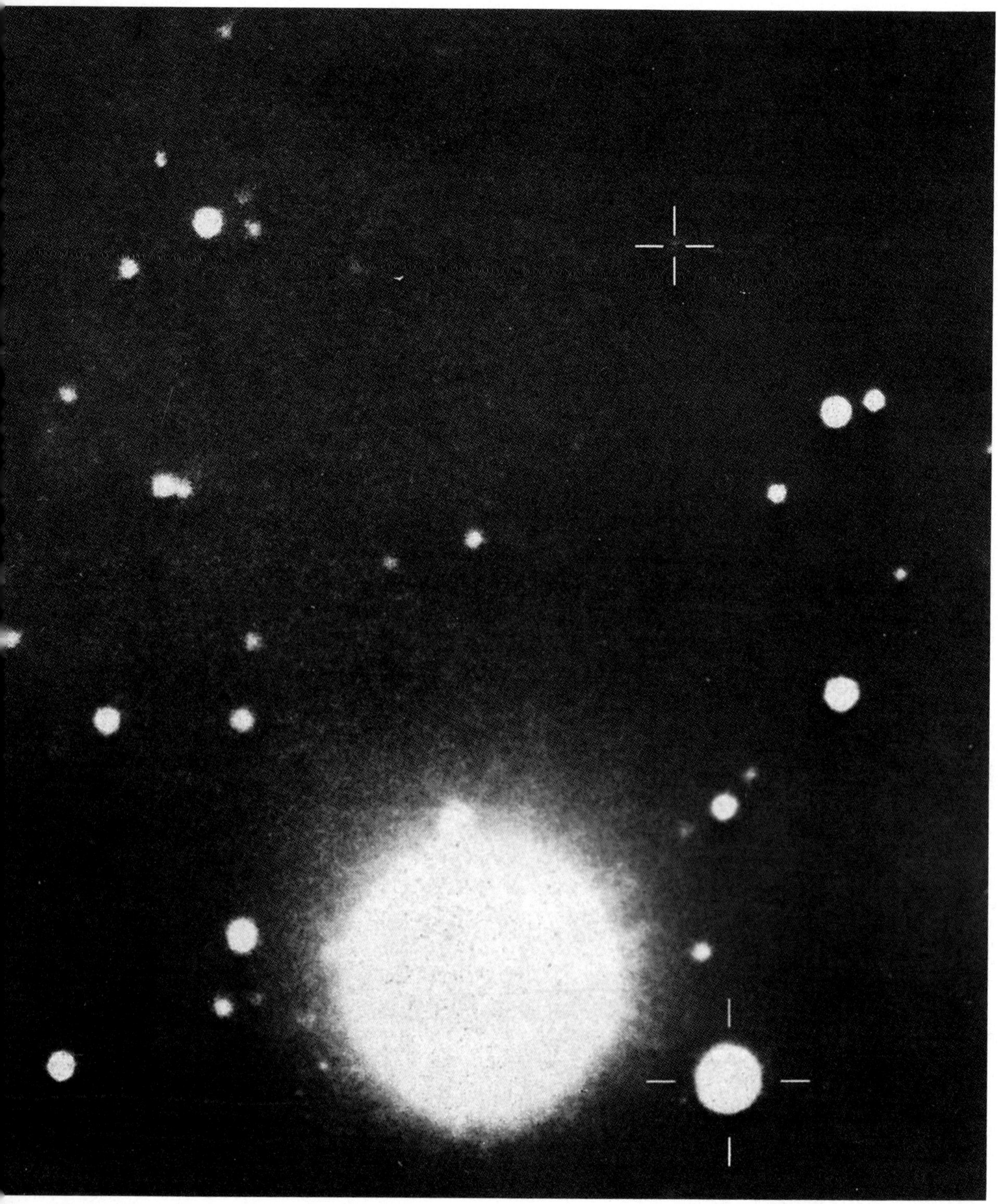

Neptun mit seinen Monden:
***Triton** (im Kreuz unten) und*
***Nereide** (im Kreuz oben)*
Aufnahme von C. Veillet auf dem Mauna Kea

Triton

Auf ihrer Heimfahrt sind die Argonauten, die in Kolchis das Goldene Vließ erkämpft hatten, einst in arge Bedrängnis geraten. Schwere Stürme hatten sie zunächst in die Syrten verschlagen und dann in den großen Triton-See im Innern Libyens getrieben. Nun konnten sie die Durchfahrt zum Meer nicht wiederfinden, solange sie auch an der sandigen, nur hier und da mit Lotus bewachsenen Küste entlangfuhren. Irgendwo am Ufer des Festlandes oder der Insel Phla gingen sie erschöpft an Land, um die einheimischen Götter durch eine Opfergabe zu besänftigen. Jason, der Anführer der Argonauten, hatte nämlich vor Beginn der Fahrt die Pythia in Delphi um Rat gefragt und von ihr zwei schwere eherne Dreifüße in der Art ihres eigenen Sitzes als Glücksbringer mitbekommen. Jetzt ließ er einen davon an den Strand bringen und betete: „Euch, o Götter des Landes, weihen wir den Dreifuß. Seht in unserer Gabe ein Zeichen unserer Ergebenheit und unseres Wohlwollens!"

Sogleich trat den versammelten Seefahrern der Meergott Triton in menschlicher Gestalt freundlich entgegen, löste ein Stück des Erdbodens und reichte es Jason mit den Worten: „Nehmt diese Scholle als Gastgeschenk. Ich bin der König dieses Landes und heiße euch, tapfere Griechen, hier willkommen. Solltet ihr aber nur deswegen hier sein, weil ihr euch auf dem Gewässer nicht auskennt, so will ich – ein Sohn Poseidons – euch gern über den Weg zum Meer belehren." Da stimmten die Männer eifrig zu, und er fuhr fort, indem er mit der Rechten in die Ferne wies: „Die Durchfahrt zum Meer findet ihr dort gen Abend, wo das Wasser am dunkelsten erscheint. Inmitten weißer Brandung führt ein enger Weg ins umnebelte offene Meer."

Noch während die Argonauten an Bord gingen, sahen sie ihren Lehrmeister mit dem Dreifuß auf den Schultern im See niedertauchen. Da ahnten alle, wer ihnen begegnet war. Jason wählte das schönste Schaf an Bord als Opfertier und betete, während er ihm die Kehle durchschnitt: „Sohn des Meerherrscherpaares, mächtiger Herr dieses Sees, Triton, wir wissen nun glücklicherweise, in welche Richtung wir das Schiff zu lenken haben, fürchten aber neue widrige Winde. Sei uns gnädig und gewähre uns nach allem, was wir durchgemacht haben, eine sorglose Heimfahrt!"

Kaum hatte Jason das Schaf den Fluten übergeben, da tauchte der Gott aus der Tiefe in seiner wahren Gestalt auf. Vom Scheitel bis zu den Lenden wirkte er menschlich-wohlgestaltet, wenngleich das Haupthaar und der Bart einen blaugrünen Schimmer hatten, Kiemen unter den Ohren saßen und feine Schuppen die Haut bedeckten; von den Hüften ab aber ging der Leib in zwei mächtige Fischschwänze über. Ein heiliger Schauer erfaßte die Männer beim Anblick des wuchtigen, stacheligen Rückens, der es gewohnt war, göttliche Last, Aphrodite und Thetis zumal, über das Meer zu tragen.

Dann ergriff der Seegott die Argo am Kiel und schob sie mit wuchtigem Griff solange, bis das offene Meer erreicht war. Dort blies der Zephyr in die ausgebreiteten Segel und brachte die Männer rasch der Heimat näher. Und wenn sie dem drohend-dumpfen Klang der tosenden Fluten und dann wieder den lieblichen, zarten Klängen der rauschenden Wogen lauschten, vernahmen sie dahinter die Weisen der Tritonen, jener Anverwandten Tritons, die auf ihren gewundenen, unten durchbohrten Trompetenmuscheln bliesen.

Apollonios Rhodios, Die Argonauten 4, 1537–1624; Herodot, Geschichten 4, 178–179; Pausanias 9,21,1. – Zeichnung: Tritonide, Triton (von einem unteritalischen rotfigurigen Skyphos).

NEREIDE

Der zweite Neptunmond Nereide ist 1949 von G. P. Kuiper entdeckt worden. Der 300 km große Trabant ist im Mittel 5 560 000 km vom Planeten entfernt und benötigt für den Umlauf 359 Tage, 21 Stunden und 7 Minuten. Die Bahn Tritons ist um 160°, die Nereides um 27°5 zum Planetenäquator geneigt.

Nereide

Wie auf dem Festland männliche und weibliche Wald- und Quellgottheiten, die Satyrn und Nymphen, im Gefolge des stierhörnigen Weingottes Dionysos einherzogen, so begleiteten im Meer Schwärme von Tritonen und Nereiden den mächtigen Poseidon. Die fischschwänzigen Tritonen hatten grünlich schimmerndes Haupthaar und zum Teil auch Bocksohren wie die Satyrn, die Nereiden aber waren wohlgestaltet und spiegelten mit ihren rosigen, kaum verhüllten Leibern alle Reize und Schönheiten des still-glänzenden oder schäumend-bewegten Meeres. Fischschwänzige Meermädchen, die es auch gab, gehörten zur Familie der Tritonen, waren also deren Schwestern.

Natürlich konnte ihr anderes Aussehen die immer etwas kecken Tritonen nicht davon abhalten, gelegentlich um eine Nereide zu buhlen. Die aber pflegte sich dann nicht weniger spröde zu verhalten als ihr Abbild zu Lande gegenüber den Satyrn. Die insgesamt fünfzig Nereiden waren auch älter als die Tritonen. Ihr Vater Nereus aus dem Geschlecht der Okeaniden hatte, lange ehe Poseidon ihn aus seiner beherrschenden Stellung verdrängte, über die Meere geboten. Erst als die Nereide Amphitrite Poseidon geehelicht und ihm den Sohn Triton geboren hatte, wurde das Geschlecht der Tritonen begründet.

Wie beschwerlich es ist, eine Nereide in den Hafen der Ehe zu führen, das mußte gerade auch Poseidon erfahren. Um ihre Jungfräulichkeit zu bewahren, floh Amphitrite seinerzeit von der Insel Naxos ziellos immer weiter nach Westen, bis sie am Ende der Welt beim Titanensohn Atlas Unterschlupf fand. Poseidon schickte viele Boten aus, doch erst dem beschlagenen und redegewandten Delphinos gelang es, sie nach langem Suchen ausfindig zu machen und zur Rückkehr und Hochzeit mit Poseidon zu bewegen.

Man sollte meinen, daß Poseidon die älteste und klügste der Nereiden zur Gemahlin genommen hätte. Dieser Rang gebührte jedoch Amphitrites Schwester Thetis, und in der Tat hatte Poseidon zunächst um sie geworben. Es begab sich aber, daß die Titanin Themis dem Jungverliebten weissagte, deren Sohn werde seinen Vater an Ruhm übertreffen. Da war Poseidon einsichtig genug, von ihr abzulassen. Auch Thetis wäre am liebsten Jungfrau geblieben, doch später sollte es sogar einem Sterblichen, dem thessalischen König Peleus, durch eine List gelingen, ihrer teilhaftig zu werden. Sie gebar ihm Achill, den ruhmreichen griechischen Helden vor Troja.

Thetis grämte es, daß ihrem Sohn die ihr eigene Unsterblichkeit seines Vaters wegen versagt bleiben sollte und versuchte ihn eines Tages mit Ambrosia und Feuer unverwundbar zu machen. Sie wurde aber von ihrem Gatten, der dem brüllenden Kind zu Hilfe eilen zu müssen glaubte, an der Vollendung ihres Werkes gehindert. So blieb die Ferse, an der sie Achill gehalten, verwundbar. Thetis verübelte das Peleus so sehr, daß sie in seinem Palast nicht mehr leben wollte und ins Meer zurückging. Peleus war seinerseits so betroffen, daß er sich entschloß, am Zug der Argonauten nach Kolchis teilzunehmen. Thetis hatte ihn aber nicht vergessen. Auf der Heimfahrt der Argo erschien sie in höchster Not ihrem Gatten als Retterin. Sie gab ihm Rat und half zusammen mit ihren Schwestern, die Argo sicher durch die umbrandeten Felsen der Plankten bei Sizilien zu heben. Im übrigen galt Thetis all ihr Sinnen ihrem geliebten Achill, den sie vor Unglück und Tod bewahren wollte. Seine Teilnahme am Kampf um Troja suchte sie dadurch zu verhindern, daß sie ihn in Frauenkleidern verborgen hielt. Als er dennoch entdeckt wurde und vor Troja kämpfte, ließ sie ihm eine neue Rüstung bringen. Vergeblich – Achills Schicksal sollte sich in diesem Kampf erfüllen.

Anderen Kriegern wieder half Thetis mit Erfolg. So etwa dem attischen Helden Theseus, der nach Kreta gezogen war, um den im Palast des Königs Minos lebenden menschenfressenden Minotauros, ein Ungeheuer mit Stierkopf, zu erlegen. Minos verlangte von Theseus einen Beweis dafür, daß er wirklich ein Sohn des Poseidon sei und warf seinen Siegelring ins Meer. Theseus sprang in die Tiefe und konnte mit Hilfe von Thetis nicht nur den Ring zurückbringen, sondern als Gabe von ihr auch einen goldenen Kranz, ihr eigenes Hochzeitsgeschenk von Aphrodite.

Wir wollen es bei diesen Beispielen der Hilfe seitens der unsterblichen Meerwesen belassen. Wenn man so manchem Seemann glauben darf, huschen die Seejungfrauen bisweilen auch in unseren Tagen noch über die Wellen dahin, indem sie auf Delphinen, Seepferden oder Seedrachen reiten oder auf den Wellen tanzen und sich fröhlich Bälle zuwerfen. Man darf sich an ihnen freuen, sollte sich aber nicht in sie verlieben. Wer dennoch glaubt, es dem Herrn des Meeres, Poseidon, nachtun zu können, wird, auch wenn er je ein flüchtiges Glück erhascht, zuletzt doch nur von Sehnsucht verzehrt werden, wie etwa Polyphem, Poseidons einäugiger Sohn, der um die liebliche Nereide Galateia gefreit hatte.

Hesiod, Theogonie 240–264; Apollodoros, Bibliothek 3, 15, 5; Apollonios Rhodios, Die Argonauten 4, 833–967; Pausanias 1, 17, 3; Nonnos, Dionysiaca 6, 300–324 und 14, 61–66. – Zeichnung: Nereide auf einem Hippokamp (Innenbild einer Schale des 4. Jhd. v. Chr. unbekannter Herkunft, Leningrad: Eremitage).

10.
PLUTO

Der nach dem heutigen Kenntnisstand äußerste Planet Pluto, der 1930 von Clyde W. Tombaugh am Lowell-Observatorium in Flagstaff, Arizona, entdeckt worden ist, bewegt sich in einer stark exzentrischen Ellipse in $247^1/_2$ Jahren um die Sonne und steht ihr im Perihel sogar etwas näher als Neptun. Die Masse des Planeten entspricht nur einem Sechshundertstel von der der Erde, seine Dichte ist die geringste von allen bekannten Planeten mit fester Oberfläche. Das läßt darauf schließen, daß er überwiegend aus flüchtigen Stoffen zusammengesetzt, also ein „kometenartiges Objekt" ist. Nach spektroskopischen Beobachtungen von 1985 hat Pluto eine Atmosphäre, die hauptsächlich aus Argon besteht. Ein weiterer Bestandteil ist Methan, ein schweres Gas, das von dem Planeten trotz seiner geringen Masse noch gehalten werden kann. Die Winterhemisphäre des Planeten dürfte sogar eine Eisdecke aus Methan haben, da die Oberflächentemperatur noch 45° unter dessen Gefrierpunkt von −184°C liegt. Unklar bleibt, wie der kleine Planet mit einem Durchmesser von etwa 2420 km in die ungewöhnliche um 160° gegen den Neptunäquator geneigte retrograde Umlaufbahn geraten ist. Die 1936 aufgestellte Hypothese, nach der Pluto ein entflohener Neptunmond sei, hat sich als unhaltbar erwiesen.

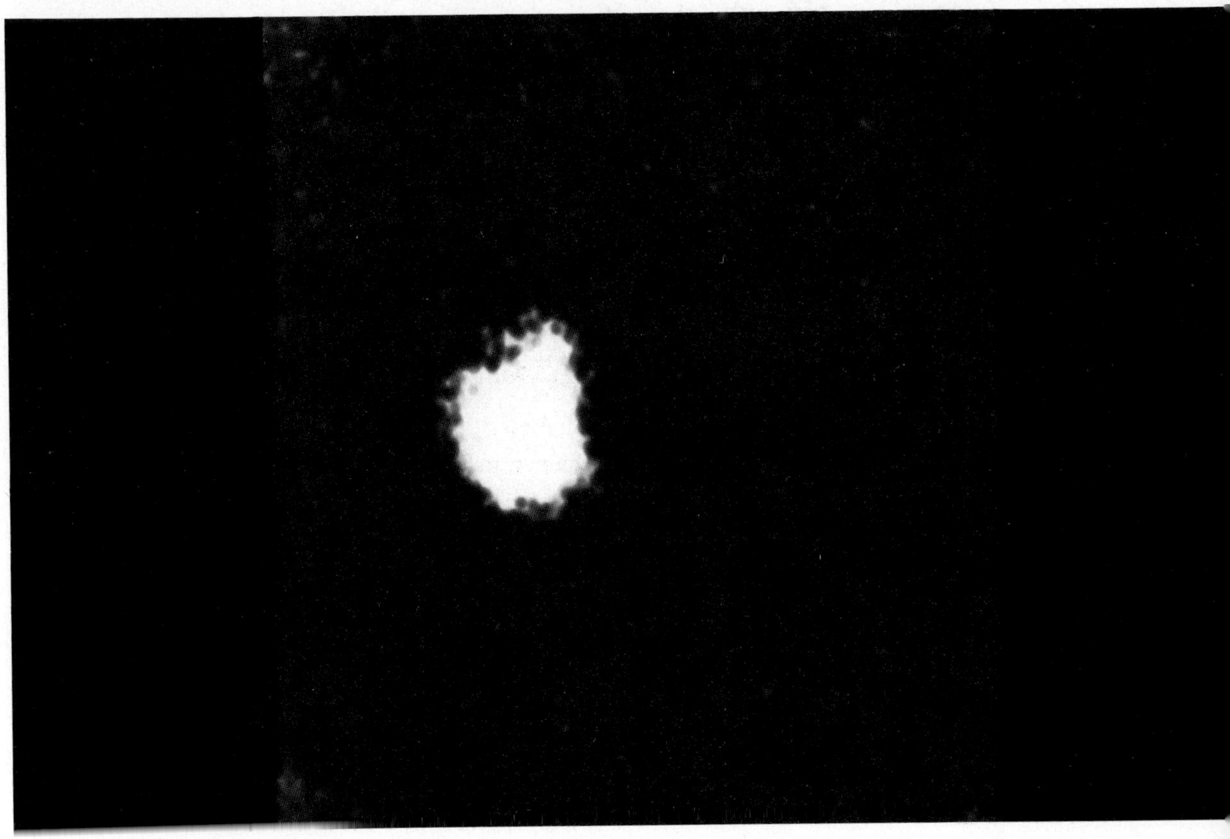

Pluto – Hades (Pluton)

Hades war lange Zeit ein einsamer Gott, ehe er sich endlich verliebte und vermählte. Das lag in seiner Tätigkeit begründet. Denn als er mit seinen Brüdern Zeus und Poseidon seinen Vater Kronos entmachtet hatte, war ihm bei der Aufteilung der Welt durch das Los die Herrschaft über die Unterwelt zugefallen. Wie seine Brüder hatte auch er von den aus dem Strafbereich der Unterwelt, dem Tartaros, befreiten Kyklopen als Dankesgabe eine gefährliche Waffe erhalten, und zwar die Tarnkappe. Mit ihr verfolgte er seither alles Leben und trieb es mit unerbittlicher Strenge in sein stetig wachsendes Schattenreich, den Erebos. Kein Wunder, daß die Menschen sich aus lauter Furcht oft nicht einmal trauten, ihn mit seinem Namen zu nennen und stattdessen Umschreibungen wählten.

Auch einer Göttin hätte er sich kaum jemals zugesellen können, wenn er nicht noch eine andere Bestimmung gehabt hätte, die in seinem zweiten Namen Pluton zum Ausdruck kam. Dieser wies ihn als Gott des Reichtums aus, der mit seinem unerschöpflichen Füllhorn in der Tiefe der Erde die ausgesäten Samen zum Keimen brachte. Auf der Oberseite des Bodens ließ die Göttin Demeter ihre Mühe walten, ohne die Blätter und Blumen nicht wachsen könnten und eine Ernte nicht möglich wäre.

Demeter oder Ceres – wie die Römer sie nannten – hatte eine liebliche Tochter, das Kornmädchen Kore. Auf sie hatte es der dunkelhaarige Gott abgesehen. Unsichtbar strich er um das Mädchen herum und begehrte es schließlich so sehr, daß er von Zeus die Erlaubnis erbat und auch erhielt, sie zu sich holen zu dürfen. Die Gelegenheit dazu ergab sich an einem Frühlingsabend, als Kore zusammen mit Kallirrhoe und vielen anderen Töchtern des Okeanos auf einer küstennahen Wiese spielte und Blumen pflückte. Wo genau das war, weiß man nicht, doch meinen einige, es habe sich auf Sizilien bei der Quelle Cyane zugetragen. Jedenfalls trug Kore schon einen hübschen Strauß mit Krokus, Veilchen und Iris mit sich herum, als sie in der Nähe einer Schweineherde eine wunderbar glänzende und betäubend duftende Blume gewahr wurde. Es war eine Narzisse, die Hades in aller Eile

Abbildung Vorderseite:
***Pluto und Charon**, Aufnahme von James W. Christy mit dem 60zölligen (1,55 m⁻) astronomischen Reflektor des U.S. Naval Observatory in Flagstaff, Arizona, vom 2. Juli 1978.*

hatte emporsprießen lassen. Durch die Hast, mit der Kore den Stengel zu brechen suchte, lockerte sie versehentlich die Zwiebel im Erdreich. Da weitete sich das kleine Loch in Windeseile zu einer Kluft und riß erst eine Sau und ihre Ferkel und dann auch die entsetzt zurückgesprungene Kore in den Abgrund. So schnell stürzte sie in die Tiefe, daß auch nicht eine der Okeaniden ihren gellenden Hilferuf vernahm. Endlich fing sie Hades in seinen Armen auf, küßte die sich Wehrende, setzte sie in seinen goldenen Wagen und fuhr sie eiligst zu seinem Palast.

Hades führte sie auf die Zinnen und wies stolz auf endlos sich dehnende Triften, die mit den gelben Blüten des Affodils bedeckt waren, ohne ihr damit ein freudiges Lächeln zu entlocken. Denn welchen Reiz sollte die Eintönigkeit jener hochstengligen Pflanzen in ihrer starren, herben Schönheit auf Kore ausüben, die eben erst jenen farbenprächtigen Blumenstrauß zusammengestellt hatte?

Hades zeigte ihr dann einen Platz an einer Weggabelung. „Hier siehst du drei Söhne des Himmelsrichters Zeus ihres richterlichen Amtes in der Unterwelt walten", erklärte er, „es sind der zu Lebzeiten als König von Kreta bekannte Minos, sein Bruder Rhadamanthys und Aiakos. Die letzteren urteilen getrennt über die neuangekommenen Asiaten und Europäer, während Minos Entscheidungen in schwierigen Fällen zu treffen hat. Die Guten dürfen den Weg in das von Kronos beherrschte Elysium antreten, einer hochgelegenen Ebene, wo sie in stetem Licht bei mildem Westwind ohne Regen und Schnee einen angenehmen Zeitvertreib haben. Böse Geister aber werden in den Tartaros geschickt, meine gewaltige dreifach ummauerte und vom Feuerstrom Pyriphlegethon umflossene Burg. Die meisten haben hier für immer zu schmachten; nur für kleine Bösewichter gibt es nach ihrer Läuterung eine Umkehr zu den Gefilden der Seligen. So mächtig sind meine Richter!" Und er fuhr mit erhobener Stimme fort: „Du aber sollst mächtiger als sie alle sein. Von nun ab wirst du meine Gemahlin sein und als Herrin des Totenreichs den neuen Namen Persephone oder Proserpina tragen. Fortan werden dir alle Geister dienstbar sein, und wer sich weigert, wird von mir hart bestraft!"

Persephone fügte sich seufzend, aber ihr Antlitz blieb auch auf dem Thron von Heimweh gezeichnet; Liebe vermochte Hades ihr nicht abzugewinnen. Da stand eines Tages Hermes als Bote von Zeus vor Hades und sagte feierlich: „Herrscher der Verstorbenen, Zeus bittet dich, Persephone aus dem Erebos zurück zu den Göttern des Olymp zu schicken, so daß ihre Mutter sie mit eigenen Augen sehen kann. Denn sie hat sich zürnend in eine Felsengrotte bei Athen zurückgezogen und hält deine Saaten in der Erde fest, so daß alle Menschen zugrunde gehen müssen." „Ist Demeter sich denn bewußt, daß ich ihre Tochter zur Frau genommen habe?" wollte Hades wissen. „Ja, sie weiß, daß sie sich bei dir aufhält. Neun Tage und Nächte hat sie alle Länder durchirrt und dann von der Gespensterfürstin Hekate und dem allessehenden Helios die Wahrheit über das Schicksal ihrer Tochter erfahren."

Da wandte sich Hades an Persephone: „Du hörst, daß sich deine Mutter nach dir sehnt. Nun, dann geh zu ihr. Vergiß aber nicht, wieviel Macht du hier hast und wie sehr du mir fehlst!" Erstmals seit ihrer Ankunft im Erebos lächelte Persephone, ja, sie sprang sogar vor Freude hoch. Hades machte seinen Wagen für Persephone fertig und reichte ihr zum Abschied einen Granatapfel. Den mochte Persephone in ihrer Vorfreude nicht zurückweisen und aß ihn. Das besiegelte ihr Schicksal. Denn durch den Apfel blieb sie für immer an den Erebos gebunden, mochte sie auch Hermes in schneller Fahrt zu ihrer Mutter und zu Zeus bringen. Da war es nur noch möglich, einen Vergleich zu schließen, den Zeus zuwege brachte: Zwei Drittel des Jahres sollte Persephone künftig bei Demeter leben und wogende Ähren und Gräser sprießen lassen, im Winter aber sollte sie bei ihrem Gemahl weilen, also wechselweise eine alles gebende und eine alles nehmende Gottheit sein.

So wurde der Jahreslauf dank der Vermittlung des Göttervaters neu begründet, zum Nutzen und Segen der Menschen. Zwei Sterblichen blieb es indessen vorbehalten, gegen diese Friedensregelung zwischen oberer und unterer Welt zu freveln. Es gab nämlich zwei Könige in Griechenland, die als enge Freunde und Kampfgefährten zahlreiche Heldentaten vollbracht und zuletzt sogar die Kentauren besiegt hatten, den Athener Theseus und den Thessalier Peirithoos. In ihrem Übermut hielten sie sich für unschlagbar und erdreisteten sich, nachdem sie beide innerhalb kurzer Zeit Witwer geworden waren, die schönsten Frauen aus dem Geschlecht des Zeus für sich zu gewinnen. Sie vereinbarten auch, sich bei diesem Vorhaben gegenseitig zu unterstützen. Zuerst entführten sie die Tochter Ledas, die damals noch zehnjährige Helena nach Attika, da sie in diesem Alter bereits als schönstes aller jungen Mädchen galt. Kaum war sie durch Los dem Theseus zugefallen, da erklärte Peirithoos, den die Geschichte von der Raubtat des Hades beeindruckt hatte, die Göttin Persephone als Ziel seiner Sehnsucht.

Auf den Gedanken, um eine Unsterbliche zu freien, konnte wohl nur er als Sohn des Ixion kommen, der es einst gewagt hatte, der Götterkönigin Hera zu nahe zu treten! Vergeblich versuchte Theseus, Peirithoos seinen Plan auszureden, dann stieg er getreu seinem Eid gemeinsam mit ihm zu winterlicher Zeit in das Reich des Hades hinab. Wirklich ließ sie der dreiköpfige Wachhund Kerberos schwanzwedelnd vorbei – gegen Ankommende hatte er nie etwas einzuwenden. Auch Hades ließ die beiden Lebenden in seinen Palast eintreten. „Ihr wünscht meine Gemahlin zu sprechen?“ fragte er mit spöttischem Unterton, „das könnt ihr haben. Nehmt nur solange im Vorraum auf den Felsen Platz!“ Nach geraumer Zeit vergeblichen Wartens stellten dann beide fest, daß sie an die Felsen gefesselt waren.

Theseus wurde später von Herakles befreit, Peirithoos aber wurde wie sein an ein feuriges Rad gebundener Vater für ewige Zeiten bestraft. Als dauernde Warnung des Hades an einen möglichen Nebenbuhler.

Homer, Ilias, 15, 187–193 und Odyssee 4, 564–568 und Hymnus an Demeter; Pausanias 9,8,1; Plato, Gorgias 79; Vergil, Aeneis 6, 540–569; Apollodoros, Bibliothek 1,5, 1–3; Diodorus Siculus, Geschichtsbibliothek 4, 63. – Zeichnung: Hades (Statue in der Villa Borghese).

CHARON

Nach Aufnahmen des US-Marineobservatoriums in Flagstaff, Arizona, die Pluto mit einer beulenartigen Verlängerung zeigen, hat J. W. Christy 1978 den Trabanten Charon entdeckt, der mit einem Durchmesser von etwa 1180 km etwa halb so groß wie Pluto selbst ist und diesen in einer Entfernung von nur $16^{1}/_{2}$ Plutoradien umkreist. Charons Bahnebene ist etwa 94° gegen die von Pluto geneigt. Die genaue Vermessung der Bahn des Trabanten gelang erst in den Jahren 1985–86. Dann stellte es sich auch heraus, daß der Trabant eine nur halb so große Albedo wie Pluto und damit eine chemisch ganz anders zusammengesetzte Oberfläche hat, und das von Anfang an. Charon ist also nicht durch Abspaltung von Pluto hervorgegangen, sondern von diesem eingefangen worden. Bei der allmählichen Annäherung haben die Gezeiten nicht nur eine gebundene Rotation bewirkt, sondern auch eine Synchronisation des Umlaufes von Charon und der Rotation von Pluto, die 6,39 Tage beträgt.

Charon

Auf dem Wege vom Diesseits ins Schattenreich des Hades ist das breite Grenzgewässer des Styx zu überqueren, und das ist ohne die Dienste des greisen Fährmanns Charon nicht möglich. Charon aber pflegt ausschließlich die abgeklärten Schatten der Verstorbenen zu schiffen. Der Weg bis zu diesen unerbittlichen Grenzen ist weit. Daher nimmt sich zunächst Hermes Psychopompos, der Seelengeleiter, der Abgeschiedenen an und führt sie zu dem Pappel- und Weidenhain der Göttin der Unterwelt, Persephone, jenseits des fernen Okeanos und dort durch eine Höhle zu zwei schauerlichen Strömen der Tiefe, die in das Grenzgewässer münden, dem Strom des Leidens, Acheron, und dem Strom des Klagens, Kokytos. Qualvoll ist der Weg zur Stelle der Überfahrt.

Zwei der Argonauten, jener griechischen Helden, die einst ausgezogen waren, den großen Schatz des Goldenen Vließes aus dem Osten herbeizuschaffen, faßten später den noch vermesseneren Plan, in das Reich des Hades einzudringen und mit reicher Beute heimzukehren. Der eine war Orpheus, Sohn eines thrakischen Königs und einer Muse, der mit seinem Gesang und dem Klang seiner ihm von Apoll geschenkten Leier auf der Argofahrt viele Schwierigkeiten zu meistern geholfen hatte. Nach der Rückkehr ehelichte er seine heißgeliebte Eurydike, verlor sie aber durch ihren baldigen Tod und wünschte sie aus der Unterwelt zurückzuholen. Der andere war Herakles, der Held mit dem Löwenfell. Er hatte nur an einem Teil der Fahrt mit der Argo teilgenommen, war dann in den Dienst des Königs von Mykene getreten und hatte von ihm als letzte Aufgabe aufgetragen bekommen, den Hund Kerberos aus der Unterwelt heraufzuholen.

Das eine wie das andere Unterfangen mochte allen, die davon erfuhren, wie der sichere Weg in den Tod anmuten. Orpheus benutzte einen abgekürzten Weg zum Styx. In einem wilden und rauhen Gebirge des nordwestlichen Griechenlands, dem der Acheron und Kokytos als gleichnamige Abbilder der Unterweltströme mit engen, hochwandigen Felsschluchten und tosenden Wasserfällen entspringen, entdeckte er einen Zugang zur Tiefe.

Nach kühnem Abstieg stand Orpheus auf einmal vor dem tiefen und sumpfigen Gewässer des Styx. Ein feuchtes Frieren lag über dem Wasser und faulig riechende Nebelschwaden behinderten die Sicht zum jenseitigen Ufer. Ein lauer Wind bewegte das blaue Röhricht am Ufer. Abseits ließ das Dämmerlicht vor dem Hintergrund endlos emporragender Felswände verkrüppeltes Gebüsch auf Anhöhen erkennen. Da zeichneten sich im Dunst jählings die Umrisse eines Bootes ab, das mit kräftigem, aber fast lautlosem Ruderschlag auf eine dumpfe Schar durchschimmernder Gestalten am Ufer zufuhr. Das Schiff war rostig, die schlaff herabhängenden schwarzen Segel waren geflickt, die Bänke morsch. Erschreckender noch war der Anblick des mürrischen Fergen Charon. Das graue Haar hing wirr um sein struppiges Kinn, sein graues Gewand war ärmlich und verknotet, aber die lodernde Glut in seinen Augen wies ihn als einen Unsterblichen aus. Lässig erhob er sich und schob den Kahn mit einer Stange durch raschelndes Schilf auf Grund.

„Los, schnell einsteigen", und: „Wird's bald?" mahnte er die zögernd vor dem Boot Harrenden, prüfte aber jeden einzelnen genau. Ein jeder gab ihm die Kupfermünze ab, die ihm die Hinterbliebenen für die Überfahrt unter die Zunge gelegt hatten. „Wer kein Scherflein beisteuert, muß warten, bis einmal an Bord noch Plätze frei sind", nuschelte er, „und wer nicht bestattet worden ist, den nehme ich überhaupt nicht mit; der muß warten, bis sein irdischer Leib sandbedeckt oder vom Winde verweht worden ist!" Und noch eine Anweisung folgte: „Wer sein irdisches Dasein durch einen Trunk vergessen will, der nehme hier vorn Platz, damit ich ihn an den Gefilden des Flusses Lethe absetze."

Orpheus wagte sich dennoch ans Ufer, rief flehend den Namen des Fergen, ohne daß er auch nur eines Blickes gewürdigt wurde. Doch dann ließ er seine mitgeführte Leier erklingen; meisterlicher hatte sie niemand gespielt. Zu den Klängen, die selbst die blutleeren Gestalten der Toten zum Weinen brachten, sang er zuletzt:

„Fährmann, setz über mich leidvollen Witwer aus Thrakien, Orpheus!
Jahre des Ruhms auf der Argo verhießen auch Glück in der Ehe,
doch, o Charon, in Tempe verfolgte ein Strolch meine Liebste.
Fliehend dann stürzte Eurydike, starb an dem Biß einer Schlange,
ließ mich im Elend allein. Nur Hades noch könnte mich retten;
gibt er Eurydike frei, so gibt er auch mir neues Leben."

Das Feuer des Sanges und Klanges erweichte endlich den Fühllosen; er setzte Orpheus ins Reich des Hades über und fuhr, da das Saitenspiel auch dort Erfolg hatte, die Liebenden ans diesseitige Ufer zurück. Doch Orpheus erfüllte die von Hades gestellte Bedingung nicht, seine Geliebte erst im Sonnenlicht anzusehen, und verlor sie augenblicklich. Charon brachte die Erkaltete ins Jenseits zurück, diesmal für immer.

Herakles gelangte ebenfalls zum Styx – durch eine Höhle, die an der Küste des Schwarzen Meeres in die Tiefe führte. Er kam ohne Leier, ja, nicht einmal mit einem im Hain der Persephone als Zeichen ihrer Huld gepflückten goldenen Zweig, einzig mit der unbändigen Kraft seiner Arme. Als Charon sein Begehr wortlos mißachtete, brüllte Herakles mit finsterer Miene: „Weigerst du dich, so bekommst du einige Steine zu spüren!" Der geizige Gott fürchtete eine Beschädigung seines kürzlich von Hermes ausgebesserten Schiffes und fuhr den Grimmigen widerwillig ans andere Ufer. Hades aber empörte sich über das Eindringen dieses Herausforderers, der wirklich seinen dreiköpfigen Wachhund bezwang, so sehr, daß er Charon zur Strafe für ein ganzes Jahr in Ketten legen ließ.

Später wollte Charon einmal etwas mehr über die Menschen wissen: ‚Gewiß, Herakles hatte sich mit seinen Taten Unsterblichkeit erworben. Aber was mochte Orpheus in der kurzen ihm noch verbliebenen irdischen Frist zu seinem dreisten Tun bewogen haben, was die griechischen Helden zu dem männermordenden Kampf um Troja?' Charon ließ sich auf der Oberwelt von Hermes auf den Gipfel des Parnaß führen, von ihm weitsichtig machen und die Bienenstöcken gleichenden Städte zeigen, in denen jeder den Nachbarn mit besonderem Stachel zu verletzen trachtete, wo einige gar wie Wespen die Schwächeren bedrängten und plünderten. Kopfschüttelnd sah er die Menschen um Ämter, Ehre und Besitz wetteifern. „Ja, so sind nun einmal die Menschen, und keiner wird sie ändern können", meinte Hermes. „Und doch beschwöre ich euch alle", rief Charon in den Wind, „hört auf, euch zu bekämpfen und abzuarbeiten. Ihr werdet nicht für immer leben. Keine der Herrlichkeiten im Diesseits ist von Dauer. Wer stirbt, muß nackt von dannen ziehen und Haus, Grundstück und Gold anderen überlassen!"

Homer, Odyssee 10, 508–515; Aristophanes, Die Frösche 1, 181–271; Vergil, Georgica 4, 454–553 und Aeneis 6, 295–330, 384–416; Servius, Kommentar zu Vergils Aeneis 6, 392; Lukian, Charon. – Zeichnung: Charon, Hermes, Fahrgast (griechisches Vasenbild).

Anhang A: Namen der altbekannten Planeten in verschiedenen Sprachen

In der Gruppe *Babylonisch-griechische Tradition* sind die für die Rezeption in Europa maßgeblichen Planetennamen aufgelistet, deren Herkunft in der Einleitung nachzulesen ist. Mittelbar oder unmittelbar fußen auf jener Tradition auch einzelne mythologische Planetennamen der Gruppe *Übriges Afrika und Asien.* Mit Nabu bzw. Hermes stimmen der armenisch-altiranische Tir, der Gott der Schrift und der Weisheit und Geleiter der Verstorbenen, sowie der altindische Budha, ein weiser, kundiger Gott, überein. Mit Ištar bzw. Aphrodite stimmt die altiranische Anahita, die „Makellose", die Göttin des Wassers und der Fruchtbarkeit, die Liebes- und zugleich kriegerische Göttin, überein. Wie Marduk bzw. Zeus ist Hurmuzd der allerhöchste altiranische Gott, und wie Kronos ist der zoroastrische Zurvan der Gott der unbegrenzten Zeit und der vedische Yama der Gott über die Toten.

	Merkur	Venus	Mars	Jupiter	Saturn
Babylonisch-griechische Tradition					
Sumerisch	Bi.ibbu	Zib	Simutu	Dapinu, Mulubabar	Lulim
Babylonisch-Assyrisch 1	Gudud	Dilbat	Salbatanu [ab −400 : Anu]	Šulpa.uddua (beim Aufg. Umunpa.uddu, dann Šagmegar u. Niburu) [ab −400 : Te.ut]	Kaimanu, Saguš [ab −600 : Gin]
2	Nabu	Ištar (=akkadisch; sumerisch: Inanna)	Nergal	Marduk	Ninib
Ägyptisch	Sobku, Sebgu, Sebak	Bennu, Kadesh	Hurdoshr=Ertosi	Osiris	Horus
(hellenistisch)	Apollonos aster	Isis	Herakleous aster	Osiridis aster	Nemeseos aster
Griechisch 2 vor − 250	Hermeou aster	Aphrodites, Heras aster	Areos aster	Dios aster	Kronou, Heliou aster
1	Stilbon	• Hesperos, * Heosphoros, • Phosphoros, * Heoos, Kallistos	Pyroeis, Thouros	Phaethon	Phainon, Lampon
2	Hermes	Aphrodite	Ares	Zeus	Kronos
Lateinisch 1	Stilbon	• Vesperugo, • Vesper, * Lucifer, * Eous. • Hesperus, * Phosphorus	Pyrois	Phaethon	Phaenon
2	Mercurius (bzw. stella, sidus Mercurii)	Venus (. . .Veneris, → russisch Venera)	Mars (. . .Martis)	Jupiter (. . .Jovis, → ital. Giove)	Saturnus (. . .Saturni)
Altnordisch 1	Mals stiarna	Blodh stiarna	Threk stiarna	Megen stiarna	Gnogleiks stiarna
2	Odinn	Freyio	Ty	Thor	

	Merkur	Venus	Mars	Jupiter	Saturn
Übriges Afrika und Asien					
Sotho	Mochochonono	Mphaltalatsane (andere Zulu: Ikhwezi)	Senamele	Tosa (andere Zulu: Indonsa)	Molala
Suaheli	Utariti	Ng'andu, Zuhura	Marike	Mshtarii	Zahali
Efik	–	Añwa-obo	Ökök iduüt	Ñwan ima öfiöñ	–
Ewe	–	• Kumanyefie, * Nukegletivi	Gletia de	–	–
Dogon	–	Bayara, * Yazu	Yapunũ tolo	Dana tolo	Yalu ulo tolo
Nubisch	–	• Sare-wissi	Wissi-gele	–	–
Ägypt.-gnostisch	Tarpetanûph	Chôsi	Munichunophôr	Chônbal	Orimuth
Arabisch	Utarid	Zaharah (Zohoreh) nord- u. zentral-arab. Al-Uzza, südarab. Attar	El-Merikh, Al-Qahir	Moshteri (Meshteri)	Zehel (Zahel), nord- u. zentral Malakbel süd.: Hol, Nakruh, Talab
Hebräisch	Kokhav Hamah	Nogah	Madim	Tsedek	Shabtay
Syrisch	Nebo	Baltis	Nerig	Bel	Kevan
Türkisch	Utarit	Zühre	Merih	Müşteri	Zühal
Armenisch	P'aylacu	Aruseak, Lusaber	Hrad	Lusnt'ag	Erevak
Elamisch	Sumudu	Lagamaru	Amman-Kasimas	Uduraan	Sapaak
Persisch 2	Tir	Nahid=Anahita	Bahram	Hurmuzd =Ahuramazda	Zurvan
(islamisch)	Atārod	Zohre	Merrix	Moštari	Sohal
Tibetisch	Lhag-pa	Pa-saṅs	Mig-dmár	Phur-bu	Spen-pa
Sanskrit 1	–	Śukra, Sveto grahah	Angaraka, Lohitanga	–	Śanaiśćara
2	Budha, Rauhineya, Saumya	Usanas, Bhargava	Kuja	Brhaspati	Yama
3	–	Daityaguru	Mangala	Suraguru	Asita, Kala
4	Heman	Asphujit	Ara	Jyau	Kona
Neuind. Sprachen	Budh	Śukra	Mangal	Brihaspati, Guru	Śani, Śanaiśćar
Birmanisch	Buddahu	Thaukkya	Inka	Kyathapate	Sanay
Thailändisch	Put	Suk	Angkaan	Pharuehat	Sao
Kambodschanisch	Put	Sok	Ângkéar	Prâheâs	Sau
Malaiisch/indones.	Utarid	Zuhrah (indon. Djohar)	Marikh	Mushtari	Zuhal
Alt-Tagalog	Salag, Utarid	• Gabi, * Umaga, * Subu	Marikit	Raksasa	Suram, Muram
Vietnamesisch	Thủy tinh	sao Kim tinh	(sao) Hỏa tinh	Mộc tinh	Th'ổ tinh
Chinesisch	Chin-sing	Tai-pe	Huo-hsing, Yung-huo	Sui-sing	Tien-sing
Mongolisch	Ooson munggun	Aldan odo	Ghal odon	Modon odo	Siroi odo
Koreanisch	Susong	Kumsong	Hwasong	Moksong	T'osong
Japanisch	Suisei	Kinsei	Kasei	Mokusei	Dosei

	Merkur	Venus	Mars	Jupiter	Saturn
Ozeanien					
Südwest- pazifik		* To Kuraigil (Kuanua)	To-ma-kukurai-gil (Neu-Britannien)	Tabuariki (Gilbert-Inseln)	
Samoanisch	Le-Ta'elo	Tapu-ki-tea, * Fetu-ao, Takurua-mata- Nuku (Tonga)	Matamemea	Tupua-le-ngase, Fetu-ea (Futuna), Takurua-rau (Rarotonga)	
Maori	Takero	Kōpū, * Tawera, • Rere-ahiahi	Te Hau-o-Rua	Tariao	
Tahitisch	Ta'ero	Ta'urua, Te'ura-iti'a-hotu	Maunu Ura	Ta'urua-nui	Fetu-tea
Hawaiisch	Ukali-ali'i	* Hōkū-ao, Holo-i-Kahiki	Aukele Holoholo-pina'au	* Iao, Ikiiki, Ikaika	Makulu
Amerika					
Aztekisch 2		* Citlalpul, Hueycitlalin Quetzalcoatl			
Maya 1 2		Noh ek', * Ahsab kab Xulab			
Tzotzil		Mol k'anal		Bankilal k'anal	
Ketschua		Chasca	Auqakuh	Pirwa	Jaucha
Guarani		Ko'ē mbyja	Amamocōi		

[1] bildhafter Name [2] mythologischer Name [3] astrologischer Name [4] Name aus dem Griechischen entlehnt
• Abendstern * Morgenstern

Anhang B: Bahnelemente und physikalische Daten der Planeten

	Merkur	Venus	Erde	Mars	Jupiter	Saturn	Uranus	Neptun	Pluto
Mittlere Entfernung zur Sonne in Mio km	57,9	108,1	149,6	227,9	778,4	1425	2866	4486	5890
Perihel (Mio km)	46,0	107,5	147,1	206,7	740,3	1349	2735	4432	4423
Aphel (Mio km)	69,8	108,9	152,1	249,2	816,5	1500	2999	4539	7356
Umfang der Bahn in 10^6 km	360	680	940	1429	4887	8959	18 020	28 251	37 000
Siderische Umlaufszeit in Jahren	0,241	0,615	1	1,881	11,862	29,458	84,015	164,788	247,686
Synodische Umlaufszeit in Tagen	115,9	583,9	—	779,9	398,9	378,1	369,7	367,48	366,7
Bahnexzentrizität	0,206	0,007	0,017	0,093	0,048	0,056	0,047	0,009	0,250
Bahnneigung zur Ekliptik	7°00'	3°24'	0°0'	1°51'	1°18'	2°29'	0°46'	1°46'	17°8'
Mittlere Bahngeschwindigkeit in km/sec	47,4	35,0	29,8	24,1	13,1	9,6	6,8	5,4	4,7
Rotationszeit am Äquator	58^d39^m	243^d10^m retrograd	23^h56^m	24^h37^m	9^h50^m	10^h14^m	16^h48^m	17^h50^m	153^h17^m (6^d,39)
Neigung des Äquators gegen die Bahnebene	7°	6°	23°27'	23°59'	3°04'	26°44'	98°	29°	
Durchmesser am Äquator (km)	4878	12 103	12 756	6793	141 700	120 600	50 800	48 600	2420
Durchmesser am Pol (km)	4878	12 103	12 713	6758	132 850	108 540	46 625	47 628	
Abplattung	1:30 000	0	1:298	1:192	1:16	1:10	1:16	1:50	
Volumen (Erde=1)	0,055	0,884	1	0,150	1347,0	770,5	50,6	42,8	0,04
Masse (Erde=1)	0,055	0,815	1	0,107	317,90	95,17	14,56	17,24	0,0017
Dichte in g/cm^3 (Wasser=1)	5,43	5,24	5,52	3,93	1,36	0,71	1,30	1,80	0,7
Schwerebeschleunigung an der Oberfläche (cm/s^2)	370	887	978	371	2288	905	830	1115	~400
(Erde=1)	0,38	0,90	1	0,38	2,87	1,32	0,93	1,23	~0,03
Fluchtgeschwindigkeit	4,25	10,4	11,2	5,1	61,0	36,7	22,4	25,5	~4
Maximale Oberflächentemperatur °K	700°	570°	350°	306°	131°	95°	67°	53°	60°
Albedo	0,056	0,76	0,39	0,16	0,67	0,69	0,93	0,84	0,14

Anhang C: Bahnelemente und Dimensionen der Satelliten

Bezeichnung		Mittlere Entfernung vom Planetenzentrum in 10^3 km	Bahnneigung zum Planetenäquator	Umlaufszeit in Tagen (r=retrograd)	(Größter/kleinster) Durchmesser km	Entdeckung
ERDE						
	Mond	384,4	18.°18–28.°36	27,322	3476	
MARS						
I	Phobos	9,4	1.°04	0,319	27x19,2	1877 A. Hall
II	Deimos	23,5	0.°9–2.°79	1,263	15x11	1877 A. Hall
JUPITER						
XVI	Metis	128,0	(0)	0,295	~ 40	1979 S. P. Synnott
XV	Adrastea	129,0	(0)	0,297	25x20	1979 D. Jewitt
V	Amalthea	181,3	0.°4	0,498	270x150	1892 E. E. Barnard
XIV	Thebe	221,9	0.°8	0,675	110x90	1979 S. P. Synnott
I	Io	421,6	0.°03	1,769	3632	1610 Galilei, Marius
II	Europa	670,9	0.°46	3,551	3126	1610 Galilei, Marius
III	Ganymed	1070	0.°18	7,155	5276	1610 Galilei, Marius
IV	Callisto	1880	0.°25	16,689	4820	1610 Galilei, Marius
XIII	Leda	11 094	26.°7	239,24	8	1974 C. T. Kowal
XI	Himalia	11 487	27.°6	250,57	170	1904 C. D. Perrine
X	Lysithea	11 720	29.°0	263,2	19	1938 S. B. Nicholson
VII	Elara	11 737	24.°8	259,7	80	1905 C. D. Perrine
XII	Ananke	21 200	147.°0	631 r	17	1951 S. B. Nicholson
XI	Carme	22 600	164.°0	692 r	24	1938 S. B. Nicholson
VIII	Pasiphae	23 500	145.°0	739 r	27	1908 P. Melotte
IX	Sinope	23 700	153.°0	758 r	21	1914 S. B. Nicholson
SATURN						
	1980 S 35	118,21			8–10	1980/86 E. A. Marouf, G. L. Tyler
	1980 S 36	118,27			11–15	1980/86 E. A. Marouf, G. L. Tyler
XV	Atlas	137,7	0.°3	0,602	40x25	1980 (Voyager 1)
XVI	Prometheus	139,4	0.°0	0,613	140x80	1980 B. A. Smith
XVII	Pandora	141,7	0.°0	0,629	110x70	1980 B. A. Smith
XI	Epimetheus	151,42	0.°34	0,694	140x100	1980 D. Cruikshank
X	Janus	151,47	0.°14	0,695	220x160	1966/80 A. Dollfus/D. Pascu
I	Mimas	185,5	1.°31	0,942	392	1789 W. Herschel
	(E-Ring-Mond)	210,0			3–3,5	1981/86 S. P. Synnott
II	Enceladus	238,0	0.°01	1,370	500	1789 W. Herschel
III	Tethys	294,7	1.°05	1,888	1060	1684 G. D. Cassini
XIV	Calypso	294,7	1.°05	1,888	30x20	1980 D. Pascu
XIII	Telesto	294,7	1.°05	1,888	30x25	1980 B. A. Smith
	1981 S 10	340,0			11–12	1981 S. P. Synnott
	1981 S 11	348,0			16–18	1981 S. P. Synnott
	1980 S 34	350,0		2,44	15–20	1980 S. P. Synnott
IV	Dione	377,4	0.°01	2,737	1120	1684 G. D. Cassini
XII	(Helena)	379,1	0.°15	2,739	35x30	1980 P. Laques, J. Lecacheux
	1981 S 7	387,4			15–20	1981 S. P. Synnott
	1981 S 8	~ 387,4			7	1981 S. P. Synnott
	1981 S 9	470,0		3,8	15	1981 S. P. Synnott
V	Rhea	527,0	0.°21	4,511	1530	1672 G. D. Cassini
VI	Titan	1221,8	0.°2	15,945	5150	1655 C. Huygens
VII	Hyperion	1481,1	0.°35	21,277	410x220	1848 G. P. Bond

VIII	Japetus	3561,3	14°72	77,331	1460	1671	G. D. Cassini
IX	Phoebe	12 954,0	150°05	550,4 r	220	1898	W. H. Pickering
URANUS							
	1986 U 7	49,3		0,330 r	20	1986	B. A. Smith et al.
	1986 U 8	53,3		0,371 r	25	1986	B. A. Smith et al.
	1986 U 9	59,1		0,433 r	50	1986	B. A. Smith et al.
	1986 U 3	61,7		0,464 r	40	1986	B. A. Smith et al.
	1986 U 6	62,7		0,475 r	30	1986	B. A. Smith et al.
	1986 U 2	64,3		0,493 r	40	1986	B. A. Smith et al.
	1986 U 1	66,1		0,513 r	50	1986	B. A. Smith et al.
	1986 U 4	69,9		0,558 r	30	1986	B. A. Smith et al.
	1986 U 5	75,1		0,622 r	50	1986	B. A. Smith et al.
	1985 U 1	86,0		0,762 r	170x160	1985	C. Hansen, B. A. Smith
V	Miranda	129,3	3°4	1,414 r	483	1948	G. P. Kuiper
I	Ariel	191,0	0°0	2,520 r	1167	1851	W. Lassell
II	Umbriel	266,3	0°0	4,144 r	1191	1851	W. Lassell
III	Titania	435,9	0°0	8,706 r	1593	1787	W. Herschel
IV	Oberon	583,4	0°0	13,463 r	1553	1787	W. Herschel
NEPTUN							
I	Triton	355,3	159°94	6,387 r	2100	1846	W. Lassell
II	Nereide	5560	27°71	360,21	300	1949	G. P. Kuiper
PLUTO							
I	Charon	19,1	94°3	6,39	1180	1978	J. W. Christy

Personenregister zu den mythologischen Erzählungen

Geordnet nach den griechischen Namensformen. Planeten- und Trabantennamen im Fettdruck, dazu jeweils in Klammern die Angabe der griechischen Schreibweise, Deutsche Namensformen, soweit sie im Text vorkommen, finden sich in eckigen Klammern.

PROPONTIS
BOSPOROS
HELLESPONT
Harpagia
Dardanos
Simois
Troja
Ilion
Skamander
Ida
TROAS
PHRYGIEN
Pergamon
LYDIEN
Mimas
CHIOS
Latmos
KARIEN
Rhodos
RHODOS
LEMNOS
Mosychlos
Athos
PALLENE
PHLEGRA
ÄGÄISCHES MEER
DELOS
SERIPHOS
KYTHERA
KRETA
Diktynnaion
Knossos
Ida
Gortyn
Dikte
EPIRUS
MOLOSSIS
Dodona
Tomaros
Kokytos
Acheron
PIERIEN
PERRHÄBIEN
Olymp
TEMPE
Ossa
Pelion
THESSALIEN
Öta
ÄTOLIEN
Thermon
Trichonis-See
ITHAKA
KEPHALLENIA
IONISCHES MEER
Parnaß
Delphi
Panopeus
Chaironea
Orchomenos
Akidalia
GOLF VON EUBÖA
Ägä
EUBÖA
Anthedon
EURIPOS
BÖOTIEN
Theben
Helikon
Asopos
GOLF VON KORINTH
ATTIKA
Thria
Athen
Kekropia
Megara
ISTHMOS
ACHAIA
Sikyon
Kyllene
Korinth
Erymanthos
Elis
ELIS
Ladon
Olympia
Alpheus
ARKADIEN
Mykene
Argos
Inachos
ARGOLIS
Lerna
Mänalos
Thaumasion
Trözen
Lykäos
Neda
Messene
MESSENIEN
Pylos
Sparta
Taygetos
Eurotas
LAKONIEN
PEPHNOS
MESSENISCHER GOLF
0 20 40 60 80 100 km